탱커검사의 이해와 실무

이창현 · 정창현 · 윤익현
박일초 · 이성수 · 이준걸 지음

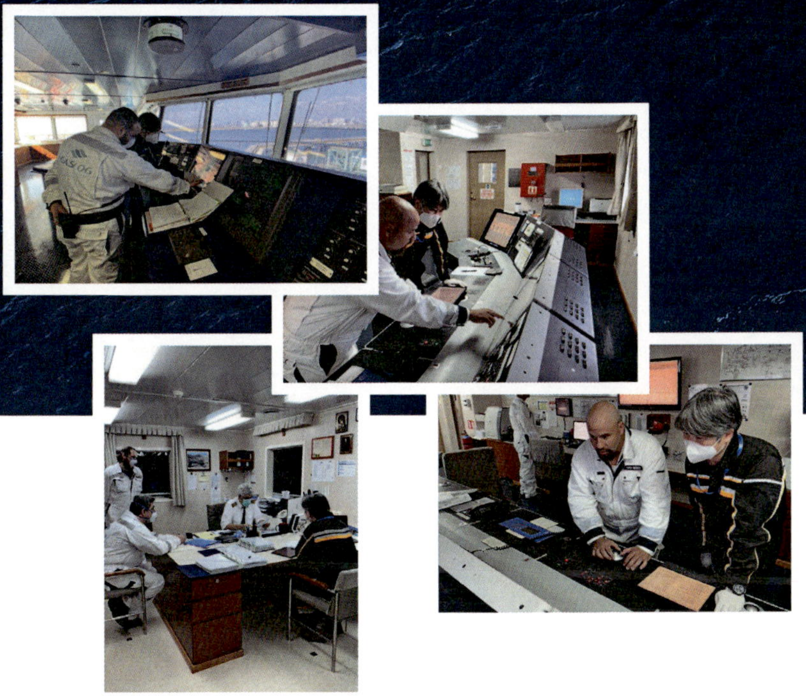

GS인터비전

제 1 부

탱커 검사 개요

머 리 말

탱커선 사고는 엄청난 재정적 손실과 환경의 피해를 가져온다. 이러한 사고를 예방하기 위하여 많은 연구와 노력에도 불구하고 최근에도 탱커선에 의한 사고는 지속적으로 발생하고 있다. Major 석유회사에서는 이러한 사고를 예방하고 안전하게 화물을 운송하기 위하여 OCIMF(Oil Companies International Marine Forum)를 결성하고 탱커선에 대한 검사시스템을 구축하게 된다.

탱커선의 경우 석유회사에서 실시하는 검사를 통과하여야만 화물을 선적할 수 있기 때문에 OCIMF의 검사에 대한 중요성이 매우 높고 검사 준비에 많은 시간과 노력을 투자하고 있다.

본 교재에서는 탱커선 검사에 대한 기초적인 이해를 돕기 위해 탱커선의 검사 시스템과 구체적인 검사항목에 대해 소개하고 있다.

이번 교재를 제작하는데 많은 도움을 주신 (주)지마린서비스의 책임매니저님과 회사에 감사를 드리며, 부족한 내용에도 정성을 다해서 검토해주신 목포해양대학교 LINC+ 사업단 참여 교수님에게도 깊은 감사를 드립니다.

마지막으로 향후 탱커선에 승선하게 될 학생들에게 조금이나마 도움이 되길 바라며 여러분의 앞날에 안전한 항해만 있기 바라며......

Bon Voyage!

저자 일동

차 례

탱커선의 경우 석유회사에 실시하는 검사를 통과하여만 화물을 선적할 수 있다. 이러한 검사를 통상 Major Inspection 또는 Vetting Inspection 이라고 한다. 본 교재에서는 탱커선 검사를 Major Inspection으로 사용하며, Major Inspection에 대한 개요는 다음과 같다.

1.1 Major Inspection의 배경

과거에는 탱커를 대부분 석유회사에서 직접 소유하였지만 1970년~80년대 사이에 탱커의 소유가 석유회사의 개인선주로 이동하게 되었다. 이는 전 세계적인 원유수요의 다변화와 유조선 용선시장이 장기용선에서 단기용선으로 바뀌었기 때문이다. 또한 메이저 석유회사가 여러 차례 유조선 사고의 경험을 통해 유조선 사고는 엄청난 재정적 손실과 환경의 파괴를 가져오고 더불어 메이저 석유회사의 명성에는 막대한 손상을 입힌다는 사실을 인지하여 유조선을 직접 보유하고 운항하는 것에 대한 부담을 가지게 되었기 때문이다.

그러나 개인선주들 중에는 기준미달선(Sub Standard Vessel)을 보유하거나 운항경험이 부족한 선주들이 많이 있었다. 이러한 상황에서 메이저 석유회사들은 탱커용선 시장에서 자사 화물의 안전한 선적, 수송, 양하를 위한 양질의 안전한 선박을 용선해야 할 필요성을 느끼게 되었다.

1967년 3월 18일 "토리 케년호" 좌초사고 이후로 각국 정부는 유조선 및 기름오염에 관계된 국제협약과 국내법 개발을 검토하게 되었고 이를 위해 석유산업계는 자신들의 전문적인 지식과 기술을 정부나 국제기구에 제공하게 되었다. 이러한 움직임의 일환으로 메이저 석유회사는 1970년 4월 8일 런던에서 OCIMF[1)](Oil Companies International Marine Forum)를 결성하게 되었다.

OCIMF는 전 세계 석유회사들의 모임으로 1977년 설립되었다. OCIMF는 1970년대 후반에서 80년대 초반에 걸쳐 안전한 선박의 검증을 위한 메이저 검사 시스템을 개발하기 시작하였고, 여러 메이저 석유회사들의 요구를 수렴하여 1989년에 유조선검사 지침서를 개발하였다.

1) 2020년 1월 기준 109개의 석유회사가 회원사로 등록되어 있으며, https://www.ocimf.org 에서 관련 회사에 대한 정보를 확인할 수 있다.

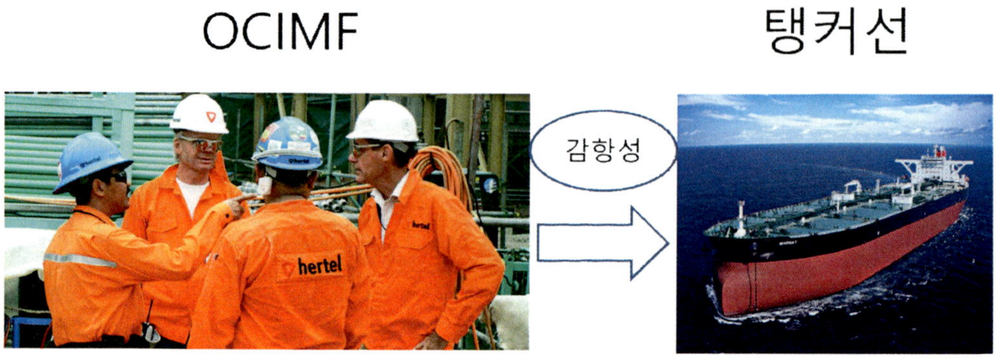

<Major Inspection 개요>

메이저 검사는 매우 전문적이고 기술적인 선박에 대한 평가시스템으로 메이저 석유회사가 선박의 소유자, 운항자, 관리자, 이해관계자를 대상으로 각종 국제규정 및 그들이 기대하는 요건의 만족 여부를 평가하기 위해 개발되었다. 메이저 검사는 SOLAS(International Convention for the Safety Of Life At Sea, 국제해상인명안전협약), MARPOL(International Convention for the Prevention of Pollution from Ships, 해상오염방지협약) 등 국제 협약을 기본으로 하고 ISGOTT(International Safety Guide for Oil Tankers and Terminals, 유조선 및 유류터미널에 관한 국제 안전 지침서)와 같은 기술지침서의 내용 또한 수용하고 있다. 이렇게 개발됨 메이저 검사는 1990년 이후 메이저 석유회사들에 의해 본격 시행되고 있다[1].

1.2 SIRE(Ship Inspection Report Exchange Programme)

SIRE는 유조선의 안전성을 평가하는데 사용되는 주요 수단들 중의 하나로 과거 여러 검사기관이 동일한 선박에 대한 동일한 시기에 검사를 시행함으로써 야기된 검사 인력의 낭비와 선박 승무원에게 야기되는 불필요한 부담을 줄이기 위해 도입된 것이다.

이는 탱커선의 상태와 각종 작업절차 및 선박상세에 관한 기술적인 정보들을 쉽게 이용할 수 있도록 만들어진 정보도구이며 1993년 OCIMF에 의해 개발되었다. 메이저 석유회사들은 SIRE 프로그램을 통해 메이저 검사결과 보고서를 검토 및 평가할 수 있다. SIRE에 등록되어 있는 정보는 OCIMF 회원 및 탱커선의 안전에 대한 관심을 갖고 있는 정부당국에 의해 이용된다.

SIRE에 등록된 정보를 이용할 수 있는 기간은 다음과 같다. 우선 선박회사는 메이저 검사결과 보고서를 수령하면 각 지적사항에 대한 원인, 장단기 조치 등의 Comment를 14일 이내 https://www.ocimf-sire.org/comments/ 의 E-mail을 통하여 부여받은 Report Number와 Security PIN을 입력하여 등록해야 한다. 이 보고서는 SIRE에 제출된 날짜로부터 1년동안 SIRE 문서목록에 유지된다. 이후 2년 동안 SIRE 데이터베이스에 보관되고 최종적으로 영구적 장소로 이동 및 보관된다.

<https://www.ocimf-sire.org/comments/ 화면>

1.3 VIQ(Vessel Inspection Questionnaires)

VIQ는 메이저 검사의 중복성을 피하고 검사에 소요되는 시간을 줄이기 위해 개발된 표준화된 검사점검표이다. 기존에는 각 메이저 석유회사가 개별적으로 보유하고 있던 검사지침서로 검사를 시행해왔기 때문에 중복검사, 검사보고서의 비효율적인 활용, 검사기준의 차이와 같은 문제점들이 발생하였다. 이러한 문제점을 해결하기 위해 OCIMF는 회원 중 선박심사관련 업무를 담당하는 사람들로 구성된 특별팀을 만들어 VIQ의 개발에 착수하게 되었고 1997년부터 이를 활용하기 시작하였다.

VIQ는 총 12장으로 구성되어 있고 각 장에서는 하위 점검항목이 상세하게 기재되어 있다. 1장부터 12장까지 각 장에서는 선박의 일반정보, 증서와 서류, 승무원 관리, 항해, 안전관리, 선체상태, 화물 및 밸러스트 시스템, 계류장치, 통신, 기관실과 조타실, 선박의 일반적인 외관상태를 다루고 그 중에서도 안전, 오염방지 그리고 화물 및 밸러스트 시스템과 관련된 요소를 중점적으로 다룬다. 각 장의 상세한 점검항목은 약 480여개의 조문으로 구성되어 있다. 모든 조문은 SOLAS협약, MARPOL 협약, STCW협약, USCG, CFR, MSC/Circ, Ship to Ship Guide, IGC Code, IBC Code, FSS Code, ISPS Code, COLREG, ISGOTT, Mooring Equipment Guidelines 등의 국제규정과 기술지침서를 기반으로 작성되었다. VIQ는 각 장별로 검사 항목의 기술적인 정보를 상세하게 포함하고 있기 때문에 SIRE 시스템 이용자는 VIQ를 통해 선박 국제규정 수용 여부를 판단할 수 있다.

메이저 검사는 결국 VIQ에 의한 점검이기 때문에 사전에 VIQ의 각 조문을 충분히 확인하여 미비한 점을 시정, 조치한다면 실제 검사에서는 거의 지적을 받는 상황이 발생하지 않을 수 있다. 다만 VIQ에 모든 점검사항을 기재할 수는 없기 때문에 메이저 석유회사마다 VIQ에 기재되지 않는 항목이지만 매우 중요한 사항으로 간주되어 평가하는 항목이 있을 수 있다. 따라서 승무원들은 기본적으로 선박과 인명의 안전 및 해양오염 방지를 위한 항목과 비상시 절차에 대해 숙지하고 있어야 한다.

SIRE(https://support.ocimf.org/hc/en-gb)에서는 수검자와 검사관이 어떻게 VIQ 검사를 수검하고 점검하는지에 대한 절차를 각각의 동영상으로 제공하고 있다. 동영상 시청 후에는 제공한 동영상에 대한 만족도를 조사하여 수검자와 검사관에게 개선된 정보를 제공할 수 있도록 지속적으로 노력하고 있다.

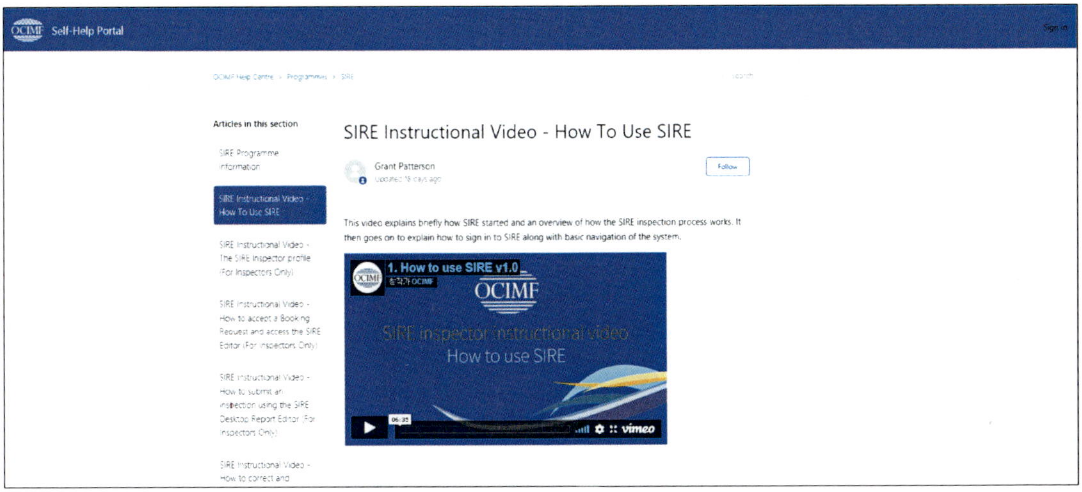

<SIRE의 VIQ 수검에 대한 동영상 화면>

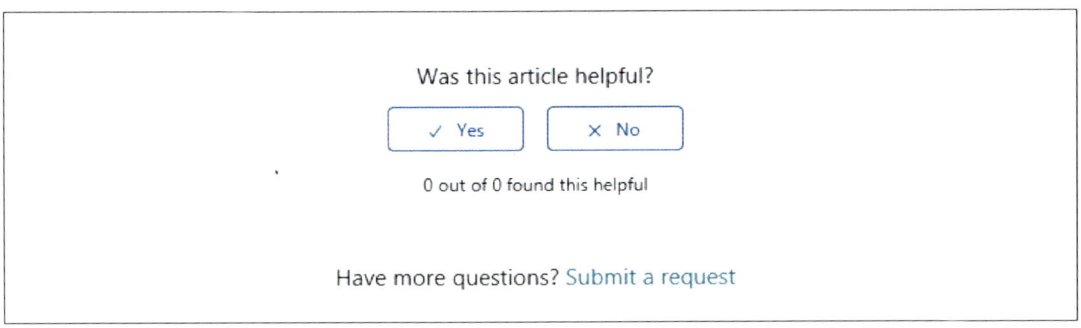

<SIRE의 VIQ 수검에 대한 동영상 화면>

OCIMF

Ship Inspection Report (SIRE) Programme

Vessel Inspection Questionnaires for Oil Tankers, Combination Carriers, Shuttle Tankers, Chemical Tankers and Gas Tankers, Seventh Edition (VIQ 7)

22 February 2019

Oil Companies International Marine Forum

<SIRE VIQ>

1.4 VPQ(Vessel Particulars Questionnaire)

VPQ는 선체 치수, 항해장비의 상세, 기관설비의 상세, 증서관련 상세 등 선박 건조시부터 폐선까지 거의 변하지 않는 선박의 정보를 정리한 표준화된 문서로써 OCIMF에서 개발되어 1997년부터 사용되고 있다. VPQ에 있는 대부분의 질문들은 Yes/No 또는 한 줄로 간단하게 대답하도록 되어 있고 약 25개 항목만 정기적으로 수정된다. 이 수정사항은 승무원이 선박회사에 정기적으로 보고하면 선박회사의 담당자가 최종적으로 정리하여 OCIMF에 제출하도록 되어있다. VPQ는 검사관과 OCIMF의 회원 뿐만 아니라 검사 중에 일일이 확인하고 질문하는데 소요되는 시간을 단축시키는 역할을 한다. 또한 선박회사에서는 자사 선박의 상세 정보를 VPQ를 통하여 쉽게 관리 할 수 있게 되었다. 더불어 SIRE 시스템을 사용하는 사람들은 언제든지 선박의 특정한 정보에 쉽게 접근할 수 있게 되었다. 검사관의 경우 검사가 있기 전에 SIRE를 통해 VPQ를 검토함으로써 미리 검사대상 선박의 구조 및 설비에 대해 파악할 수 있게 되었다. VPQ에 기재되어 있는 선박의 상세한 정보들 중에 과거에 선적하였던 화물의 종류나 과거 선박의 항로 등의 상업적 정보에 대해서는 자칫 민감한 사항이 될 수 있기 때문에 기재사항에서 제외하고 있다. 한편 OCIMF에서는 CDI(Chemical Distribution Institute)의 VPQ와 호환성이 향상된 HVPQ(Harmonized Vessel Inspection Questionnaire)를 2003년 개발하여 운영하고 있다.

SIRE를 통하여 입력된 VPQ는 다음과 같이 출력되며, 이 자료를 검사관이 사전에 검토하고 승선하게 된다.

OCIMF

Oil Companies International Marine Forum

SIRE Programme

Harmonised Vessel Particulars Questionnaire v5

01 February 2020

<SIRE VPQ-1>

Section 1

Chapter 1: General Information

General Information

1.1	Name of the vessel:	
1.2	Vessel IMO Number:	
1.3	Date the inspection was completed:	07 Feb 2020
1.4	Was a full inspection of the vessel completed	Yes
1.5	Port of inspection:	Daesan, Korea
1.6	Flag:	Greece
1.7	Deadweight: (metric tonnes) Other Inspector Comments: The vessel was issued with two load line certificates (319861 / 299999 DWT) and for the 299999 dead weight certificate was active.	
1.8	Date the vessel was delivered:	31 May 2011
1.9	Name of the OCIMF inspecting company:	
1.10	Date and time the inspector boarded the vessel	07 Feb 2020. 10:00 (UTC +09:00)
1.11	Date and time the inspector departed the vessel	07 Feb 2020. 21:30 (UTC +09:00)
1.12	Time taken for inspection. Other Inspector Comments: Due to terminal restrictions the Inspector boarded the vessel on the 7th February at 1000 hrs lt, while she was at inner anchorage. Inspection was interrupted for 2 hours and 15 minutes during mooring of the vessel to the SPM.	8.45
1.13	Name of the inspector:	
1.14	Is an up to date OCIMF Harmonised Vessel Particulars Questionnaire (HVPQ) maintained and is it readily available?	Yes
1.15	Vessel's operation at the time of the inspection:	Discharging

<SIRE · VPQ-2>

1.5 Major Inspection 절차

메이저 수검의 절차는 크게 선박 수검 전/후 과정으로 나뉘어 진다.

- 선박 수검 전 검사

선박회사는 메이저 검사 유효기간을 확인하여 기간이 만료되기 전에 메이저 석유회사에 검사를 요청한다. 그러면 검사업체가 검사신청을 확인하고 접수한다. 신청이 접수되면 검사업체는 검사관을 수배하고 검사관은 검사대상 선박의 자료를 사전에 검토한 후 검사를 위해 승선하게 된다.

만약 검사관이 부족하거나 방선이 어려운 항구에 선박이 입항하여 검사관의 수배가 여의치 않으면 2차, 3차로 다른 검사업체에 의뢰한다. 그래도 검사관이 수배되지 않으면 최종적으로 독립적으로 활동하는 검사관에게 검사요청을 한다. 마지막 단계에서도 검사관의 수배가 이루어지지 않으면 검사는 진행되지 않는다.

- 선박 수검 이후 검사

검사관이 본선에 승선하여 검사를 진행하고 그 결과 보고서를 작성하여 SIRE에 제출한다. 그러면 메이저 석유회사의 심사부서에서는 검사관의 결과보고서 및 선박회사가 기재한 지적사항에 대한 코멘트를 검토하여 검사결과의 승인여부를 결정한다.

만약 승인이 되면 모든 검사절차는 종료되고 최종 결과보고서를 검사업체가 SIRE에 송부한다. 반대로 검사에 실패하게 되면 모든 검사는 다시 초기화되고 일정 기간이 경과된 다음 다시 검사를 시행한다. 일부 검사의 경우 검사에 실패하게 되면 6개월 동안 수검을 받지 못하게 되어 있다.

다음 그림은 메이저 검사를 수검한 후 검사관이 작성한 SIRE 검사 보고서이다. 이 검사 보고서는 SIRE 프로그램에서 확인할 수 있으며, 이를 기반으로 선박회사에서는 지적사항 등을 확인하고 개선하게 된다.

OCIMF

Oil Companies International Marine Forum

Revised Ship Inspection Report (SIRE) Programme

Report Number	
Report Template	
Vessel Name	
IMO Number	
Date of Inspection	
Port of Inspection	
Inspecting Company	
Selected variants	Crude oil washing
	Inert Gas
	Pumproom

DISCLAIMER

OCIMF DOES NOT WARRANT OPERATOR IDENTITY AND IS NOT RESPONSIBLE FOR THE CHOICE OF SHIPS INSPECTED, THE INSPECTORS CHOSEN, THE PERFORMANCE OF THE INSPECTIONS OR THE CONTENT OF THE REPORTS, OPERATOR COMMENTS AND/OR VPQ RESPONSES DISTRIBUTED UNDER THE REVISED PROGRAMME. OCIMF IS INVOLVED ONLY IN THE RECEIPT, ORGANISATION AND DISTRIBUTION OF THE FOREGOING PROGRAMME OUTPUT. OCIMF DOES NOT REVIEW OR EVALUATE SUCH OUTPUT AND EXPRESSES NO OPINION CONCERNING ITS ACCURACY. WHILE OCIMF MAKES EVERY EFFORT TO ENSURE THAT REPORTS AND OPERATOR COMMENTS ARE RECEIVED, ORGANISED AND DISTRIBUTED IN ACCORDANCE WITH THE SIRE COMPOSITE GUIDELINES OCIMF ACCEPTS NO LIABILITY FOR FAILURE TO DO SO.

<SIRE 검사 보고서-1>

Vessel Particulars Questionnaire for

1 General Information

1 General Information

1.1.1	Date this HVPQ document completed	01 February 2020
1.1.2	Vessel identification	
1	Name of ship	
2	LR/IMO number	
3	Company IMO number	
1.1.3	Previous names	

	Name	Date of change
Last previous	N/A	
Second last previous	N/A	
Third last previous	N/A	
Fourth last previous	N/A	

1.1.4	Flag	
1	Flag	KOREA, REPUBLIC OF
2	Has the flag been changed?	Yes
3	What was the previous flag?	PANAMA
1.1.5	Port of Registry	JEJU
1.1.6	Call sign	D7VS
1.1.7	Ship contacts	
1	INMARSAT number	
2	Ship's fax number	
3	Ship's telex number	
4	Mobile phone number	
5	Ship's email address	
1.1.8	What is the type of ship as described in Form A or Form B Q1.11 of the IOPPC?	Oil Tanker
1.1.9	What is the Ship's Maritime Mobile Selective Call Identity (MMSI) number?	
1.1.10	Type of Hull	Double hull
1.1.11	Name of P and I Club	The Britannia Steamship
1.1.12	EEDI rating number	N/A

2 Ownership and Operation

1.2.1	Registered owner	
1	Name	
2	Full address	
3	Country	
4	Office telephone number	

General Information 2/29

<SIRE 검사 보고서-2>

참 고 문 헌

[1] 채종주(2008), 메이저 석유회사에 의한 선박검사의 실태분석과 개선방안의 제시

제 2 부

검사보고서 작성방법 및 절차

1장에서 설명한 것과 같이 메이저 검사는 OCIMF에서 제공하는 주요 정보를 기반으로 개발된 SIRE의 개발한 VIQ 검사점검표를 기준으로 검사를 수행하고 있다. VIQ는 검사의 변동 사항이 있을 때마다 새로운 버전(Version)을 제공하고 있으며, 본 교재에서는 2019년 9월 17일 버전을 기준으로 주요 점검 사항을 제시하였다.

2.1 VIQ 구성

VIQ는 다음의 INDEX와 같이 5개의 Section과 12개의 Chapter로 구성되어 있다. Section 1~5에서는 SIRE Programme에 대한 설명, 검사관이 VIQ 검사점검표 작성 방법 및 SIRE Programme에 입력하는 방법, 검사 수검 절차에 대하여 설명하고 있다. Chapter 1은 선박회사에서 작성한 VPQ를 기준으로 일반적인 선박 제원에 대한 사항을 점검하고 있으며, Chapter 2. 선박의 증서, Chapter 3. 선원 관리, Chapter 4. 항해 및 통신장비, Chapter 5. 안전 관리, Chapter 6. 오염 방제, Chapter 7. 해상 보안, Chapter 8에서는 선종별로 Cargo and Ballast Systems를 점검하고 있다. Chapter 9. 계선 설비, Chapter 10. 기관 및 조종 설비, Chapter 11. 일반 장비와 상태에 대한 점검사항들을 설명하고, Chapter 12에서는 극지항로 개발에 따른 극지방 운항하는 선박을 대상으로 하는 추가적인 점검사항을 제시하고 있다. 각 Section 및 Chapter에 대한 내용은 다음에서 자세하게 설명하도록 한다.

INDEX

2.2 SIRE 프로그램의 역사 및 작성법

SECTION 1 1.1 History of the SIRE Programme

1993년 OCIMF(Oil Companies International Marine Forum)는 가입된 회원들의 선박 검사 보고서를 OCIMF에 제출하여 회원 또는 특정 자격을 갖춘 비회원에게 배포될 수 있도록 Ship Inspection Report(SIRE) 프로그램을 개발하였다.

점검하는 OCIMF 회원들 혹은 프로그램 수검자로서 기존 프로그램 참여는 엄격히 자발적이었고, 각 프로그램 수검자는 OCIMF로부터 받았던 보고서에 포함된 정보의 평가방법을 독립적으로 결정했다.

또한, SIRE 프로그램 하에서는 보고서의 대상이 되는 모든 선박의 운영자에게 해당 보고서의 사본과 보고서와 관련된 서면 의견을 OCIMF 및 점검하는 OCIMF 회원에게 제시할 기회가 주어진다.

그리고 선박 검사 보고서 수신자는 컴퓨터를 통해 SIRE System Index에 접근하여 색인을 보거나 다운로드 할 수 있고, 프로그램 수검자는 SIRE System에서 보고서와 이에 맞는 운영자 의견을 요구할 수 있으며, 보고서와 의견은 요청에 따라 사전 등록된 팩스를 통해 받아볼 수 있도록 하였다.

SECTION 1 1.2 Revisions to the SIRE Programme

1993년 개발된 SIRE 프로그램은 1997년에 처음 개정되었으며, 프로그램 수검자는 팩스뿐만 아니라 전자적으로도 보고서와 운영자의 의견을 받을 수 있는 수단을 도입하였다.

또한, 1997년 개정 프로그램에는 아래의 두 가지 주요 변경 사항이 도입되었다.

1) 균일화된 선박 검사 절차(Uniform Vessel Inspection Procedure)

2) 선박 특성 설문지(Vessel Particular Questionnaire, VPQ)[2)]

2000년에 다시 소폭 개정되었으나, 2004년에는 검사 절차에서 추가하여 주요 사항들을 변경 했으며, SIRE프로그램 하에서 검사되는 수많은 새로운 선박의 유형을 추가했다.[3)] 이후 개정판은 VIQ 질문과 지침을 업데이트했지만 문항을 추가하지는 않았다. 2011년판은 VIQ의 초점이 항해 절차와 화물 및 밸러스트 관리에 대하여 검사의 강도가 높아지도록 대폭 개정되었으며, 그 결과 이 버전에서는 상당히 많은 부분의 변경이 이루어졌다. 2013년에도 VIQ의 추가 주요 개정이 있었다.

SECTION 1 1.3 Uniform Vessel Inspection Procedure

SIRE 프로그램에 참여하는 검사의뢰 회사는 규정된 선박검사절차를 따라야 하며, 이 절차에는 검사 요소(Inspection Element)와 보고서 요소(Report Element)가 있다.

검사 요소(Inspection Element)는 검사 대상이 되는 선박의 유형에 따라 일련의 세부 검사 질의서를 사용하며, 이 질의서에는 안전과 오염 방지와 연관된 사안들을 다루고 있다. 검사의뢰 회사에 고용되거나 계약된 검사관은 예외 규정을 제외하고 질의서의 모든 사항에 답변을 해야 한다.

---

2) 최초의 1993년 SIRE프로그램 하에서는 검사를 하는 OCIMF 회원은 원하는 검사 프로토콜과 보고 형식을 자유롭게 선택할 수 있었으나, 1997년부터 균일화된 선박 검사 절차가 이를 대신하게 되었다. Vessel Particular Questionnaire(VPQ)는 새로 개발된 OCIMF 문서로 1997년에 소개되었으며, 이것은 최초의 프로그램에는 없었다. VIQ는 2000년에 추가로 개정되었으며, 2003년에 Harmonized Vessel Particular Questionnaire(HVPQ)가 도입되었을 때도 함께 개정되었다. 업데이트된 VIQ는 2004년, 2005년, 2008년, 2009년, 2012년 및 2014년에 출판되었다.

3) SIRE 프로그램은 2005년에 석유 제품, 화학 물질 또는 가스를 운반하는 바지선 또는 포장된 석유 제품 또는 가스를 운반하는 데 사용되는 선박 또는 동일한 상품을 운반하는 탱크로리의 검사를 포함하도록 확장되었다. 또한 상기 열거된 제품을 운반하는 바지선에 사용되는 예인선도 SIRE 프로그램에 따라 검사 할 수 있다. 이러한 선박의 검사와 관련 문항은 별도의 설문지에 설명되어 있다.

대부분의 질의에는 검사관의 대응을 돕기 위해 지침서와 /또는 근원이 되는 문서에 대한 참조가 설명되어 있다.

보고서 요소(Report Element)는 검사관이 직접 SIRE 웹 사이트 또는 검사를 의뢰한 회사에 제출할 완성된 보고서를 선박 운영자 및 SIRE로 전송하기 전 재검토 및 필요시 보완할 수 있도록 개발되었다.

SECTION 2 2.1 The Vessel Inspection Questionnaires, ROVIQ and VIQ Computer Programmes

SIRE VIQ의 제3판 개정판과 함께 제공되는 검사 보고서는 프로그램의 범위와 표현에 중대한 변화를 가져왔다.

여기에는

1) 유조선(Combination Carries 및 Shuttle Tankers 포함), 케미컬 운반선 및 가스 운반선의 검사. 개정된 프로그램에서는 이 선박들이 크기별로 분류된다.
2) 석유 제품, 화학 물질 또는 가스를 운반하는 바지선 또는 동일한 상품을 운송하는 포장된 석유 제품 또는 가스 또는 탱크로리의 운송에 사용되는 선박 및 상기 물품을 운반하는 바지선의 예인선 검사. VIQ 문서에서 사용되는 검사 설문지를 통틀어 “선박 검사 설문지”라고 한다.(“VIQs”)
3) VIQ 제1판과 제2판에 사용된 주요 질의와 하위 질의의 구성은 몇몇 경우를 제외하고 제3판 이후 중단되었으며, 개별 질문으로 대체되었다. 그러나 응답 형태는 이전 버전과 같이 "Yes", "No", "Not Seen" 또는 "Not Applicable"이 사용된다.

SECTION 2 2.2 Reorganised Vessel Inspection Questionnaire(ROVIQs)

The Reorganised Vessel Inspection Questionnaire(ROVIQ)는 2000년 SIRE 개정판에 도입된 특징으로, 일반적으로 해당 검사관의 검사 진행 순서에 따라 검사관에 의해 VIQ 질의와 지침이 구성된다.4)

VIQ 이전 버전들과 같이 ROVIQ는 2018년판을 통해 검사관이 특정 검사의 진행 과정에서 직면할 수 있는 대략적인 검사 순서에 따라 SIRE Report Editor 소프트웨어 프로그램 내 "Vessel Selection Wizard"를 사용하여 질의를 구성하고, 이를 다양한 형식이나 ROVIQ 형식으로 인쇄한 질의서를 각 검사 시 사용하게 된다. 그리고 검사완료 후에는 그 결과를 해당 VIQ 컴퓨터 프로그램에 입력하게 된다.

SECTION 3 3.1 Using the SIRE Vessel Inspection Questionnaires("VIQs")

이 프로그램에 사용되는 검사 질의서는 검사되는 선박의 유형에 따라 적용되는 안전 및 오염 방지와 연관된 일련의 질문들이 포함된다. 이러한 질문은 연속적으로 번호가 매겨지고 논리적으로 별도의 Chapter로 분류되어 있다.

각 장에는 검사관에 의해 응답되어야 하는 일련의 질문이 있고, 질문에는 다음과 같은 지침들이 함께 수반되어 있다.

4) 각 ROVIQ는 검사관이 선박의 문서를 검토 한 후 조타실 및 항법, 통신, 일반 외부 지역(Mooring Area, 주 갑판 및 펌프룸 포함), Cargo Control Room, Engine 및 Steering Gear Room, 마지막으로 거주구역으로 진행된다면 이에 따라 구성된다.

1) 검사관의 지침서

2) 질문과 관련된 규정 또는 업계 지침을 인용한 참고 자료

3) 검사관의 Comment가 의무 사항일 경우 사안을 식별하기 위한 표식

상기 언급된 지침, 규정 및 업계 참조는 질문이 더 자세히 서술되도록 하고, 이것들은 검사관이 질문에 용이하게 대답할 수 있도록 해준다.

지침과 참고 문헌을 통해 검사관이 문의에 긍정적으로 답변해야 한다고 결론을 내릴 경우 VIQ 컴퓨터 프로그램의 "Yes" 상자를 선택하고, 반대의 경우 "No" 상자를 선택해야 한다. 또한 만약 해당되는 경우 "Not Seen" 또는 "Not Applicable"을 선택한다.

검사관은 검사중인 선박의 유형에 적합한 모든 질문에 답해야 한다. 만약 그렇지 않으면 검사 보고서는 SIRE 인터넷 사이트로 송부될 수 없다.

"No"로 표시된 응답 질문에 대해서는 검사관이 Observation 내용을 기입해야 하고, 부정적인 응답이 내려진 이유를 명확하게 설명해야 한다. 또한 "Not Seen" 응답에 표시된 경우에도 질문에 수반된 Observation 부분에 "Not Seen" 응답에 대한 이유를 명확히 제공되어야 한다. "Not Applicable" 응답은 "Yes" 응답과 동일한 방식으로 처리하고, 특별한 사유가 없는 한 질문에 수반된 Observation 부분에도 이유를 제시할 필요는 없다. 그러나 검사관의 판단 하에서 특정 질문과 관련된 사안에 대하여 보고서 수신자의 이해를 돕기 위해 부연설명이 필요한 경우 질문에 수반된 "Comment" 부분에 의견을 제시 할 수 있다. 검사중인 선박의 유형에 따라 그 선박에 적용될 수 없는 질문이 하나 이상인 경우에는 보고서의 해당 질문들에 대하여 "Not Applicable"으로 자동 입력되도록 프로그래밍 되어 있으며, 대부분의 질문에는 "Not Applicable" Option이 제공되지 않는다.

강조된 이탤릭체로 표시되는 일부 질문의 안내문에 대해서는 검사관은 요구하는 바에 따라 의견을 제공해야 하며, 전자 보고서 상에는 노란색으로 강조 표시된다.

각 Chapter 끝에는 Additional Comment 부분이 있다. 검사관이 해당 Chapter에 포함되지 않은 특정 부분에 대하여 추가 의견이 있다면 여기에 의견을 제시할 수 있다.[5]

5) 각 Chapter 끝에는 Additional Comment 부분이 있다. 검사관이 해당 Chapter에 포함되지 않은 특정 부분에 대하여 추가 의견이 있다면 여기에 의견을 제시할 수 있다.

상기 내용을 요약하면 아래와 같다.

Box	Option	Response
Y	Yes	안내서에 따라 긍정적인 답변인 경우 “Yes” 선택, 검사관이 이에 대해 더 자세히 서술하고자 한다면 Comment 상자에 기입. 단, 특별한 상황을 긍정적으로 설명하여야 하는 것이 아니라면 “Yes” 응답에 의견이 없어도 무방
N	No	안내서에 따라 부정적인 답변인 경우 “No” 선택
NS	Not Seen	검사관이 확인하지 않은 사항에 대하여 “Not Seen” 선택하고, 그 사유에 대해 Observation Box를 활용하여 기입
NA	Not Applicable	해당 질문이 검사 대상의 선박에 해당되지 않는 경우 “Not Applicable” 선택. 검사중인 선박 유형에 따라 자동으로 “Not Applicable”이 선택되기도 하고, 질문에 따라 “Not Applicable”이 없이 “Yes”, “No” 또는 “Not Seen”만 선택 가능하기도 함. 만약 "Not Applicable" 선택에 대하여 검사관이 자세한 설명이 필요하다고 여겨진다면 Comment Box에 의견 기입하고, 검사관의 판단 하에 특정 질문과 관련된 사안에 대하여 보고서 수신자의 이해를 돕기 위하여 자세한 추가 부연 설명이 필요한 경우에는 질문에 수반된 "Comment" 섹션에 의견을 기입
	Observations and Comments	“No” 또는 “Not Seen” 선택에 대해서는 검사관의 Observation 기입이 요구됨. 선택된 방법에 상관없이 질문이 이에 대해 구체적인 검사관의 의견을 필요로 하는 경우에는 질문에 수반된 “Comments” 부분에 기록되어야 함. 대답이 “Yes”인 경우에도 보고서 수신자의 이해를 돕기 위해 검사관의 자세한 설명이 필요하다고 판단되면 “Comments” 부분을 활용
	Additional Comments	각 Chapter 끝에는 Additional Comment 부분은 검사관이 해당 Chapter에 포함되지 않은 특정 부분에 대하여 추가 의견이 있다면 활용

SECTION 3 3.2 VIQ Availability to Operators

VIQ 사본을 필요로 하는 선박 운영자는 www.ocimf.org 웹사이트에서 무료로 다운로드 받을 수 있다.

SECTION 4 Conduct of Inspections

4.1 Mandatory Inspection Requirements

보고서가 SIRE 프로그램의 요구사항을 충족하기 위해서는 선박 검사를 수행할 때 다음의 필수 검사 요구사항을 준수하여야 한다.

4.1.1 General Requirements

1) 검사관은 검사 전 반드시 선장 또는 선장 대리인에게 본인을 소개하고, 검사 범위의 설명 및 적절한 검사 순서에 대해 논의하여야 한다. 또한 검사관은 검사의 진행이 선박의 운영에 최소한만 간섭되도록 전적으로 협력하여야 하며, 검사하는 동안 항상 선원과 동행하여야 한다.

2) 검사관은 선박 및 터미널에 머무르는 동안 의사 소통, 행동 및 개인 안전절차 등에서 모범을 보여야 하며, 항상 개인 안전장비를 착용하여야 한다.

3) 비승인된 전원 또는 배터리를 사용하는 전기 또는 전자 장비는 가스 위험구역이나 기타 위험구역 내에서 사용하여서는 안 된다. 여기에는 손전등, 라디오, 휴대전화기, 계산기, 컴퓨터, 사진 장비와 전기로 작동하지만 가스 위험지역에서 작동되도록 승인되지 않은 기타 휴대용 기기가 포함된다. 휴대전화기나 스마트 워치 같은 기기들은 전원을 켤 경우 원격으로 활성화 될 수 있으며, 예기치 않은 경고 또는 호출 기능으로 위험이 야기될 수 있음을 명심해야 한다. 또한 터미널의 특정 요구사항도 준수하여야 한다.

4) 검사관이 VIQ에 어떠한 Observation 사항을 기록하고자 한다면 지정된 선원과 함께 현장에서 지적하고 대응 방안을 논의하여야 한다. 이를 통해 Observation 사항의 본질을 잘 이해할 수 있고, 검사 종료 시점에서 불필요한 논의 지연을 피할 수 있다.

5) 검사가 완료되면 일부 의뢰 회사에서는 검사관에게 서면으로 작성된 검사 결과 목록의 제공을 요구하기도 하지만, 제공 여부를 떠나 검사관은 선장 또는 선장 대리인과 선박을 떠나기 전 검사 결과에 대해 상의해야 한다. 그러나 Observation 사항에 대하여 설명 또는 대응하는 것 이외에 검사 보고서를 완성하기 위하여 선박에 남아 있어서는 안 된다. 단, STS Operation과 같이 헬리콥터 등을 이용하여 승하선이 이루어지는 경우와 같은 특별한 경우에는 예외로 한다.

6) 4.3.5에서 규정된 바와 같이 검사 시간은 8-10시간이며, 서류 검사에서 3시간을 초과해서는 안 된다. 그리고 이 시간은 선박을 검사하고, 선원들과 소통하며, 필요하다면 Observation 사항들을 종합하고, Closing Meeting을 수행하는데 적절히 배분하여 사용하여야 한다. 선박을 떠나기 전 Report Editor Software를 이용한 보고서의 완성은 선박의 물리적 검사를 수행하는데 있어 소요되는 시간이 줄어드는 것을 야기하므로 작성하여서는 안 된다. 상기 4.1.1.5에 명시된 바와 같이 검사관은 검사가 완료되면 선박을 떠나야 하고, 보고서 상세 입력을 위해 선상에 남아 있어서도 안 된다.

7) 4.3.5에서 규정된 검사 시간은 8-10시간이지만, 실제 점검 시간은 선박과 왕복 시간을 고려한다면 더 길어질 것이므로 모든 검사관은 검사를 수행할 때 휴식 시간과 피로 수준을 고려하여야 한다. 또한, 연이은 검사는 권장되지 않으며, 다른 선박에 대한 검사를 시작하기 전에는 이전 선박에 대한 검사 보고서를 작성하여 제출하여야 한다.

4.1.2 Additional Requirements

상기 일반적인 필수 요구사항 이외에도 검사관은 아래의 사항을 준수하여야 한다.

1) 요청되는 정보를 입력하거나 각 질문에 대해 하나의 응답 상자를 선택해야 한다.

2) 질문에 대한 지침이 제공되는 경우에는 모든 지침을 고려하여 답변해야 한다.

3) 모든 질문은 신중하게 고려하여 적절한 답변을 해야 한다.

4) 각 질문의 답변에는 객관적인 증거에 기인해야 한다. (선원의 보증은 불충분한 증거 또는 증명임)

5) "No" 또는 "Not Seen"으로 대답할 경우에는 Observation 섹션에 자세한 설명이 포함되어야 한다. VIQ 질문에 "Not Applicable"이 표시되거나 또는 질문에 대한 답변에 관계없이 지침에서 의견 제시를 요구하는 경우에는 "Comment" 섹션에 해당 의견을 기록해야 한다.

6) 검사관의 Observation 또는 기타 의견에 부정적인 요소가 포함된 질문에 대해서는 "Yes"를 응답해서는 안 된다. (만약 부정적인 Observation이나 기타 의견이 있다면 해당 질문에 대한 답변은 "No" 이여야 한다)

7) 기타 의견 또는 추가 의견에 다음 사항을 포함해서는 안 된다.

   ① 선박의 전체 또는 부분의 선박 등급 또는 선박의 수락/불허의 표시

   ② VIQ Chapter의 주제와 관련이 없는 사안, 특히 선박의 안전 및 오염 방지와 관련 없는 사안

   ③ 전반적인 Chapter 끝 또는 검사관의 조사 결과에 대한 기타 요약

8) 검사관이 작성한 의견이나 주관적인 견해에 대한 사실적인 근거와 구체적인 이유를 제공해야 한다.

9) 검사관이 승선하고 있는 동안 시정 조치된 결함 또는 Observation 사항들은 기록하여야 한다.

10) 검사관이 지적한 결함이나 Observation 사항과 관련하여 조치되어야 할 의견이나 견해를 제시해서는 안 된다.

11) 둘 이상의 검사관이 검사를 수행하는 경우를 제외하고 Observation 또는 기타 의견에 “We”라는 표현을 사용해서는 안 된다.

12) 언제라도 선박의 허용/불허를 구두로 제시해서는 안 된다.

13) 해당 선박의 검사 과정에 합법적으로 관여한 사람 외 제3자에게 검사의 결과 또는 정보에 대하여 어떠한 수단(구두, 서면, 전자적 또는 기타 방법)으로 논의하거나 제공해서는 안 된다.

14) SIRE 검사를 수행하는 동안에는 다른 검사를 수검하거나 다른 서비스 제공에 관여해서는 안 된다.

SECTION 4 4.2 Permitted Inspection Actions

검사관은

1) 질문에 “Comment” 섹션이 포함되어 있다면 “Yes” 답변의 경우에도 보고서의 수신자에게 유용한 정보 제공을 위해 필요하다면 의견을 포함시킬 수 있다.
2) 질문에 제공되지 않는 지침을 바탕으로 질문에 응답하거나 의견을 제공할 수 있지만, 질문에 대해 지정된 지침에 포함되지 않은 자료를 바탕으로 질문에 응답하거나 의견을 제공하지만 이 근거와 이유를 설명해야 한다.
3) 각 Chapter의 “Additional Comment”에 해당 장의 질문에 포함되지 않은 관련 특정 내용에 대한 의견을 별도로 포함시킬 수 있다. 그리고,
4) 선박 또는 화물에 적용할 수 없는 질문은 확인 후 “Not Application”에 답할 수 있다.

SECTION 4 4.3 Other Inspection Requirements

1) 선박 검사는 OCIMF Inspecting Member의 요청이 없는 한 야간에 실시해서는 안 된다. 선박 운영자도 야간에 선박 검사를 시행하는 것이 선박의 안전과 근무 및 휴식시간 준수에 영향을 미치지 않는다는 것에 동의해야만 가능하다.
2) 검사관은 선박의 검사 계획, 선박 일정과 승/하선을 위하여 필요한 정보를 제공하는 것 외에는 선박 또는 선박 운영자와의 연락은 제한된다. 검사관은 선박에 도착하기 전 VIQ에 관한 정보를 요청할 수 없으며, OCIMF 점검 활동이 완료된 후에도 선박과 선박 운영자와 연락해서는 안 된다. 검사 완료 후 검사와 관련된 의사 교환은 위원회를 통해서만 가능하다.
3) 검사관은 장비가 원활히 작동하고 있고, 선원과 사관들이 장비 작동에 익숙한 지를 확인하기 위해 장비의 작동 및 테스트를 고려해야 한다. 다만, 이러한 요청이 선박의 안전을 저해하거나 또는 운항을 지연시키지 않아야 하며, 터미널 규정에도 반하지 않아야 한다.

4) 선박 검사의 포괄적인 목적이 SIRE Report 사용자에게 검사 당시 선박의 상태 및 운영 수준에 대한 사실적인 기록을 제공하는 것이며, 이는 결국 해당 선박의 사용에 있어 위험을 평가하는 것임을 인식해야 한다.

5) SIRE 검사는 8-10 시간 이내에 완료될 것으로 예상되며, 검사관은 이에 따라 시간을 계획하고 충분히 검사를 진행할 수 있도록 여유시간을 두고 검사를 진행하여야 한다. 또한 검사관은 반드시 준수해야 하는 선원의 휴식 시간을 고려해야 하며, SIRE 검사가 이를 방해하지 않도록 유의해야 한다.

6) 정상적인 상황에서는 선박이 항구에 접안하여 화물을 하역 또는 적재하는 동안에 SIRE 검사가 진행되며, 검사 과정에서 밸러스트 탱크 및/또는 Void Space 진입은 권장되지 않는다. 밸러스트 탱크 및 Void Space 등의 물리적 상태 평가는 Access Hatch 또는 Cover를 제거하여 갑판에서 내부를 볼 수 있는 상황에서만 가능하고, 실제 진입은 항만 및 터미널 규정의 허용 하에 선장의 동의와 검사 회사의 특정 서면 요청에 의해서만 이루어 질 수 있다. 그리고 어떠한 경우에도 ISGOTT Chapter10에 명시된 밀폐구역 출입 절차를 엄격히 준수해야 한다.

7) OCIMF Inspecting Member를 대신하여 선박 검사를 위한 출장은 검사관과 회원사 간의 계약에 따라 항상 모범적이고 안전하게 수행되어야 한다. 검사관은 과도한 피로 없이 8-10 시간 이내에 안전하게 검사를 수행 할 수 있는지 확인해야 한다.

SECTION 5 5.1 The Distributed Report

선박 검사 후 VIQ(Inspection Element)에 기록된 응답은 프로그램에 의해 배포되는 선박 검사 절차의 두번째 요소(Report Element)의 기초가 된다. 검사관에 의해 완성된 VIQ는 SIRE 시스템에서 처리되기 전에 의뢰 회사에서 검토되어야 하고, 선박 운영자에게 전송되어야 한다.

검토된 VIQ는 의뢰 회사가 SIRE 시스템에서 처리한 후 자동으로 보고서로 변환된다. 이 보고서는 VIQ의 약식으로 제작되며, 검사관의 VIQ 응답이 일정한 형식으로 변환되어 구성된다. 보고서는 다음과 같이 세 부분으로 되어있다.[6]

6) Tanker Management Self-Assessment(TMSA), 탱커 운영에 관하여 OCIMF가 제정한 자체 평가 제도이자 선택적 인증 제도로서 화물의 안전한 운송 확보를 위한 SIRE 프로그램이 선박에만 한정되어 있으므로 선박을 관리하는 운항선사에 대해서도 평가가 필요하다는 인식 하에서 시작되었다.

Section 1 General Information	• VIQ Chapter 1에 요구한 정보와 다른 VIQ Chapter에서 요구한 특정 날짜나 세부사항 상세가 포함
Section 2 Questions marked "Yes" without comment.	• VIQ에서 특정 Comment 없이 "Yes"로 응답된 질문의 색인 번호만 나열
Section 3 Questions marked "No", "Not Seen", "Not Applic able" or otherwise com mented upon and any c hapter ending Additional Comments.	• 아래사항 전체 포함 (a) "No" 또는 "Not Seen"으로 답변된 모든 VIQ 질문과 그러한 답변을 보충하기 위해 작성된 검사관의 의견 (b) 의견이 있거나 다른 의견이 제시된 (a)외 모든 VIQ 질문 (c) VIQ Chapter 마지막에 추가된 의견 (d) "No"로 답변된 질문과 관련된 선박에 대한 OCIMF Tanker Management Self-Assessment(TMSA)의 요소 또는 하위 요소와 운영자의 평가 표시(적합한 경우에만). 이 기능은 운영자가 TMSA 제출에 대한 접근 권한을 부여한 OCIMF 회원에게만 표시되고, Recipient Member는 보고서에는 TMSA 기능을 볼 수 없음. 경우에 따라서는 SIRE Report Editor가 자동적으로 "Not Applicable"을 입력함.

제 3 부

주요 점검 사항

메이저 검사의 주요 점검 사항으로 Chapter 1은 선박회사에서 작성한 VPQ를 기준으로 일반적인 선박 제원에 대한 사항을 점검하고 있으며, Chapter 2. 선박의 증서, Chapter 3. 선원관리, Chapter 4. 항해 및 통신장비, Chapter 5. 안전 관리, Chapter 6. 오염 방제, Chapter 7. 해상 보안, Chapter 8에서는 선종별로 Cargo and Ballast Systems를 점검하고 있다. Chapter 9. 계선 설비, Chapter 10. 기관 및 조종 설비, Chapter 11. 일반 장비와 상태에 대하여 정비하고 있으며, Chapter 12에서는 극지항로 개발에 따른 극지방 운항하는 선박을 대상으로 하는 추가적인 점검사항을 제시하고 있다.

INDEX

Chapter 1. General Information

Chapter 2. Certification and Documentation

Chapter 3. Crew Management

Chapter 4. Navigation and Communications

Chapter 5. Safety Management

Chapter 6. Pollution Prevention

Chapter 7. Maritime Security

Chapter 8-1. Cargo and Ballast Systems - Petroleum

Chapter 8-2. Cargo and Ballast Systems - Chemicals

Chapter 8-3. Cargo and Ballast Systems - LPG

Chapter 8-4. Cargo and Ballast Systems - LNG

Chapter 9. Mooring

Chapter 10. Engine and Steering Compartments

Chapter 11. General Appearance and Condition

Chapter 12. Ice Operations

CHAPTER 1 General Information

1.1 선명

▪ 참고 : 실제로 등록된 선명이 아니라면, MT, MV, SS 등의 접두사가 쓰여져서는 안된다. 국적증서에 명시된 선명을 정확하게 기재

1.2 IMO 번호

선박의 IMO No. 기재

1.3 검사완료일자

검사가 2일 이상 또는 2회에 나누어 실시되거나, 또는 1인 이상의 검사관이 실시한 경우, 출발/도착 일자 상세 등을 기재

1.4 검사가 완전히 종료되었는가?

만약 검사가 완전히 종료되지 않았다면, 그 이유 및 검사되지 않은 부분을 명시

1.5 Port of inspection(검사 항구)

검사 항구 기재

1.6 Flag:(기국)

기국변경이 지난 6개월 이내 변경된 경우, 이전 기국 및 변경 일자를 기재

1.7 Deadweight(metric tonnes)(재화중량톤수)

▪ 참고 : Multiple load line 증서를 가진 선박은 최대 재화중량을 기재

1.8 Date the vessel was delivered(선박인도일)

인도 후 계선기간(Lay up)은 기록되어야 한다. 인도일자는 IOPP(국제기름오염방지) 증서상에 기재된 건조 조선소로부터 인도된 일자를 기록해야 한다. 인수일자가 IOPP Form A 또는 Form B에 기재되어 있지 않을 경우, SC(안전구조)증서의 일자를 기록해야 한다. 선박이 '개조된' 경우 원래 건조 일을 기록해야 한다.

1.9 Name of the OCIMF inspecting company(OCIMF 검사 회사명)

참고 : 검사 회사명은 SIRE Report Editor 소프트웨어를 통해 자동 입력된다.

1.10 Date and time the inspector boarded the vessel(검사관 승선 일자와 시간)

1.11 Date and time the inspector departed the vessel(검사관 하선 일자와 시간)

검사가 2일 및 2회 이상, 또는 검사관 2명이 진행했을 경우, 상황에 대해 기록하며 출발 및 도착 상세를 코멘트로 기록한다. 야간 검사가 허가되었다면 사유에 대해 코멘트를 남기며, 검사 종료 및 종료 회의 이후 빨리 하선하여야 하고 바로 하선하지 못할 경우 코멘트로 기록한다.

1.12 Time taken for inspection(검사 소요 시간)

참고 : 5분 단위로 검사 시간은 기록하며, 실제 시간을 기록한다. 점심 및 PSC 검사 등의 이유로 중단된 경우 검사 시간에 포함하지 않는다. 만약 검사가 2회 이상 시행되었다면 사유를 기재해야 한다.

1.13 Name of the inspector(검사관 성명)

참고 : VIQ 소프트웨어에 자동적으로 검사관 성명이 입력되며, 배포되는 보고서에는 표시되지 않는다.(검사회사 및 OCIMF 내부 사용 목적)

1.14 OCIMF HVPQ는 최신화 되었고 쉽게 이용 가능한가?

OCIMF HVPQ 소프웨어를 활용한 HVPQ는 선박에서 바로 이용 가능해야 하며, 검사관에 의해 정보의 정확성을 위해 무작위로 검토될 수 있다. 서면 양식의 HVPQ를 가지고 제공하는 것은 필수적인 사항은 아니다.

1.15 Vessel's operation at the time of the inspection(검사 중 선박의 작업)

Loading	Discharging	Bunkering	Bunkering	Deballasting	At anchor	Idle	At sea
River transit	Repairs afloat	In drydock	STS loading	STS discharging	Cooling Down	Gassing-up	

참고 : 선박이 상기 이외의 다른 작업 시, 선박 작업은 대기로 기록하고 관련 작업을 코멘트로 기록한다. 소위 일컬어지는 '기관 작업'은 허용되지 않으며, 검사 시 작업의 종류는 변경되지 않는다.

1.16 Product(s) being handled(작업 중인 화물)

Crude Oil	Dirty petroleum products (low flash)	Dirty petroleum products (high flash)	Clean petroleum products	Vegetable oils
Animal oils	Chemicals	Liquefied gas	Other (specify)	

참고 : 휘발성 제품은 밀폐 용기 검사 방법에 의해 결정된 발화점 60℃ 미만의 석유 제품이다. 만약 화물을 그 화물의 발화점 10℃ 이내에서 취급된다면 반드시 폭발을 고려해야 한다. 따라서 발화점 80℃의 화물을 취급할 때에는 70℃나 그 이상일 경우 폭발을 고려해야 한다. 검사관은 화물 상세에 대해 보고서에 명시할 필요는 없지만 독성 또는 인화성이 있는 경우 화물의 특성을 명시한다.

1.17 Vessel type(선종)

Crude Tanker	Crude/Products Tanker	Products Tanker	Chemical carrier Type I	Chemical carrier Type II
Chemical carrier Type III	LPG Type 1G	LPG Type 2G	LPG Type 2PG	LPG Type 3G
LNG Moss Type	LNG Membrane	OBO	Ore-Oil	Ore-Oil
Bitumen Tanker	Sulphur Tanker	Other (Specify in Comments)		

1.18 Hull type(선체 구조)

Single hull	Double hull	Double sides	Full breadth double bottom	Centre tank double bottom

참고 : 구조 요건의 결정을 위해 IOPP증서 Form B/5 참조

1.19 Name of the vessel's operator(선박 운항자명)

참고 : SIRE 프로그램 목적상 운항자는 매일 운항 통제 업무를 담당하고 책임이 있는 회사 또는 주체이다. 이 주체자는 선박의 DOC(적합증서)에서 확인가능하며, 선주가 운항자이거나 아닐 수 있다.

1.20 Date the current operator assumed responsibility for the vessel (현재 운항자가 책임을 맡은 일자)

1.21 Date of the last Port State Control inspection(최근 PSC 일자)

참고 : 일자는 모든 PSC 검사를 참고하면 되며, 지난 PSC 검사 당시 선명이나 운항자가 달랐다면 코멘트로 기록한다.

1.22 Port of the last Port State Control inspection(최근 PSC 점검 항구)

선박이 출항 정지 되었거나, 심각한 결함이 식별되었다면 출항정지 사유와 결함의 상세 내용을 코멘트로 기재한다.

참고 : IMO는 지역 항만국통제 기구의 설립과 항만국통제에 관한 합의를 장려함

- 양해각서(MOU)를 전 세계의 대양을 포함하여 체결됨.

: 유럽 및 북대서양(파리 MOU); 아시아 및 태평양(도쿄 MOU); 라틴 아메리카(아쿠에르도 데 비냐 델 마르); 카리브해(카리빈 MOU); 서아프리카와 중앙아프리카(아부자) MOU); 흑해 지역(흑해 MOU); 지중해지역(지하 MOU); 인도양(Indian Ocean MOU);과 걸프만 아랍국 GCC MOU (Riyadh MOU). 2011년 1월 1일부터 파리 MOU가 발표됨으로써 새로운 검사 체제(NIR)로 변경되며 선박은 회사 실적과 연계하여 선박 리스크 프로파일에 근거하여 점검 받는다. 선박은 회사 실적 등 다양한 요소를 고려하여 '저위험선박(LRS)', '표준위험선박(SRS)' 또는 '고위험선박(HRS)' 중 하나로 분류되어지고, 선박의 위험 등급은 검사 빈도로 결정한다. 항만국통제검사 보고서는 최소 2년 동안 선내에 보관되어야 한다.

1.23 Name of Classification society (선급협회 명)

만약 선박이 이중으로 선급에 입급되어 있다면 협약증서의 발급 주체의 선급 명을 기재하고, 2번째 선급명을 코멘트로 기재한다. 만약 지난 6개월 내에 선급이 변경된 경우, 변경된 선급, 일자를 코멘트로 기재해야 한다.

참고 : 선급 협회 증서는 반드시 유효해야 하고 정기 연차, 중간 심사가 정해진 범위의 날짜 이내에 수행되어야 한다.

Ice Class(대빙 등급)가 표기된 선박은 해당 선급의 상세 요구사항에 충족하게 건조되어야 하고 사관과 부원들에게 적절한 복장과 적합한 훈련을 제공하여야 한다. 선박이 건조되어 Ice Class 표기를 위해 선박은 거주구 온도 유지와 선체, 갑판 기기, 파이프 라인, 환기구, 통풍구, 해수 유입구 및 발라스트 시스템 등의 보호를 위한 설비를 갖춰야 한다.

조타실 창문이 얼지 않도록 보호 장치를 제공해야 하며, 조타실이 완전히 밀폐되지 않는 경우, 윙브릿지의 보호 장소 및 각 윙브릿지에 있는 서치라이트 또한 제공되어야 한다. 선박이 Ice notation(대빙 부기부호)을 보유하고 있다면 검사관은 제공사항들을 평가하고 이장 마지막 부분 Additional Comments에 언급을 해야 한다.

지난 6개월 이내에 선급이 변경된 선박은 변경 이전 선급의 최신 검사 결과 보고서가 있어야 한다.

선박이 선급 가입 기간 동안 승인된 선급에 완전히 속해 있다는 것은 P & I 의 중요한 요건이다.

1.24 Date of expiry of the Class Certificate(선급증서의 만료일자)

참고 : 일자는 차기 정기 검사 일자와 보통 동일하다

1.25 최근 선급 입거/수리 기간 또는 수중 검사 이후 출항한 일자

추가로, 지난 입거/수리 기간이 계획되지 않은 거라면 일자와 사유를 기재해야 한다.

참고 : 지난 선급이 승인한 입거 혹은 수중 검사 날짜는 선급 검사 상태 보고서 상에서 확인할 수 있다. 지난 선저 검사 관련 상세는 화물선 안전구조증서(SC)에서 확인할 수 있다.

1.26 선박의 최근 선급 검사 상태 보고서 보유 여부 및 지난 선급 검사 기록의 완료 여부

참고 : 최근 보고서가 유효해야 하고 이는 검사 전 15일 이내의 것이어야 한다. 선급 검사 현황 보고서의 일자가 기록되어 있음에도 불구하고 선급 검사 상태 보고서에 최신 상태가 반영되는 최신화가 되지 않을 수도 있다. 하지만 선급 검사관이 시행한 검사 당시의 검사 결과 보고서가 선박에 있으며, 이 보고서가 정확한지 검토해야 한다.

Additional Comments :

검사관이 이 장에 수록된 특정 질문에 응답하는 것 등에 추가로, 이 장에서 다루는 주제와 관련하여 의견이 있을 경우, 추가 의견을 이 절에 포함해야 한다.

검사를 둘러싼 상황과 관련된 기밀 사항이 아닌 정보도 여기에 기록되어져야 한다. 예를 들면, 운항사 소속 감독관의 존재, 한 가지 이상의 SIRE 검사 수행, 검사를 방해하거나 단축하는 비정상적인 선박 운영 등이 있다.

CHAPTER 2 Certification and Documentation

Certification

2.1 아래의 모든 협약증서가 적용되는 경우 유효한가? 그리고 연차/중간 검사가 기한 내에 진행되는가?

2.1.1	Certificate of Registry(국적증서)
2.1.2	Continuous Synopsis Record(선박 이력 기록부) 선박이력기록부(CSR)는 선박에 보관하고 있어야 하며, 항상 모든 검사 시 이용 가능해야 함. 주관청에 의해 발급되며, 인쇄물 또는 전자 형태로 제공될 수 있음. CSR 상 변경사항으로 개정 또는 최신화된 CSR이 발급 대기 중이라면 운항사 또는 선장은 CSR Form 2를 작성하여 보관하고 있어야 하며, 추후 원본 CSR 수령 시 첨부하여 개정이력(Form 3)을 최신화 하여야 함. 주관청은 개정되고 최신화된 CSR 문서를 변경된 일자로부터 3달을 넘지 않게 빨리 발급하여야 함. (Res.A.959(23), §7). MSC.198(80).
2.1.3	Document of Compliance(DOC)(안전관리적합증서) DOC와 SMC의 발급 기관은 다를 수 있지만 선박 운항자의 이름은 두 증서상 일치해야 함. 이 증서의 사본은 선박에 보관되어야 하며, 이는 원본에 연차 검사가 배서된 것을 보여줌. 문서는 선박 운항사의 선박이 운송하는 화물의 종류가 상세되어 있음(Oil, Chemical, Gas 등). COF(화물운송적합증서, Certificate of Fitness)가 아니라 NLS(유해액체물질운송증서, Noxious Liquid Substance Cert)만 가지고 있다면, DOC 증서상 케미컬 운송을 위한 승인 필요하지 않음. DOC 증서상 검사 기준일 전후 3개월 이내에 연차 검사를 받아야 함. 검사 기준일은 DOC 증서의 만료일에 해당하는 각 월과 일을 의미함.
2.1.4	Safety Management Certificate(SMC)(선박안전관리증서) 선박은 매 5년마다 갱신하여야 하며, 중간 검사의 경우 2년과 3년차 사이에 심사를 받음.
2.1.5	Safety Equipment Certificate, supplemented by Form E(선박안전장비증서, 부록 Form E) 만약 선박이 COF(화물운송적합증서)가 아닌 NLS(유해 액체 물질 운송증서)만 가지고 있다면 SE증서는 케미컬에 대한 별도 승인은 필요하지 않음. LRIT(원거리 별 및

	추적시스템, Long Range Identification and Tracking System)는 2008년 12월 31일 이전 건조된 300톤 이상의 A1, A2 및 A3 구역에서 운항중인 선박에 적용됨.(A1 구역에서만 항해하는 AIS 장착 선박은 미 적용)
2.1.6	Safety Radio Certificate, supplemented by Form R (선박무선국증서, 부록 Form R)
2.1.7	Safety Construction Certificate(선박안전구조증서) 선박의 안전장비, 무선장비 및 안전구조증서는 같은 양식으로 선박안전증서로 일컬어지며, Form C는 Form E 및 Form R 대신에 첨부되며 연차 검사rk 시행되었음이 확인되어야 함.
2.1.8	IOPP Certificate, supplemented by Form A or B (국제기름오염방지증서, 부록 Form A 또는 B) Form B는 유류화물이나 유사 유해액체물질을 운송하는 경우만 요구되며, Form A는 운송이 허가된 유해액체물질과 같은 유류화물 목록이 포함되어 있어야 함.
2.1.9	What is the vessel's designation as recorded in the IOPP Certificate, Form B, Question 1.11? (국제기름오염방지증서, Form B상에 기록된 선박의 종류는 무엇인가?) 1. Crude oil tanker; (원유운반선) 2. Product carrier; (제품운반선) 3. Product carrier not carrying fuel oil or heavy diesel oil as referred to in regulation 20.2 or lubricating oil; (윤활유나 규칙 20.2의 중질유나 연료유를 운송하지 않는 제품운반선) 4. Crude oil/product carrier;(원유 및 제품운반선) 5. Combination carrier;(겸용 운반선) 6. Ship, other than an oil tanker, with cargo tanks coming under regulation 2.2 of Annex 1 of the Convention;(협약 부속서 1, 규칙 2.2에 화물 탱크나 유조선 이외의 다른 선박) 7. Oil tanker dedicated to the carriage of products referred to in regulation 2.4;(규칙 2.4에 제품을 운송하도록 지정된 유조선) 8. The ship, being designated as a 'crude oil tanker' operating with COW, is also designated as a 'product carrier' operating with CBT, for which a separate IOPP Certificate has also been issued;(원유세정 작업을 할 수 있는 원유운반선으로 지정되고, 또 IOPP증서가 발급되어 CBT를

	이용한 제품운반선으로 진정된 선박) 9. The ship, being designated as a 'product carrier' operating with CBT, is also designated as a 'crude oil tanker' operating with COW, for which a separate IOPP Certificate has also been issued;(CBT를 이용하는 제품운반선으로 지정되고, 또 IOPP증서가 발급되어 원유세정작업을 하는 원유운반선으로 지정된 선박)
2.1.10	Minimum Safe Manning Document(최소승무선원증서) 증서가 영문이 아니라면, 영문으로 번역되어 제공되어 함. (IMO Res. A.1047(27) Annex 4(2).
2.1.11	Certificate of Fitness for the Carriage of Chemicals or Gas (가스 또는 케미컬 운송 적합증서) 화학제품의 IBC 및 BCH 코드, 또는 가스의 IGC, GC, EGC 코드에 따라 발급되며, 가스운반선의 경우 이중 코드 적용 화물을 운송할 경우, NLS(유해액체물질운송증서)를 비치하여야 함. 만약 화물이 적합증서상에 등재되지 않은 화물을 운송하는 경우, 주관청으로부터 승인을 득해야 함.
2.1.12	Noxious Liquid Substances (NLS) Certificate(유해액체물질운송증서) 유해액체물질운송증서는 규칙 6.3의 조항에 X/Y/Z 카테고리로 나누어 지거나, IBC 코드 규칙 17 또는 18의 오염 분류 카테고리로 명시된 물질을 의미함. NLS 탱커는 IBC코드 규칙 17상의 명시된 액체화물 운송을 위해 건조된 선박임. 이중 코드 화물을 운송하는 가스운반선은 가스 운송 적합 증서 및 유해액체물질 운송을 위한 유해액체물질운송증서가 요구됨(가스 운반선의 경우, 일부 화물이 유해액체물질로 분류되어 유해액체물증운송증서가 요구됨.)
2.1.13	Civil Liability Convention Certificate(s)(손해배상 보장계약증명서) 국적증서상의 선주 이름이 동일해야 하며, 증서는 유류, 난파선, 선원송환보험에 이용할 수 있음.
2.1.14	Maritime Labour Convention(2006)(해사노동협약증서) 해사노동협약증서는 기국에서 발급한 DMLC Part I(해사노동적합선언서 1부)와 기국 또는 기국 정부의 위임을 받은 인정 기국(Recognized organization, 보통 선급)에 승인된 운항자가 발급한 DMLC Part II(해사노동적합선언서 2부)가 첨부되어야 함.

2.1.15	Ballast Water Management Certificate(평형수관리증서) 최초 검사 완료인 2017년 9월 8일부터 유효하며 국제평형수협약(BWM)을 비준한 기국은 국제 평형수 관리증서가 발급되고 이외 기국은 평형수협약준수증서가 발급됨. 두 증서 모두 5년 유효기간으로 연차, 중간, 갱신 검사를 받아야 함.

SOLAS 증서의 경우, 만약 영어나 불어 둘 중 하나의 언어로 되어있지 않다면 증서는 이 중 하나의 언어로 된 번역문을 포함하여야 한다. (SOLAS I/15)

전자 증서는 종이 증서 대신에 허용될 수 있음. 전자증서를 사용하는 주관청은 이러한 증서들이 다음과 같은 기능을 가지고 있음을 보장해야 한다.

- 관련 국제협약이나 법률에서 요구되는 형식과 내용으로 구성된 일관성과 유효성
- 주관청 또는 발행자에 의해 승인되는 경우 이외 편집, 변경 또는 개정으로부터 보호
- IMO FAL. 5/Circ. 39/REV. 2.의 3.5절 그리고 3.6절에서 정의한 검증을 위해 사용되는 고유 식별 번호

참고 : 인증기관이 증서 원본을 발급하고 선박의 기국이 이후 연차 검사를 수행하는 등의 상황이 발생할 수 있습니다. 그러한 경우, 기국은 연차 검사가 수행되었음을 증명하기 위해 기국이 인증기관 증서를 승인하는 것이 허용된다.

회사 및 등록 소유자 식별 번호는 2009년 1월 1일부터 또는 기국 관리청에서 요구할 수 있는 증서 갱신 시 이러한 증서에 기록되어야 한다. 증서 발급일, 만료일 등을 기록 할 필요는 없다. 증서의 만료 여부를 기록한다.

2.2 선박의 선주상호보험이 International Group(IG)의 구성원인가?

참고 : 가입된 P&I(선주상호보험) 보험사가 International group(IG)의 구성원이 아니라면 가입된 보험사의 이름을 기록하며, 하기 목록 이외의 P&I Club의 이름은 필수사항이 아니다.

- American Steamship Owners Mutual Protection and Indemnity Association, Inc
- Assuranceforeningen Skuld
- Skuld Mutual Protection and Indemnity Association (Bermuda) Ltd.
- Gard P&I (Bermuda) Ltd.
- Assuranceforeningen Gard
- The Britannia Steam Ship Insurance Association Limited
- The Japan Ship Owners' Mutual Protection & Indemnity Association
- The London Steam-Ship Owners' Mutual Insurance Association Limited
- The North of England Protecting & Indemnity Association Limited
- The Shipowners' Mutual Protection & Indemnity Association (Luxembourg)
- The Standard Club Ltd
- The Standard Club Europe Ltd
- The Standard Club Aisa Ltd
- The Steamship Mutual Underwriting Association (Bermuda) Limited
- The Steamship Mutual Underwriting Association Ltd.
- Sveriges Angfartygs Assurans Forening / The Swedish Club
- United Kingdom Mutual Steam Ship Assurance Association (Bermuda) Limited
- United Kingdom Mutual Steam Ship Assurance Association (Europe) Ltd
- The West of England Ship Owners Mutual Insurance Association (Luxembourg)

Safety management and the operator's procedures manuals

2.3 운항자의 절차 매뉴얼은 ISM 코드(국제선박안전관리코드, International Safety Management Code)의 요건을 준수하는가?

회사는 선박안전관리시스템(SMS)에 선박에서의 선장의 권한을 강조하는 명확한 내용이 포함되어 있는지 보장해야 한다. 회사는 안전관리시스템에서 안전 및 오염방지, 필요 시 회사의 지원 요청에 관해 결정하는 최우선적인 권한과 책임을 선장이 가지고 있음을 선박안전관리시스템에 수립해야 한다. (ISM CODE 5.2)

참고 : 메뉴얼이 영어로 작성될 필요는 없으나 아닐 경우, 코멘트로 기록해야 한다.

ISM Code의 주요 요소는 절차 매뉴얼 상 포함되어야 선박 관련 사용자가 친숙하고, 선원들의 공용 언어로 작성되어야 한다.

안전과 환경 방침, 비상 절차, 선장 및 선원의 책임, 운용 계획, 부적합 처리 절차, 정비 계획, 심사 및 검토 절차, 훈련 프로그램이 최소한 포함되어 있어야 한다.

비상 절차는 최소 충돌, 좌초, 침수, 황천 시 손상, 구조 손상, 화재(갑판, 화물창, 기관실, 펌프룸, 거주구역), 폭발, 가스 또는 독성 가스의 유출, 중대기기의 고장, 밀폐구역에서의 구조, 심각한 부상 그리고 헬기 작업을 포함해야 한다.

훈련 프로그램은 최소 상기의 비상 절차의 상황을 포함해야 하며, 추가적으로 퇴선, 인명구조(Man overboard), 유류오염 방제, 테러와 해적 관련 선박 보안 훈련을 포함해야 한다.

회사 절차서가 컴퓨터 기반의 문서로 이용되는 경우가 있으므로 모든 선원이 적절히 접근 절차가 있는지, 관련 교육을 받았는지 명확히 해야 한다. 어떠한 경우라도 최신화된 운항사의 항해 방침 및 절차가 선교에서 활용 가능해야 하며, 사관은 정책에 대한 친숙화가 되어 있음을 보여줘야 한다. 만약 방침이 전자 문서로만 제공되는 경우, 독립된 예비 전원 장치가 제공되어야 한다.

2.4 운항사의 대표 업무 담당자는 최소 반년에 한번 선박을 방선하는가?

참고 : 선박운항사의 업무 담당자는 공무/해사 감독 또는 회사의 SMS에 익숙하고 이행에 책임이 있는 사람이어야 한다. 이러한 담당자(감독)의 방선은 대략 6개월 간격으로 이뤄져야 하며, 한 달의 유예기간은 주어질 수 있다.

마지막 방선일 및 어느 부서(해사 감독, 기관 감독 및 조선 기사)가 방선하였는지를 기록하며, 추가로 각 부서의 마지막 방선 날짜를 기록한다.

2.5 최근 운항사의 내부심사 보고서가 유효하며, 부적합 처리를 위한 종결 처리 절차가 수립되어 있는가?

심사는 회사 절차의 일부분으로 시행되어야 한다. 부적합 사항을 시정하기 위해 취해진 시정조치가 만족할만한 증거로 기록되어야 한다. 시정조치 만료 기한을 포함한 종결처리 절차, 완료되었을 때 통보 절차가 수립되어 있고, 검사관은 이러한 절차대로 내부심사 부적합사항이 시정조치가 완료되고 기한 내에 처리되었는지 확인한다. 검사관은 운항자의 심사를 관찰사항의 기록 수단으로 이용하지 않는다. 회사는 내부심사를 12개월을 초과하지 않은 기한 내에 시행하여야 하며, 예외적으로 3개월 이내로 연장될 수 있다. (ISM Code 12.1)

기록을 검토할 때 검사관은 두 번의 내부심사 혹은 9개월을 넘지 않는 것 중에 그리고 현재의 선박 관리 운영 하에 완료된 서류들만 검토할 필요가 있다.

2.6 선장은 선박관리시스템을 검토하고, 운항사에게 결함 사항을 보고하였는가? 그리고 운항사는 선장검토에 대해 회신하였는가?

선장 검토는 최소 12개월에 최소 한번 수행되어야 하며 기록 자료를 이용할 수 있어야 한다. 선장 검토는 긍정적/부정적 피드백의 증거가 포함해야 하고 물적 자료 없이 간단한 체크 형식은 불가한다. 선장 검토는 선박관리 팀의 입력사항을 포함할 수도 있다.

Survey and repair history

2.7 선박은 선급 조건 또는 심각한 권고사항, 메모 또는 선급부호들은 없는가?

만약 선급의 조건이 수리 예정 만기일까지 완료되지 않았다면 선급의 유지 효력이 정지될 수 있다. 만약 선급 부기 부호 사항에 매년 발라스트 탱크의 검사를 요구한다면 관찰사항으로 기록한다.

선급의 조건 또는 심각한 권고사항, 메모 또는 부호의 특성과 유효기간을 관찰사항으로 기록한다.

선급 기록에 선저 파공, 상당한 부식 구역, 균열, 비틀림 현상이나 상당한 굽힘을 포함한 구조적 문제가 있었다면, 추가적인 후속조치를 위해 취한 조치 및 범위에 대한 세부사항을 기록한다.

선급의 조건이 연기된다면, 원래의 일자와 새로운 일자 및 상태를 포함한 상세가 관찰사항으로 기록된다. 선박 구조 또는 갑판 내 어느 곳이던지 이중으로 덧댄 곳이 있다면 관찰사항으로 보고되어야 한다.

종강도 또는 횡강도의 상실을 해결하거나 복구하기 위한 조치가 취해진 것으로 기록될 경우 세부사항과 수행된 수리를 코멘트에 기록한다. 선박 구조 및 갑판 스트래핑 내의 어느 곳에든 이중으로 기록하여 보고되어야 한다.

만약 종강도 또는 횡강도의 복원을 위한 또는 취해진 조치가 기록에 보이면 그 수리와 세부내용을 기록해야 한다. 선박구조상에 또는 갑판상의 어떠한 장소에 보강재 용접 작업된 곳이 있으면 보고하고 지적사항으로 기록되어야 한다.

2.8 선박은 선급의 선박상태평가 프로그램(Classification Society Condition Assessment programme; CAP) 에 등록되어 있는가?

참고 : 선박상태평가 프로그램은 선급의 일반적인 업무 범위 이상의 선박의 품질을 문서화하기 위한 자발적 프로그램이다. 선령 15년 이상의 선박은 질문에 대해 Y 또는 N에 적절히 응답 되어야 하며, 선령 15년 이하일 경우 NA로 표시한다.

만약 선박이 선박상태평가 프로그램에 등록된 경우, 선급명, 적용 구역(선체, 기기, 하역기기, 화물억제장치 등)과 구역별 부여 등급, 검사일(증서상 기록이 아닌 실제 검사 완료일)에 대해 기록한다.

2.9 선원들이 화물 및 발라스트 탱크, 보이드 스페이스, 트렁크, 코퍼댐을 정기적으로 검사하는 절차가 수립되어 있으며 관련 기록은 유지되고 있는가?

참고 : 강화 검사에 상관없이 모든 선박에 적용하며, 유조선/케미컬 탱커선의 경우, 2.5년을 초과하지 않는 간격으로 앞뒤로 어느 쪽이든 6개월 내 화물창 검사를 시행해야 한다.

이러한 검사는 갱신 및 중간검사 일정에 맞추기 위한 의도이며, 발라스트 탱크는 매년 검사해야 한다. 가스 운반선의 경우, 발라스트 탱크, 보이드 스페이스, 코퍼댐, 홀드스페이스를 매년 검사해야 한다. 모든 검사 결과는 보관되어야 하며, 기록에 각 구획과 경계가 포함되어야 하고, 최소한 구조 약화나, 파공, 손상 범위, 코팅, 격벽이나 파이프의 누출, 화물 취급 및 감시 장치의 상태, 침전물 등의 세부사항과 위치가 포함되어야 한다.

지난 화물 및 발라스트 탱크 검사 일자를 기록하라.

Anti-Pollution

2.10 기관실(Part I)과 화물(Part II) 기름기록부(Oil Record Books: ORBs)가 올바르게 작성되었고, 오염 사고와 위반 사항이 없으며, 슬롭/폐유 폐기 증명서가 제공되고 있는가?

서면 기반 시스템과 동일하게 MEPC.1/Circ. 736/Rev. 2 guidelines의 요구사항을 충족하는 e-ORB oil record book logs를 여러 기국에서 허용하고 있다. 만약 전자 기름기록부를 사용 중이라면 검사원은 시스템에 대한 기국 승인여부를 검증해야 한다.

IOPP 서식 B (2.2.2)는 선박에 15PPM 유수분리장치가 설비되어 있는지 그리고 경보장치와 자동정지 장치가 장착된 15PPM 유분 검출기가 설치되어 있는지 표기되어 있다. 이 장치를 통한 빌지의 배출 또는 Bilge holding tank에서 선외로의 이송은 기름기록부에 Section D로 기록한다. Section E는 Bilge well 또는 Bilge holding tank의 플로트 스위치에 의해 작동되는 자동운전시스템이 있는 경우에만 기록한다. 이러한 시스템은 거의 유류운반선에는 없다.

Bilge well에서 Bilge holding tank로의 이송은 D 15.3항으로 기록함. Oily bilge water holding tank 안에 남아 있는 잔량은 자발적으로 기름기록부 part 1에 기재할 경우, Code(I)(추가적인 작업 절차 및 일반적인 기재사항)로 기재하고 증발시켜 부피를 감소시키는 방법으로 기름 잔류물(슬러지)의 가열할 경우, 기름기록부 part 1에 Code (C) (수집, 이송 및 기름 잔류물(sludge)의 폐기)로 기재해야 한다.

기름기록부에 part 1의 작성에 대한 가이드는 MEPC.1 Circ736의 Paragraph 12.4 (MEPC 1/CIRC 640)에서 확인 할 수 있다.

기록을 검토할 때 검사관은 두 번의 내부심사 혹은 9개월을 넘지 않는 것 중에 그리고 현재의 선박 관리 운영 하에 완료된 서류들만 검토할 필요가 있다

2.11 기관실 Oily water 또는 슬러지를 화물 또는 슬롭탱크로 배출한 경우, 기름기록부에 기재되었는가? 수집탱크가 화물과 별개이며, 이송장치가 IOPP 증서 Form B에 따라 승인되었는가?

해당 작업이 없었다면 N/A로 기재한다.

2.12 선박은 승인된 유기화합물 관리계획서를 비치하고 있고, 갑판사관들은 일반적인 내용과 계획서 요구사항을 인지하고 있는가?

원유를 운송하는 선박에는 주관청에서 승인한 휘발성 유기화합물 관리계획서의 비치 및 이행되어야 한다. 이 계획서는 기구에서 개발된 가이드라인을 고려하여 작성된다. 계획서는 각 선박에 적합해야 하며, 최소한 아래의 사항을 포함해야 한다.

1) 화물의 선적, 운항, 양하 중 휘발성 유기화합물의 배출을 최소화하기 위한 문서화된 절차 제공
2) 원유 세정 시에 발생하는 추가적인 VOC 고려사항 제공
3) 계획서 이행을 위한 책임자 지정
4) 국제 항해에 종사하는 선박의 경우 공용어로 작성되어야 하고 만약 선장과 사관들의 공용어가 영어, 프랑스어 또는 스페인어가 아니라면 이들 중 하나로 번역된 언어를 포함해야 함. (MARPOL Anne VI. 15.6)

원유를 운송하는 총톤수 400톤 이상의 모든 원유운반선은 2010년 07월 01일 이전에 승인된 VOC를 제공되어야 한다. 만약 선박이 원유를 운송하도록 지정된 선박이 아니라면 'NA'로 기재한다.

2.13 승인된 평형수 및 침전물 관리계획서가 제공되었는가? 평형수 교환 및 처리 절차에 대한 기록은 유지되고 있는가? 사관들은 평형수 협약 요건을 인지하고 있는가?

국제선박평형수협약이 2017년 9월 8일에 강제화됨에 따라 모든 선박은 평형수 및 침전물 관리계획서(이하 평형수관리계획서(BWMP))를 이행해야 한다.

국제해사기구(IMO)는 "Guidelines for the control and management of ships ballast water to minimize the transfer of harmful aquatic organisms and pathogens"를 출판한다. (IMO Resolution A.868 (20))

모든 선박(즉, 잠수정, 부유선, 부유식 플랫폼, 부유식 저장장치(FSU) 및 부유식 생산, 저장 및 양하(FPSO) 장치 등 수중 환경에서 운항하는 모든 유형의 선박)은 다음과 같이 요구되어야 한다.

- 승인된 평형수 관리계획을 선내에 가지고 있어야 한다.
- 평형수 기록을 보관한다.
- 평형수 교환(또는 승인된 평형수 처리 시스템을 사용하여 처리)을 수행한 모든 항차의 평형수를 관리해야 한다.
- 초기 검사를 수행하고 국제 평형수 관리 증서(총톤수 400톤 이상 선박의 경우, 부유 플랫폼, FSU 및 FPSO 제외)를 발급받는다. 아직 협약 당사자가 아닌 기국 주관청에 등록된 선박은 준수를 입증해야 하며 조사를 받고 준수 문서를 발급 받기 원할 수 있다.
- 2017년 9월 8일 이후 IOPP 갱신 검사를 실시하고, 이미 2017년 인도일을 넘긴 선박에 대해서는 평형수 처리 시스템을 갖추어야 한다. IOPP 갱신 검사는 MARPOL 부록에서 요구하는 IOPP 인증과 관련된 갱신 검사를 말한다.

이 협약은 일반적으로 다음의 경우에는 적용되지 않는다.

- 평형수를 운송하지 않는 선박
- 국내선

- 한 당사자가 관할하는 해역과 공해상에서만 운항하는 선박
- 국가 소유 또는 운영 중인 군함, 해군 보조 또는 기타 선박
- 선박의 밀폐된 탱크에 영구 평형수(배출되지 않음)

또한 다음의 경우, 기국 정부는 협약 요구사항 면제 증서를 발행할 수 있다.

- 특정 항구 또는 위치 간의 간헐적 또는 일회성 항해에 참여하는 선박
- 특정 항구 또는 위치 사이에서만 독점적으로 운항하는 선박

2.14 선박은 선박에너지효율관리계획서를 비치하고 사관들은 계획서 관련 일반적인 요구사항을 인지하고 있는가?

모든 선박은 2013년 01월 01일 이후 IAPP(International Air Pollution Prevention Cert. 국제대기오염방지증서)의 첫 번째 갱신 또는 중간 검사 이후 SEEMP(Ship Energy Efficiency Management Plan)를 비치해야 한다.

각 SEEMP는 선박의 특성에 적합해야 하고 선주의 에너지 관리 정책에 연관되어야 한다. SEEMP는 기국 정부 또는 RO의 사전 승인이 요구되지 않으며, 매 IAPP 검사 시 보유 여부를 확인한다. SEEMP는 선박 운항사가 운항하는 동안 선박의 운항주기 동안의 에너지 효율을 향상시킬 수 있는 방법을 설정한다. 지속적인 개선 관리 주기 내에서 계획, 이행, 모니터링 및 에너지 효율 측정 계수의 검토에 따라 운영한다.

MARPOL 부속서 VI는 선박 설계 및 운영 개선을 통해 국제해운산업에서 온실가스 배출량을 줄인다는 주된 목적을 가지고 선박에 대한 에너지 효율 표준으로 2가지 강제적인 방법을 제시한다. 이러한 규제 방법은 신조선의 경우 에너지 효율 설계 지표(Energy Efficiency Design Index (EEDI))로, 모든 선박의 경우 선박에너지효율관리계획서(Ship Energy Efficiency Management Plan (SEEMP))이다.

EEDI는 특정 기준 선박의 운영 조건에서 계산된 CO_2(발생된 CO_2) / tonne.mile(운송된 화물)의 조건으로 선박의 에너지 효율을 나타낸다. 이 지수에 한계치를 부여함으로써 더 많은 에너지 효율 기술이 개발 될 것이다. 따라서 EEDI는 시간 경과에 따른 효율성/품질 목표를 가진 신규 선박에 적용 가능한 목표 기반 기술 표준이다.

신조선의 EEDI의 검증과 모든 선박의 선상에 SEEMP를 보유하고 있다면 IEE(International Energy Efficiency cert. 국제에너지효율증서)가 주관청 및 인정기관에 의해 발급 또는 승인된다.

구조

2.15 선박은 어떠한 구조적 문제에 명시된 문서 또는 시각적인 증거 자료가 식별되는가?

SOLAS XI-1/2에 따라 선박의 크기와 관계없이 모든 유류운반선은 강화 검사(Enhanced surveys)의 대상이다. 강화 검사에 대한 가이드라인은 A.1049(27)에 의해 채택되고 2014년 1월 1일부터 발효되는 "The International Code on the Enhanced Programme of Inspections during Surveys of Bulk Carriers and Oil Tankers, 2011"에 포함 및 SOLAS XI-1/2에 의해 강제되었다. 이 가이드라인은 선령 5년 이상의 유류운반선은 요구되는 측정 결과를 포함한 모든 검사 보고서 및 구조적인 작업이 시행된 진술서도 제공되어야 하는 요구사항이 포함되어 있다. 이 전체 보고서는 인도 시점에 제공될 것이며, 5주년 전 적어도 1년 동안 비치해야 한다. 이 보고서는 선박의 구조적 상태 및 잔여 용적에 대한 결론이 포함된 상태평가 보고서도 첨부되어야 한다.

상당한 부식이란 허용치에 75%를 초과되는 상태이지만 허용 가능 범위이다. 각 강화 검사 서류는 시행된 강화 검사에 대한 상태평가보고서를 포함한다.

2016년 7월 1일 강제디는 2011 ESP Code에 따라 갱신 검사 시 화물창 검사에 대한 최소 요건의 개정 그리고 호흡구 관련 비상 대응 장비 및 구조에 대한 새로운 절 추가된다. MSC 381(94)

선체 검사는 충돌 접촉이나 악천후로 인한 변형 등의 구조적 문제의 징후를 확인하는 작업도 포함되어야 한다. 심각한 손상이나 수리가 있을 때 마다 선급이 관여하였는지 확인하기 위해 선급 기록을 검토해야 함. 갑판 검사는 과도한 압력, 충돌 접촉 또는 악천후로 인한 변형으로 구조적 문제가 있는지 확인해야 한다.

조선소 수리 기간 중 여러 번의 열 작업을 수행하는 선박의 경우 반복되는 구조적 문제가 식별될 수 있다. 그리고 검사관은 여러 번의 열 작업 허가가 있었는지에 대해 유념하고 열작업 수리 사유를 확인해야 한다. 여러 번의 반복되는 수리를 한 경우에는 세부정보가 포함된 관찰사항을 기재한다.

2.16 화물 및 평형수 탱크, Void 또는 Hold space가 갑판상에서 확인되었다면 양호한 상태이며, 기름 오염이 없고, 평형수 배출 전 분리 발라스트 샘플링 또는 쉽게 확인이 가능한가?

발라스트 탱크의 샘플은 기름에 의한 오염을 육안으로 매번 배출 전에 확인되어야 한다. 유류탱크에 인접한 발라스트 탱크이거나 유류관이 탱크를 통과하는 발라스트 탱크가 점검 대상이다. 만약 선수 펌프룸 또는 Bow thruster space에 의해 선수 탱크가 화물 탱크와 분리되어 있거나 평형수관이 화물탱크를 또는 유압관이 발라스트 탱크를 통과하지 않는다면 배출 전 평형수 점검은 필요 없다.

만일 평형수에 유분 여부를 확인하기 위해 맨홀 커버의 볼트를 먼저 풀어 놓을 필요는 없다. 만약 이 방법이 점검할 수 있는 유일한 수단이라면 지적사항으로 식별된다.

가스운반선의 경우 발라스트 탱크를 유류관이 통과하거나 연료유 탱크와 발라스트 탱크가 인접하지 않는다면 영구 평형수의 오염 가능성은 없다. 이 경우를 제외하고 발라스트 탱크의 샘플링이 요구되지 않는다.

평형수 탱크, 접근 통로, 그리고 Peak 탱크와 같은 구획 상태에 대한 주요한 표시는 외부의 육안검사를 통해 확인된다. 핸드레일의 마모와 사다리의 계단, 수직 및 수평 프레임 상에 육안상의 부식, Bracket 상 칼날 형태 마모, Bulkhead/프레임의 육안상 균열과 변형이 문제로 표시될 수 있다. 인접탱크로 또는 밸브 Gland 상의 누유는 평형수의 유분(기) 및 가스 존재, 액체 떨어지는 소리가 나는 것으로 식별될 수 있다.

Additional Comments :

만일, 검사관이 그 장에 있는 특정 주요 질문에 대해 답변하는 사항에 추가하여 그 장에 의해 포함된 주제의 관점에서 추가적인 코멘트가 있다면 검사관은 이 부분에 그러한 추가 코멘트를 기록한다.

CHAPTER 3 Crew Management

참고 : 사관과 부원간의 협력과 의사소통은 관찰되고 평가되어야 하며, 모든 당사자들은 선박을 안전하고 효율적으로 운영하기 위하여 공통의 목표를 공유하여야 한다.

Crew Management

3.1 승선인원은 최소안전승무증서에서 요구하는 사항을 만족 또는 초과하는가?

IMO Resolution A.890(21) Principles of Safety Manning에서는 선박의 적합한 승무정원을 결정할 때 선박의 항해, 화물 취급, 안전, 기관, 전기/전자 장비, 통신 장비 및 관리(보수)에 관한 사항들이 포함되어 고려되어야 한다. (Res. A.890 (21) Annex 2)

또한 이 결의안에서는 크기가 제한되거나 추진 동력이 한정된 선박을 제외하고, 최소안전승무인원의 결정에는 3교대 시스템을 채택하여 선장 또는 기관장이 정기적인 당직을 수행할 필요가 없도록 자격을 갖춘 사관들의 지원도 고려되어야 한다. (Res. A.890 (21) Annex 2)

주관청은 선박 보안 계획의 시행으로 인해 발생할 수 있는 모든 추가적인 업무량을 고려하여야 하고 선박에 충분하고 효과적으로 인원이 배치되었는지 확인하여야 한다. 이러한 과정에서 주관청은 선박이 국가에서 정하는 법에 따라 시행되고 있는 근무 시간과 피로를 다루고 있는 기타 수단의 이행이 적절한지도 확인하여야 한다. (ISPS Code Part B 4.28)

참고 : 검사관은 선박의 운항 패턴과 수준을 고려하여 승무원의 수를 검토하여야 하고, 다음의 사안들을 고려하여야 한다.

- 선교는 모든 항행 조건 하에서 적절한 인원이 배치되고 있어야 한다.
- 선박이 안전하게 계류할 수 있는 충분한 인원이어야 한다.
- 화물 작업은 효과적으로 통제되어야 한다. (만일 두 명의 갑판 사관이 교대로 화물 작업 당직에 임할 경우, 2항사가 화물 작업에 대한 충분한 경험과 자질이 있는지와 부원들은 화물 작업에 대하여 충분히 숙지하고 있어야 한다)

- 안전 사항들은 충분히 다루어지고 있어야 한다. (훈련, 선박 보안 사항, 장비 관리)
- 휴식의 질에는 업무 부하와 항행 구역이 적절하게 고려되어야 한다.

Comment에 증서상 요구되는 인원과 실제인원을 기록한다.

3.2 피로를 최소화하기 위하여 근무시간의 관리에 관한 STCW와 기국의 규정을 준수하고 있으며, 모든 선원의 휴식시간 기록이 MLC와 STCW 요구사항에 따라 관리되고 있는가?

규정	임의 24시간 내 업무 및 휴식	임의 7일 내에 업무 및 휴식	휴식 시간의 숫자 및 기간	계획	기록과 예외
MLC 2006	최대 14시간 업무 또는 최소 10시간 휴식	최대 72시간 업무 또는 최소 77시간 휴식	휴식 기간은 2개 이상이 아니어야 하며 하나는 최소한 6시간 이상 이어야 함. 휴식 기간 간의 간격은 14시간을 초과하지 않아야 함.	전 선원 개인의 특정 형식 / 정박 또는 항해 중 실제 시간.	매일 기록유지 / 명확한 동의 하에서 관할기관은 예외를 허용할 수 있음
STCW 2010 (Manila Amendments)	최소 10시간 휴식	최소 77시간 휴식	휴식 기간은 2개 이상이 아니어야 하며 하나는 최소한 6시간 이상 이어야 함. 휴식 기간 간의 간격은 14시간을 초과하지 않아야 함.	MLC에 따른 특정 형식 당직자 그리고 안전, 오염, 보안 직책만.	매일 기록유지 / 단체들이 예외를 허용할 수 있음.

선박의 선장, 사관 그리고 다른 선원의 기록이 유지되어야 하며 특정 ILO 형식을 준수해야 한다.

선원의 근무 및 휴식시간을 적절히 관리 및 기록하기 위하여 개발된 소프트웨어의 사용은 권고된다. 하지만 휴식시간을 계산하기 위한 기초가 협약의 요구사항 및 적용된다면 OCIMF 해설서와 일치한다는 근거는 입증되어야 한다.

OCIMF에서는 “any 24 hours”를 문자 그대로 해석하고 적용하여야 하며, 달력일과 관련시키거나 정해진 근무 또는 휴식 시간과 연관시켜 적용하지 않아야 한다.

그리고 지난 24시간 이내 어떠한 근무 시간에서도 선원들은 최소 10시간 이상의 휴식시간이 부여되어야 하며, 이 휴식시간은 2개 이상의 기간으로 나누어지지 않고, 그 중 한 기간은 최소 6시간 이상이어야 한다.

ILO서식 "Working Hour Record"은 다음 사항을 포함하고 있다.

- "24시간 기간 동안의 휴식 시간"
- "임의 24시간 이내의 휴식시간"에 10 이하의 수치가 나타나는 날은 부적합이 발생한 경우이다.
- 세번째 열은 "임의의 7일 이내 휴식시간"을 나타낸다. 이 열에 77 이하의 수치가 나타나면 부적합이 발생한 경우이다.

검사관은 기록이 ILO 양식이 아니거나 또는 다른 방법으로 적합성을 확인할 수 있는 방법이 없으면 완성되지 않은 열이 있는지 확인하여야 한다.

규정이 비록 선박에서 근무 시간만 모니터링 하도록 요구하지만, 육상의 관리자들이 선원 개개인의 근무와 휴식 시간을 알 수 있는 의미 있는 요약 정보에 접근한다는 것이 중요하다.

검사관은 아래의 관찰 사항을 기록하여야 한다.

- 만약 "임의 24시간"을 문구대로 해석하지 않은 경우
- 적합, 부적합 사항에 대한 산정 근거가 없는 경우
- 관리자에게 최소한 매월 규정 준수 정도에 대한 정보가 통보되지 않았거나, 또는 관리자가 주요 부적합 사항(선박 개인별 "부적합" 3일 이상)을 인지하지 못 한 경우

3.3 모든 선원들이 공용어로 효과적으로 의사 소통이 이루어지고 있는가?

모든 선박은 안전과 관련된 사안에서 효과적인 선원들의 능력을 보증하기 위하여 공용어를 정하고 이를 선박의 일지에 기록해야 한다. 회사 또는 선장은 적절한 공용 언어를 정해야 한다. 각 선원들은 공용어를 이해하여야 하고, 필요한 경우 명령이나 지침을 주거나 또는 보고받을 수 있어야 한다. 만약 공용어가 선박 기국의 공식 언어가 아닐 경우, 모든 도면들과 리스트들은 공용어로 번역된 것을 포함하여 게시되어 있어야 운항할 자격을 갖추게 된다. (SOLAS V/14.3)

Comment에 선원들이 사용하는 공용어가 무엇인지 기록한다.

3.4 해당되는 경우 선장은 선박조종교육을 이수하였는가?

STCW Code Part B Section B-V/a 참조.

참고 : IMO Model course 1.22는 Ship Simulator와 Bridge Teamwork는 준비 과정에서 상호 보완될 수 있다. 해상경력 3년 이하의 선장 또는 선장으로서 항구 입/출항 30번 이하의 실무 경험을 가진 선장은 선박조종과정을 수료하거나 충분한 실무 경험을 갖고 있어야 한다. 실무 경험은 선장의 감독하에 일항사의 직책에서 훈련된 것도 포함될 수 있다. 단, 이는 충분하게 문서화 되어 있어야 한다. 선장의 경험이 10년을 초과하는 경우에는 이 질문은 'NA'로 대답해야 한다.

Crew qualifications

3.5 SIRE Website에 게시된 Officers' Matrix는 검사 당시 선원들에 관한 정보를 정확하게 반영하고 있는가?

운항사는 SIRE에 제출된 각 선박에 승선하고 있는 사관들 관련된 기록들을 SIRE HVPQ의 한 부분인 Officer Matrix의 전자서식을 사용하여 주어진 시간 내에 최신화하여야 하는 책임이 있다. 검사관은 승선 전 접속하여 HVPQ와 Officer Matrix를 다운로드 받아야 하며, 출력되거나 다운로드 된 Matrix는 사관의 자격과 경험을 확인하기 위하여 검사 중 사용되어야 한다.

상급 사관(선장, 기관장, 일항사, 일기사)의 경우, Matrix에 포함된 내용의 실제 상세는 점검되어야 하고, 어떠한 허위 사실이 발견되면 Observation으로 기록되어져야 한다. 하급 사관은 적용할 수 있는 실제 기록들에 대하여 임의 선택 점검이 이루어져야 한다. 검사관은 최근 선원교대가 어디서 있었는지 고려해야 하고, 현실적으로 Matrix를 즉시 최신화하지 못한 것이 현실적이었다면 이를 참작해야 한다. 또한 최근 선원들의 교대가 검사일로부터 7일 이전에 진행되지 않은 한 지적하여 한다. Officer Matrix는 반드시 서면 형태로 제공될 필요는 없으며, 검사관은 선박으로부터 서면 사본을 요구하지도 않아야 한다.

검사관은 Discharge Book / Sea Service Record를 확인하여 Matrix 내 정보의 정확성을 확인해야 한다.

사관의 증서들이 선박의 기국과 동일한 주관청에 의하여 발행된 것이 아니라면 증서가 선박의 선적 주관청에 의해 승인된 증서라는 배서 또는 별도의 문서가 요구된다. 신청서의 증빙 서류를 쉽게 확인할 수 있다면 주관청은 선원이 3개월을 초과하지 않는 기간 동안 종사하는 것을 허가 할 수 있다.

운항사의 방침에서 선장과 일항사 그리고 기관장과 일기사는 동시에 교대 되어서는 안되고, 4직책 모두에 대해서는 적절한 교대기간이 주어져야 한다.

Crew Matrix의 자료 입력 필드는 CDI Version과 완전히 일치하도록 조절 되었다. 이제 선장을 포함하여 모든 직책에 당직사관으로서의 근무기간을 포함하지만 몇몇 직책에 대해서는 선택사항이다. **모든 직책에 대해 해당 부분이 입력되지 않았더라도 Observation으로 기록하지 않아야 한다.**

3.6 화물이송 작업에 직접적인 책임이 있는 사관은 운송하고 있는 화물의 종류에 합당한 직무교육증서를 소유하고 있는가?

유조선, 케미컬 및 액화가스 탱커에서 화물 및 하역 장비와 관련된 책임과 의무를 부여 받은 사관과 부원은 유류 및 케미컬 운용 또는 액화가스 탱커 운용을 위한 기초교육 증서를 소지하여야 한다. (STCW Reg V/1-1.1 및 2.1)

유조선, 케미컬 및 액화가스 탱커에서 선장, 기관장, 일항사, 일기사와 선적, 양화, 운항 중 관리, 화물창 청소 또는 기타 화물 관련 작업에 대하여 직접 책임을 지는 모든 승조원은 유조선, 케미컬 및 액화가스 탱커 화물 운용을 위한 상급교육 증서를 소지하여야 한다. (STCW Reg V/1-1.3, 1.5 또는 2.3)

이러한 기초 및 상급교육 증서를 획득하기 위한 자격과 경험에 대한 요건은 STCW Regulations V/1-1 및 V/1-2에 규정되어 있다.

규정 제 V/1-1조 제3항부터 제5항까지 그리고 규정 제 V/1-2조 제3항에서 사용된 "직접적인 책임이 있는 사람"이란 용어는 화물의 적하, 양하, 운항 중 관리, 화물창 청소 또는 그 외의 화물관련 작업에 있어서 의사결정 능력을 가진 사람을 의미한다. (STCW Code B V-1)

또한 "직접적인 책임이 있는 사람"은 선박이 항해 중이거나 정박 중에도 화물 운용과 관련된 작업을 담당하는 모든 당직 사관이 포함되는 것으로 해석된다. 여기에는 2항사, 3항사, 4항사, Gas/Cargo Engineer가 포함된다.

직접적인 책임이 있는 선원은 화물 운용을 직접 감독하는 Pump-man이나 다른 부원도 포함될 수 있다.

3.7 만약 선박에 ECDIS가 장착되어 있다면 선장과 항해 사관들은 시스템에 대한 일반적인 교육 및 유형별 친숙화 교육을 이수하였는가?

2017년 01월 01일 이후 STCW 협약 제2장에 따라 검증된 ECDIS가 장착된 선박에 승선하는 모든 선장 및 항해 사관들은 STCW 협약과 코드의 2010 마닐라 개정사항에 충족하는 적합한 Generic ECDIS 교육(IMO Model Course 1.27에 근거)을 이수하여야 한다. 개정된 대로 IMO Model Course는 훈련 프로그램의 개발에 도움에 도움을 줄 수 있지만 그것이 의무는 아니며, 주관청은 STCW Code의 목적에 부합하기 위해 교육 과정을 준비하고 승인 받는 과정에서 그것의 사용이 요구되지도 않는다. Certificates of Competency(License) 증서를 발행하는 기국은 ECDIS Training을 이수했다는 증서(면허)에 이서할 수 있고, 그 교육이 IMO Model 1.27의 요구사항을 충족한다는 것을 명시하지 않을 수도 있다. (STCW.7/Circ.24)

STCW Code에는 ECDIS에 대한 승인된 교육 요구사항이 포함되어 있다. 승인된 교육이 완료되지 않은 경우 선원에게 발행된 증서와 보증서에는 제한사항이 포함된다. **이러한 제한 사항이 명시되지 않은 증서와 보증서의 경우 선원이 필요한 승인된 교육을 성공적으로 이수하였으며, 표준 역량을 달성하였다는 증거가 된다(STCW.7/Circ.24).**

이런 이유로, 2017년 01월 01일 이후 유효한 STCW 협약의 부속서 II/1 및 II/2 규정에 따라 선박 소유자는 ECDIS 제한 없이 Generic ECDIS Training의 요구사항을 충족한다. 검사관은 Certificates of Competency(License) 증서의 교육이 IMO Model Course 1.27을 준수한다는 언급이 없다는 이유로 Observation으로 식별해서는 안 된다.

만약 선박 장비가 Generic Training을 시행한 장비와 타입이나 제조사가 상이하다면 실제 장비에 대하여 친숙화한 증거가 있어야 한다. 친숙화를 입증하기 위하여 “ECDIS Industry Recommendations for ECDIS Familiarization” (Published by the Nautical Institute)에 포함된 또는 장비 제조자나 관리자에 의해 작성된 동등한 수준의 Checklist가 활용될 수 있다.

회사는 선상과 육지 모두에서 친숙화할 수 있는 다양한 옵션을 고려할 수 있다. 여기에는 아래 사항이 포함되거나 조합될 수 있으나 국한 되지는 않는다.

- 설치에 따른 육상 기반 제조사의 숙지 교육
- 설치에 따른 특정 시스템에 대한 독립된 숙지 교육
- 설치에 따른 Computer Based Training(CBT) 숙지 교육

- 설치에 따른 Internet / Intranet Based Training (e-Learning) 숙지 교육
- 훈련된 선원 또는 훈련 교관에 의한 선상 교육*
- 설치에 따른 제조사의 ECDIS 훈련 모드 및 숙지 교육 제공
- 회사 선교 절차 및 매뉴얼

* Trickle Down Training은 허용되지 않음.

모든 경우에 있어서 회사는 항해사가 항해당직의 임무를 맡기 전 그들의 친숙화에 대한 역량이 보증되도록 요구사항을 Safety Management System(SMS)상에 명확히 해야 한다.

어떠한 친숙화 교육이 시행되었는지를 Comment로 기록한다.

Drug and alcohol policy

3.8 회사는 OCIMF Guidance에 따라 약물 및 알코올 남용을 방지할 수 있는 조치를 취하고 있는가?

일반적으로 선박에서의 불고지 테스트의 주기는 효과적인 억제를 위한 수단으로 활용하고자 한다면 최단 계약기간 보다 짧아야 한다. 하지만 선원이 6주 미만의 단기 맞교대 계약에 따라 근무하는 경우에는 이를 고려해야 하고, 대체 복무에 있는 각 선원들을 모두 확인할 수 있는 적절한 주기로 점검되어야 한다.

선장에 대하여 불고지 테스트를 시행할 수 있는 대안이 없다면 이것은 선장이 아니라 회사에 의해 시행되어야 한다.

Additional Comments :

만약 검사관이 이 장의 특정 질문의 답변에 대하여 이 장에서 다루어지는 주제와 연관되는 추가 Comment가 있다면 검사관은 이 부분에 그러한 추가 Comment를 기록한다.

CHAPTER 4 Navigation and Communications

선교 검사는 선박이 접안했을 때 일반적으로 실시되므로 검사관은 선박이 안전하게 항해해 왔고 선교에 항상 적절하게 당직이 운용되었는지 확인하기 위해 차트, 로그북 및 기타 기록을 면밀히 검사해야 한다. 운항사의 항법 절차 준수 여부는 관찰과 선장 및 사관이 협의하여 평가해야 한다. 운항사의 항해 절차는 Master's Standing Orders와 Bridge Order Book에서 요구하는 대로 보완해야 한다. 목표는 그러한 정책이 이해되고 준수되고 있는지 확인하는 것이어야 한다.

모든 항법장비는 SOLAS가 요구하는지 여부와 관계없이 작동 상태에 있어야 한다. 작동하지 않는 모든 교량 장비는 관찰사항으로 기록해야 한다.

Policies, Procedures and Documentation

4.1 갑판사관은 회사의 항해절차 및 지침에 친숙하며, 절차는 포괄적인가?

ISM code(국제선박안전관리 코드)는 모든 회사가 선박의 안전 운항과 환경 보호를 위한 절차와 지침을 포함하는 선박안전관리시스템(SMS, Safety Management System)을 유지해야 하며, 아래의 사항을 포함하는 항해 안전의 실질적인 지침이 포함되어야 한다.

- 선교 당직 업무 분장과 책임
- 항해 계획에서 출항과 항로 계획 및 항해에 대한 절차
- 해도 및 간행물 최신화 및 소개정 절차
- ECDIS 절차(해도 및 소프트웨어의 최신화 포함)
- 모든 필수적인 항해 장비 그리고 엔진과 발전기의 활용 및 작동을 보장하기 위한 절차
- 선위 보고 절차
- 사고와 준사고 보고 절차
- 관련 이벤트(사고)의 기록 및 VDR 방침

- BNWAS mode의 사용(Automatic, on and off)과 정확한 운영을 위한 절차
- 선교의 접근 및 집중을 방해하는 것을 예방하기 위한 절차
- 항해 사건의 보고
- 선원 교대 시 친숙화 및 효과적인 인수인계를 위한 절차
- 교육 및 훈련 요구사항
- 유용한 교육의 요구를 식별하기 위한 시스템
- 안전관리책임자(DPA, Designated Person Ashore)를 포함한 회사 연락처
- 비상 절차서
- 선박의 안전 운항과 관련된 다른 정보

선박안전관리시스템(SMS)은 선장, 사관, 부원 그리고 회사 간에 명확한 권한 및 의사소통 체계를 식별해야 한다. 안전 변수(등고선(Contour), 수심(Depth), 안전보호구역(safety frame))과 선박을 위한 항해의 최우선적 수단, T&P Notices, Navtex 및 Navarea Warning 관리, 바이러스 대처 조치를 포함한 ENC 관리 및 소개정 절차, 그리고 2대의 ECDIS 고장 시 비상 계획에 대해 충분히 인지하고 대응하는 절차가 수립되어 있어야 한다.

참고 : 간행물의 한 부분으로써 아래의 간행물이 고려되어야 하며, 항해계획수립은 아래 간행물의 지침을 따라야 한다.

- NP 231 Admiralty Guide to the Practical Use of ENC's
- NP 232 Admiralty Guide to ECDIS Implementation, Policy and Procedures
- NP 5012 Admiralty Guide to ENC Symbols Used in ECDIS

선교에 최신의 회사 항해 방침과 절차서가 활용 가능해야 하며, 항해사는 친숙화되어 있어야 한다. 방침이 전자 형태로만 제공된 경우 컴퓨터에 전원을 공급하는 독립적인 예비 장치가 제공되어야 한다. 주요 장비의 고장이 포함된 비상 절차는 문서형식으로 제공되는 것을 권고한다.

Masters standing orders(선장 복무 지침)는 선교팀에 상세 요구사항을 설명하기 위해 제공되어야 하며, 이러한 지침은 SMS 지원을 위해 작성된다.

회사 및 Masters standing orders는 승선 시 모든 선교 팀원이 읽고, 날짜와 서명을 해야한다. 지침의 사본은 참고용으로 선교에서 이용될 수 있어야 한다. Masters standing orders 이외에 상세 지침들이 필요하다. 선장은 최소 매일 Masters standing orders를 작성해야 한다. 선교 당직자는 당직 교대 시 확인 및 서명해야 한다. 검사관은 당직사관이 해당 지침을 이해하고 있는지 검증해야 한다.

4.2 선박은 운항 및 도선 중 모든 항해 활동에 대한 적절한 기록을 유지하고 있는가?

국제 항해에 종사하는 모든 선박은 기구가 채택한 권고문을 고려하여 항해의 안전에 중요하고 항해의 완전한 기록을 복원하기 위한 충분한 상세 사항을 반드시 수록한 항해 활동과 사건의 기록을 본선에 비치하여야 한다. (SOLAS V/28)

관련 위치, 코스 그리고 속력, 시간 및 변침점 통과 시 위치, 육지 및 해상 물표, 날씨 및 해상 상태 그리고 도선사 승/하선을 포함한 이벤트 및 사건, 예선의 지원 및 연결/분리 시간, 접/이안 시간, 위험한 상황 및 사고를 포함한 정보들이 기록되어야 한다.

레이더가 작동할 때마다 최적의 효율로 유지되고 있는지 확인하기 위해 당직사관은 매 당직 종료 시 Performance Monitor(PM Test)로 측정된 레이더의 효율성을 기록해야 한다. 수, 백분율, 그래프 또는 다른 측정값으로 기록되어야 한다.

선박이 국제항해에 종사하든 아니든 기록은 유지되어야 하며, 기록은 문서 또는 전자 형식으로 보관될 수 있고 이러한 정보는 즉시 이용할 수 있어야 한다.

항해/기관일지에 최신기사가 연필이 아닌 볼펜으로 기입되어 있는지 확인해야 한다. 기사는 빈 칸 없이 기재되어야 하고, 수정 시 원래 기사 내용이 확인 가능해야 한다.

(장비의 상태가 양호하며, 사용된 데이터가 동일하다면) GPS 정보가 입력된 전자 해도는 항적 기록을 제공한다. 가변 피치 프로펠러의 경우 피치의 변동 시간이 자동으로 기록되지 않는다면 기록되어져야 한다.

IMO, MARPOL, SOLAS및 기국의 요건을 충족하는 소프트웨어 시스템은 기존의 서면이 로그를 대체하는 로그북 기재 수단이 될 수 있다.

4.3 입출항 전 선교장비 테스트 및 사전 입출항, 당직 교대 및 선장-도선사간 정보교환의 효과적인 운영을 위한 점검표에 대한 절차가 수립되어 있는가?

주관청은 단기항해에 정기적으로 종사하는 선박에 대하여 선박의 조타장치 점검 및 시험에 관한 요건을 완화할 수 있다. 그러한 선박들은 이러한 점검 및 시험을 매주 1회 이상 행하여 한다. (SOLAS V 26.5)

BPG(Bridge Procedure Guide) 점검표 (B6/B7)에 따라 장비를 주기적으로 점검하고 결함사항은 선장에게 보고한다. 결함사항은 로그북에도 기재하여야 하고 Pilot card상에서도 적절하게 보여져야 한다. (BPG 5th edition 점검표 A2 참조)

선박에 도선사 승선 후 가능한 빨리 도선사의 의도, 선박의 특성 그리고 운항 요소에 대해 도선사와 선장은 정보를 교환해야 하며, 교환된 정보는 도선 계획 및 이로에 대한 대응 계획이 포함되어야 한다. 도선이 시작되기 전에 계획에 대한 모든 변경이 합의되어야 하고, 개별 선교팀의 책임에 대해 변경되어야 한다.

선박의 치수와 조종성능이 선교 포스터 양식으로 제공되어야 한다. (BPG 5th edition Checklist A3 참조) 조종성능에 대한 상세 정보가 포함된 조종성능 책자(Manoeuvring booklet)가 선교에 있어야 한다.

- ECDIS장치와 관련 알람 설정 NP232 12.23
- 사용, 특성 그리고 예인선 수, 라인 보트, 계류 장치, 그리고 다른 외부 시설을 포함한 부두 설비에 관한 정보

선박의 조종성능이나 도선에 영향을 미칠 수 있는 모든 결함은 도선사에게 보고해야 한다. (BPG 5th edition 5.6)

4.4 화재 안전 순찰은 매 당직 이후 완료되고, 로그북에 기록되고 순찰자는 임무를 이해하고 있는가?

당직자는 SOLAS 및 STCW의 요구사항을 위반하고 선교를 이탈해서는 안 되며, 어두워졌을 때 당직 인계 후 순찰해야 한다. 여름철 북반구의 고위도는 백야가 있기 때문에 이 경우에도 일상 근무시간 외 선내 순찰을 시행해야 한다.

순찰 시 느슨한 장비는 모두 고박하고, 내외부 문이 닫혀져 있고 선박에 화재나 보안의 위험이 없는지 확실히 할 물리적인 점검이 필요하다.

4.5 갑판 사관이 Under Keel Clearance(UKC) 정책에 따른 운영자들과 친숙하며, 마지막 항해를 위한 만족스러운 UKC 계산을 입증할 수 있으며, 정책이 포괄적인가?

선저여유수심(UKC)과 관련 방침은 계산된 형식으로 선장-도선사간 정보교환의 일부로 포함되어야 한다. 그 방침은 연안, 강, 접안 시 최소 선저여유수심이 제공되어야 하며, 천수구역에서 최소여유수심을 유지하기 위해 취해지는 조치에 대한 지침을 제공해야 한다.

선저여유수심은 여러 요소에 의해 영향을 받을 수 있으며 다음의 사항을 포함한다.

- 예상 조석
- 풍속, 풍향, 고기압 및 저기압에 의한 변화에 영향으로 인한 예상 조고
- 해저 상태 및 안정성
- 수심 정보의 정확성(해도 또는 ENC상 CATZOC(Category Zones of Confidence)의 형태로 신뢰성에 대한 참조가 종종 포함됨.)
- 해수의 밀도 변화와 담수 허용 흘수 증가(해수에서 담수로 변경 시 흘수 증가)
- 선박의 크기와 선박의 조종 특성 및 선체 경사에 따른 흘수 증가
- 파고에 따른 허용치(Heave, roll 그리고 pitch motions 때문에 발생하는 선체의 수직적 배수량)
- hogging 또는 sagging의 예상치를 포함한 흘수 관측 및 계산의 신뢰성
- 파이프나 다른 장애물 의한 수심의 감소

* CATZOC의 고려사항은 선저여유수심 계산이나 방침 안에 포함되어야 한다.

상기 사항을 포함한 적용 가능한 모든 요소를 고려하여 선저여유수심가 계산되면 어느 정도의 선속이 선체침하(Squat)에 영향을 주는지 결정된다. 선박의 조종성능에 미치는 효과를 고려한 후 특히 항로가 항행 위험요소와 근접하여 통항하거나 제한수역에서 중요한 항로 변침 시 선속 감속이 이루어져야 한다.

만재 및 공선 항해 시의 선체침하 정보는 선교에서 항상 이용 가능하여야 한다.

항해 기간 중 충분한 여유수심을 유지할 수 있는지 의심이 가는 경우 선장은 회사로 통보를 하고, 항계 내에 있는 경우 접안 전 해당 항만당국 또는 항만으로부터 직접 저질 상태를 포함한 최신 측심 정보를 확보해야 하며, 불가 시 회사로부터 지침을 요청해야 한다. 또한 접안 중 좌초의 위험에 의심이 있는 경우 바로 이안하여야 한다. 소형선박이 종종 해저에 얹히는 것과 같이 좌초된 것을 인지해야 하고 심지어 부두의 물이 완전히 빠져나가는 정도이다. 이러한 상황에서 해당 부두가 안전하다는 것을 입증할 만한 정보가 없을 경우 이전 경험이 상당한 신뢰가 있다. 이러한 상황은 회사가 특정 항구에서 좌초를 인지하고, 강도 및 복원력, 저질에 대해 충분히 평가되었음을 입증하는 문서상 증거를 요구해야 한다. 소화 및 기관 냉각수와 같은 관련 장비 운영을 유지하는 적절한 절차가 수립되어야 한다.

대양/천수/항계내/접안 또는 SBM/CBM mooring의 선저여유수심요건에 관한 회사방침을 코멘트에 기록한다.

4.6 선교는 항해/묘박 중 모든 상황에 적절한 인원 배치가 이루어지고 견시 배치가 적절한가?

모든 선박은 시각 및 청각은 물론 그 당시 사정과 상태에 적절한 모든 유효한 수단을 동원하여 처한 상황 및 충돌의 위험을 충분히 평가할 수 있도록 항상 적절한 견시를 유지하여야 한다. (COLREG Rule 5)

선교 당직자는 적절한 견시의 유지를 위해 철저한 주의를 기울일 수 있어야 하며, 주어진 당직 업무를 방해할 수 있는 일체의 다른 업무를 수행하거나 할당 받아서는 안 된다. (STCW A-VIII/4-1 15)

당직사관과 조타수의 임무는 분리되어야 하며, 조타수는 조타 중에 견시자로 간주되어서는 안 된다. 단, 조타위치에서 사방의 시야에 제한을 받지 않으며, 또한 야간 경계의 장해 또는 기타 적절한 경계유지의 방해가 없는 소형선박의 경우는 예외로 한다. 다음의 경우 항해당직을 담당하는 사관이 주간에 단독으로 경계할 수 있다.

- 상황을 주의깊게 검토하여 그렇게 하여도 안전에 의심이 없는 경우
- 적어도 기상상태, 시정, 해상교통량, 항해 위험물에 대한 근접도, 통항분리제도 수역 내 또는 그 부근을 항행 중일 때 필요한 주의와 같은 모든 관련 요소가 충분히 고려된 경우
- 상황 변화에 의하여 필요한 때에는 보조자가 즉시 선교에 호출될 수 있는 경우 (STCW A-VIII/4-1 16)

항해당직을 담당하는 사관은 항상 적절한 견시가 유지되고 있는지를 확인하는 것은 매우 중요하다. 해도실이 분리된 선박에서는 항해당직을 수행하는 사관이 꼭 필요한 경우에 한하여 항해 당직 수행에 필요하다면 잠시 동안 해도실에 들어갈 수 있다. 그러나 그렇게 하는 것이 우선 안전하고 적절한 견시가 이루어지고 있는지를 우선 확인하여야 한다. (STCW A-VIII/4-1 32)

회사의 항해 지침 및 절차는 당직사관이 근무 시작 전 충분한 휴식을 취하였는지를 고려하고 1인 당직 근무와 관련된 지침이 포함되어야 한다.

당직사관의 경험, 기상 및 통항 상황은 선교 당직자 구성에 영향을 미친다. 항차별 충분한 선교 인원, 효과적인 의사소통 및 팀워크가 구성되어 있는지 검토해야 한다. 검사관은 휴식시간 규정의 영향과 각 개인의 업무량에 따라 추가 선교 인원 배치 영향을 검토해야 한다.

Navigation Equipment

4.7 항해 장비가 선박의 크기에 맞게 적절한가?

참고 : 법적으로 선박에 특정 항해 장비가 설치가 되어야 하는 여부에 상관없이 만약에 장비가 설치되어 있다면 정상적으로 작동되어야 한다. 이러한 장비는 Course Recorder, Off-course alarm 및 ECDIS 또는 기관명령 기록장치/프린터 기기가 정상 작동하는지 확인하기 위해 무작위로 점검해야 한다.

다음은 2002년 7월 1일 전 건조된 선박에 적용된다.

모든 선박, 크기에 상관없이

4.7.1	**전세계항해위성장치 시스템 또는 Terrestrial Navigation Radio Navigation System** 선박의 위치를 자동장치로 설정하고 최신화하기 위하여 예정된 항차의 전반에 걸쳐 항시 사용하기에 적절한 장비, 또는 기타 수단(SOLAS V/19.2.1.6)
4.7.2	Navtex 수신기 선박이 국제 NAVTEX업무가 제공되는 해역에서 항해에 종사한다면 국제 NAVTEX 서비스를 수신할 수 있는 수신기가 모든 선박에 제공되어야 한다. (SOLAS IV/7.1.4) 참고: Navtex 시스템은 송신기에서 약 250마일 또는 일상적이지 않은 전파 상태에서 종종 400마일까지 떨어진 지역을 포함하는 연안 경보를 방송한다. 각 Navtex 메시지는 ZCZC로 시작하고 띄어쓰기와 4개의 문자가 온다. 첫 번째 B1은 기지국을 식별하고, 두 번째 B2는 주제(예를 들어 항행경보, 기상 예보, Gale 경보, 조난 경보 등), 그리고 세 번째 및 네 번째는 그 기지국에서의 연속적인 메시지의 숫자이다. Navtex는 선박이 항해하는 구역의 기지국 및 수신이 요구되는 B2 메시지의 종류가 프로그램 되어야 한다. 메시지 종류 A, B 그리고 D는 강제적이나 수신기가 대부분의 종류를 수신하도록 프로그램화 되는 것을 권고한다.
4.7.3	기적(Whistle), 종(Bell), 징(Gong) 12미터 또는 그 이상의 길이 선박에 기적 및 종, 그리고 100미터 또는 그 이상의 선박에 징 비치(COLREG D/33.a)
4.7.4	형상물 3개의 원형, 원통, 다이아몬드 형태의 형상물 비치(COLREG)

150톤 이상의 모든 선박

4.7.5	적절하게 조정된 Standard Magnetic Compass Steering compass 또는 Gyro compass가 설치되어 있지 않다면 Standard Magnetic Compass와 교체할 수 있는 예비 Magnetic compass를 비치해야 한다. Magnetic Compass는 적절히 조절되어야 하고, 자차곡선 및 표가 항상 활용 가능해야 한다.
4.7.6	Steering Magnetic Compass 상기 Standard Compass에 의해 제공된 선수 정보의 활용 및 주 조타 위치에서 조타수가 명확히 읽을 수 없는 경우. 예비 Magnetic Compass는 needle bearing이 손상되는 것을 피하기 위해 뒤집어서 보관해야 한다.
4.7.7	방위측정수단 수평 360도호에서 측정 가능
4.7.8	예비 Magnetic Compass Standard Compass와 교체할 수 있으며, Steering Compass 또는 Gyro Compass가 설치되어 있다면, 예비 Magnetic Compass는 요구되지 않는다.
4.7.9	전화 비상 조타실이 있는 선박은 최소한 전화 또는 선수 정보를 전달 할 수 있는 다른 통신 수단을 가지고 있어야 한다.
4.7.10	Daylight Signalling Lamp 국제 항해에 종사하는 150톤 이상의 모든 선박은 선박의 주 전원에만 독립이지 않은 효율적인 daylight signalling lamp의 선상 비치 (SOLAS 1974 V/11)

국제항해에 종사하는 총톤수 300톤 이상의 모든 선박

4.7.11	자동식별장치(AIS) AIS를 설치한 선박은 항해 정보 보호를 위해 국제 협의, 규정 또는 기준이 제공된 경우를 제외하고 항상 AIS를 작동상태로 유지해야 한다. (SOLAS 2004 V/19.2.4.7) AIS는 선박이 항해 중이거나 투묘 중인 경우에도 작동 상태여야 하며, 일부 항만청에서는 접안 시에도 전원을 유지하도록 요구한다. AIS는 VHF 주파수로 작동하고 자동적으로 정보를 송수신한다. 다른 기지국(항만당국의 장비 또는 선박)에 의한 자동 폴링은 장비가 저전력(2와트)으로 설정되어 있어도 더 높게(12.5 watt) 장비를 전송할 수 있다. 탄화수소가스가 존재할 있는 항만 및 항구에 접안 시 AIS는 전원을 끄거나 안테나 분리 AIS에 의사부하를 주어야 한다. 필요한 경우 항만당국에 통보해야 한다. 탄화수소가스가 존재할 가능성이 있을 때 또, 장치가 설비가 된 경우 AIS는 저전력으로 진환해야 힌다. 접안 중 AIS기 끼지기니 격리된 경우 출항 전 다시 전원을 켜야 한다. AIS 장비의 사용은 선박 또는 정박 중인 항만의 보안에 영향을 줄 수 있다. 이러한 상황에서 AIS의 사용은 항만 내 보안등급에 따라 항만당국에 의해 결정된다. (ISGOTT 4.8.4) 항해 또는 묘박 중인 동안 STS 작업에 관련된 선박은 AIS의 작동이 요구된다. AIS 방송용으로 사용된 AIS 장비는 STS 작업 동안 저전력으로 설정할 필요가 없다. (STS Transfer Guide petroleum 3.5.5.4) 참고 : 만약 AIS가 레이더나 전자해도에 연결되어 있지 않다면 그들 중 하나에 인접한 위치에 있어야 한다. 어떤 제조사는 1 W 출력인 “Tanker Mode”를 제공하도록 AIS 장비를 수정하였다.
4.7.12	VHF 라디오 300톤 이상의 모든 선박은 채널 6, 13, 16 및 70(DSC)에 대한 송/수신이 가능한 VHF 설비가 제공되어야 한다. 선박이 일반적으로 항해하는 위치에서 채널 70으로 조난 신호의 송신을 개시할 수 있어야 한다.

500톤 이상의 모든 선박

4.7.13	Gyro Compass 및 Repeater 1984년 9월 1일 이후에 건조된 500톤 이상의 선박과 국제항해에 종사하는 1,600톤 이상의 선박에는 Gyro Compass가 설치되어 있어야 한다. 또 1,600톤 이상의 선박에 360도 방위가 거의 측정 가능할 적절한 위치에 Gyro Repeater 또는 Repeater가 위치되어야 한다. 모든 선박은 주조타 위치에서 조타수가 명확히 읽을 수 있는 선박 자체의 자성이 없는 수단에 의해 선수가 표시되거나 측정될 수 있는 Gyro Compass 또는 다른 수단이 있어야 한다.
4.7.14	비상 조타 위치에서 육안으로 식별 가능한 Compass 1992년 2월 1일 이후에 건조된 선박에 설비가 제공되어야 한다.
4.7.15	레이더 설치 9 GHz(3 cm, "X" band)로 작동가능 한 레이더가 1984년 9월 1일 이후에 건조된 500톤 이상의 선박 및 1984년 9월 1일 이전 건조된 1,600톤 이상 선박에 설치되어야 한다. 그러나 10,000톤 이상의 선박에는 서로 독립적으로 작동 할 수 있는 2대의 레이더가 설치되어야 하고 2대 중 한대는 반드시 9 GHz(3 cm, "X" band)로 작동되어야 한다.
4.7.16	레이다 플로팅 장비 레이더가 장착된 선박의 선교에 레이더의 정보를 표시할 수 있는 설비가 제공되어야 한다. 1984년 9월 1일 이후 건조된 1,600톤 이상의 선박에는 최소한 Reflection plotter 만큼 효과적인 설비여야 한다.
4.7.17	Echo Sounder 1980년 5월 25일 이후에 건조된 500톤 이상 선박 및 1980년 5월 25일 이전에 건조된 1,600톤 이상의 국제항해에 종사하는 선박에는 음향 측심기가 설치되어야 한다. 음향 측심기의 성능은 해도상에서 보여지는 수심에 대한 기록을 검증하기 위하여 모든 범위와 규모에 대해 점검해야 한다.
4.7.18	속력 및 거리 표시기 1984년 9월 1일 이후 건조된 500톤 이상의 국제항해에 종사하는 선박은 속력과 거리를 표시하기 위한 장치가 장착되어야 한다.

4.7.19	타각, RPM, 가변 피치 그리고 선수/미 Thruster 지시기 1984년 9월 1일 이전에 건조된 1,600톤 이상의 선박 및 1984년 9월 1일 이후에 건조된 500톤 이상의 선박은 타각, 프로펠러 회전율(RPM) 및 추가하여 가변 피치 프로펠러 또는 현측 thrust 프로펠러, 각종 프로펠러들의 작동 모드 및 피치를 보여줄 수 있는 지시기가 설치되어야 한다. 모든 지시기는 조선 위치에서 읽을 수 있어야 한다.

10,000톤 이상의 모든 선박

4.7.20	레이더 설치 각각 독립적으로 운영되는 2대의 레이더가 설치되어야 한다. 설비 중 최소 하나는 9 GHz (3 cm, “X” band)으로 작동되어야 한다.
4.7.21	ARPA 10,000톤 이상의 탱커는 자동 레이더 플로팅 장비를 장착해야 한다. ARPA의 장착이 요구되는 선박에 대수속력 및 거리를 측정할 수 있는 장비가 장착되어 있어야 한다.(예로 electromagnetic 또는 pitot log) 만약 대수 속력 기록장치가 작동하지 않는다며, 선속은 수동으로 입력되어야 한다.

100,000톤 이상의 모든 선박

4.7.22	타각 지시기 1984년 9월 1일 이후에 건조된 100,000톤 이상의 선박에 요구된다.

아래 사항은 2002년 7월 1일 이후에 건조된 모든 선박에 적용된다. (SOLAS 2004 V/19)

모든 선박, 크기에 상관 없음

4.7.23	**전세계항해위성장치 시스템 또는 Terrestrial Navigation Radio Navigation System.** 선박의 위치를 자동장치로 설정하고 최신화하기 위하여 예정항해의 전반에 걸쳐 항시 사용하기에 적당한 장비, 또는 기타 수단
4.7.24	Navtex 수신기 선박이 국제 NAVTEX업무가 제공되는 해역에서 항해에 종사한다면 국제 NAVTEX 업무 방송을 수신할 수 있는 수신기가 모든 선박에 제공되어야 한다. (SOLAS IV/7.1.4) 참고: Navtex 시스템은 송신기에서 약 250마일 또는 일상적이지 않은 전파 상태에서 종종 400마일까지 떨어진 지역을 포함하는 연안 경보를 방송한다. 각 Navtex 메시지는 ZCZC로 시작하고 띄어쓰기와 4개의 문자가 온다. 첫 번째 B1은 기지국을 식별하고, 두 번째 B2는 주제(예를 들어 항행경보, 기상 예보, Gale 경보, 조난 경보 등) 그리고 세 번째 및 네 번째는 그 기지국에서의 연속적인 메시지의 숫자다. Navtex는 선박이 항해하는 구역의 기지국 및 수신이 요구되는 B2 메시지의 종류가 프로그램 되어야 한다. 메시지 종류 A, B 그리고 D는 강제적이나 수신기가 대부분의 종류를 수신하도록 프로그램 되는 것을 권고한다.
4.7.25	기적(Whistle), 종(Bell), 징(Gong) 12미터 또는 그 이상의 길이 선박에 기적 및 종 그리고 100미터 또는 그 이상의 선박에 징 비치(COLREG D/33.a)
4.7.26	형상물 3개의 원형, 원통, 다이아몬드 형태의 형상물 비치(COLREG)
4.7.27	적절하게 조정된 Standard Magnetic Compass 주 조타 위치에서 선박의 선수방위와 표시를 읽을 수 있는 전원 공급이 독립된 다른 수단
4.7.28	Pelorus 또는 Compass Bearing Device 수평 360도 호의 방위를 측정하는 전원이 독립적인 다른 장치

4.7.29	항상 선수와 방위를 교정할 수 있는 수단
4.7.30	음향수신장치 선교가 완전히 밀폐되었을 때 당직사관이 음향신호를 청취하고 방향을 결정할 수 있는 다른 수단
4.7.31	전화 비상 조타실이 있는 선박은 최소한 전화 또는 선수 정보를 전달 할 수 있는 다른 통신 수단을 가지고 있어야 한다.

150톤 이상의 모든 선박

4.7.32	예비 Magnetic Compass 또는 4.26.27에 Magnetic Compass를 대체할 수 있는 다른 수단
4.7.33	Daylight Signalling Lamp 150톤 이상의 모든 선박은 일광신호등이 설치되어 있어야 한다. 또는 선박의 전원에 독립된 전원이 아닌 전력의 다른 전원을 사용하여 낮과 밤 동안에 빛을 통해 통신하기 위한 수단
4.7.34	선교 항해당직경보시스템(BNWAS) 선교 항해당직 경보시스템은 항해 중일 때 항상 작동해야 한다. 2011년 7월 1일 전에 설치된 선교 항해당직경보장치(BNWAS)는 주관청의 재량에 의하여 기구에서 채택한 기준에 완전히 적합하여야 하는 것으로부터 면제될 수 있다. (SOLAS 19.2.2.3) 선교 항해당직경보시스템은 당직사관 업무를 수행이 불가할 때 경보를 울리는 장치다. IMO는 MSC.128(75)와 같은 성능기준을 채택하였고, 이미 자발적으로 선박에 설비를 설치한 선박이 있다. 선장이 작동을 멈추게 하지 않는다면 BNWAS는 선박이 운항 시 작동해야하고 투묘 중일 시에도 작동되어야 한다. 당직이 올바르게 수행되어야 할 곳에서 당직자의 동작을 인식할 수 있는 선교의 다른 장비로 재설정할 수 있도록 대체 재설정 장치가 포함될 수 있다. (MSC. 128 (75)) 참고 : 당직업무를 수행할 수 있는 위치가 아닌 해도실 내에 위치한 ECDIS를 포함한 장비 상에 재설정 기능이 있으면 안 된다. 장비 점검 관련 검사관은 BNWAS의 주전원 장치가 전원 상실 시에도 여전히 작동하고 알람이 발생하는지 점검을 요청할 수 있다. 예비 배터리 공급장치를 트립시키는 요구사항은 없으며 요청하여서도 안 된다.

300톤 이상의 모든 선박

4.7.35	음향 측심 장비
4.7.36	9 GHz(3 cm 'X' band) 레이더
4.7.37	전자 플로팅 장비 충돌의 위험을 결정하기 위한 물표의 거리와 방위를 전자적으로 플로팅
4.7.38	속력과 거리 측정 장비 대수 속력과 거리를 측정하기 위한 장비이다. 만약 장비가 작동하지 않는다면 수동으로 ARPA의 속력 정보는 입력한다.
4.7.39	적절히 조절된 선수방위 송신장치 9 GHz 레이더에 선수 정보 입력을 위한 송신, 플로팅 보조장비 그리고 속력과 거리를 측정
4.7.40	VHF 라디오 300톤 이상의 모든 선박은 채널 6, 13, 16 및 70(DSC)에 대한 송/수신이 가능한 VHF 설비가 제공되어야 한다. 선박이 일반적으로 항해하는 위치에서 채널 70으로 조난 신호의 송신을 개시할 수 있어야 한다.

국제항해에 종사하는 300톤 이상의 모든 선박

4.7.41	자동식별장치(AIS) AIS를 설치한 선박은 항해 정보 보호를 위해 국제 협의, 규정 또는 기준이 제공된 경우를 제외하고 항상 AIS를 작동상태로 유지해야 한다. (SOLAS 2004 V/19.2.4.7) 만약 AIS가 레이더나 전자 해도에 연결되어 있지 않는다면 둘 중 인접해서 위치해야 한다. (Q4.26.11 참고)

총톤수 500톤 이상의 모든 선박

4.7.42	Gyro Compass 선박 자체의 무 자성 수단에 의해 선수가 표시되거나 측정될 수 있는 Gyro Compass 또는 다른 수단
4.7.43	Gyro Compass Heading Repeater 만약 설치되었다면 비상조타위치에서 선수방위 정보를 제공하기 위함.
4.7.44	Gyro Compass bearing repeater 수평 360도 호의 방위를 측정하기 위함
4.7.45	타, 프로펠러, Thrust, Pitch 그리고 작동 모드 지시기 조선 위치에서 모든 확인할 수 있어야 한다.
4.7.46	자동 항로 추적 장치 충돌의 위험을 결정하기 위해 다른 물표의 거리나 방위를 자동적으로 플로팅

총톤수 3,000톤 이상의 모든 선박

4.7.47	3 GHz (10 cm, 'S' band) Radar. 또는 주관청에 의해 승인된 두 번째 9 GHz(3 cm, "X" band) 레이더
4.7.48	2 번째 자동 항법 추적 장치 첫 번째 장비와 성능적으로 독립된다.
4.7.49	항해기록장치(VDR) 항해기록장치(VDR)는 매년 성능시험을 받아야 한다. 이 시험은 승인된 시험 또는 서비스 시설에 의하여 수행되어야 한다. 규정 준수 일자와 적용되는 성능 기준을 기술한 시험기관이 발급한 적합증서 사본을 본선에 비치하여야 한다. (SOLAS V/18.8). 사고 조사를 돕기 위하여 국제항해 시 선박은 VDR을 설치하여야 하며, 다음과 같이 S-VDR(Simplified VDR)이 가능하다. • 2002년 7월 1일 전에 건조된 총톤수 20,000톤 이상의 화물선의 경우 2006년 7월 1일 이후에 첫 번째 입거 예정일에 그러나 늦어도 2009년 7월 1일까지 • 2002년 7월 1일 전에 건조된 총톤수 3,000톤 이상 20,000톤 미만의 화물선의 경우 2007년 7월 1일 이후 첫 번째 입거 예정일에, 그러나 늦어도 2010년 7월 1일 까지

	• 이러한 선박이 상기 1항 및 2항에서 규정한 시행일 후에 2년 이내에 영구적으로 운항을 중지하는 경우 주관청은 요건의 적용을 면제할 수도 있다. (SOLAS V Reg 20.1.)
4.7.50	전자 해도 표시 시스템(ECDIS) 국제 항해에 종사하는 3,000 GRT 이상의 탱커에는 적어도 하나의 전자 해도 표시 시스템(ECDIS)이 장착 되어야 한다. ECDIS는 IMO Res A.817(19)에 따라 "형식 승인"되어야 하며 공식적인 전자 항해 해도(ENC)만 사용해야 한다. 2차 항법 수단도 제공되어야 한다. 이차적 수단은 다음과 같이 구성될 수 있다. • 항해를 시작하기 전에 두 번째 "형식 승인" ECDIS와 항해를 위한 계획으로 선박이 연안 해역에 있을 때 항상 운항해야 한다. • SOLAS 운송 요건을 충족하는 완전한 종이 차트로 예정된 항차를 다루고 예정된 항차 계획을 보여주는 최신 항법(Notifications to Mariners)으로 수정.

총톤수 10,000톤 이상의 모든 선박

4.7.51	대수속력이 적용된 ARPA 충돌의 위험을 결정하거나 선박 조종성능을 시뮬레이션 하기 위한 대수속력과 거리를 표시하기 위한 장비에 연결할 수 있는 최소한 20개의 물표의 거리와 방위를 자동적으로 플로팅할 수 있는 ARPA 또는 다른 수단.
4.7.52	선수 또는 항적 통제 시스템 자동으로 선수와 직선 항적을 유지 및 통제

총톤수 50,000톤 이상의 모든 선박

4.7.53	타각지시기 또는 회전율을 결정하고 보여주기 위한 다른 수단
4.7.54	선속 및 거리 측정기 2002년 7월 1일부터 신조선은 전방 및 좌우 방향으로의 대지 속력 및 거리를 표시할 수 있는 장비가 장착되어야 한다.

4.8 항해등은 정상 상태이며, 당직사관은 불량 시 조치 및 점검 절차에 대해 인지하고 있는가?

주/보조 시스템은 정상이어야 하며, 항해등 불량 경보를 점검하기 위한 절차가 수립되어 있어야 한다.

4.9 Standard Magnetic과 Gyro compasses 상태는 양호하며 당직사관이 나침반 오차를 인지하고 있으며 나침반 오차 기록이 유지되고 있는가?

자기 컴퍼스는 정상 상태이어야 하며, 선박의 조타위치에서 선수방위는 명확하게 표시되어야 한다. 나침반의 등(Light)이 작동되어야 한다. 컴퍼스는 방위경 또는 방위를 측정할 수 있는 수단과 함께 제공되어야 한다. 만약 마지막 수정일로부터 2년이 경과 되었고, 자차표가 없어졌거나 기록된 자차의 오차가 상당히 크거나 결함이 있다면 수정되어야 한다.

선장과 사관은 휴대 전자 기기들(라디오 및 테잎 기록기) 또는 철로 만들어진 기기들이 컴퍼스의 성능에 영향을 끼칠 수 있으며, 그러한 기기들이 컴퍼스의 위치로부터 거리를 유지해야 한다. 자차표는 자차 수정 시 마다 작성된다. Standard Compass와 송신용 자기 컴퍼스 리피터는 각각 별개의 자차표가 있어야 한다. 자이로 컴퍼스는 속도 및 위도 수정이 적절하게 적용되었음을 확실하게 하기 위해 점검되어져야 한다. 자이로가 올바르게 작동하고 있다는 것을 확인하기 위하여 자이로 컴퍼스 유지 기록부가 검토되어야 한다. 비상조타 위치 및 기관조종실에 설치되어 있는 자이로 리피터를 포함하여 모든 리피터는 동기화 되어야 한다. 2개의 자이로가 설치되었다면 전환 장치가 설치되어야 하고, 게시되어야 한다.

자이로 및 마그네틱 컴퍼스의 오차는 가능하면 매 당직 시 마다 방위각 또는 중시선을 이용하여 측정 및 기록되어야 한다. 마그네틱 컴퍼스의 자차표는 선교에서 유지되고 이용할 수 있어야 한다.

자이로의 오차는 천체 방위, 중시선 등 외부 관측을 통해 측정 되어야 하며, 자이로 및 마그네틱 침로의 방위를 비교하여 마그네틱 컴퍼스의 오차를 결정한다. 자이로 리피터로 범위를 측정할 경우 Gyro repeater와 Gyro master compass의 방위가 정확히 일치하는지 비교 확인해야 한다. 컴퍼스 오차를 측정 못할 시 컴퍼스 오차 기록부에 그 사실을 명시할 필요는 없다.

그 기간 사이에 조정이 요구되지 않았음을 증명하기 위해 인증된 전문가에 의해 작성된 이전 기록은 보관되어야 한다. 마그네틱 및 자이로 선수 방위의 비교는 매 당직에 한번 그리고 각각 충분한 변침 상황에서 이루어져야 하며, 상세는 항해일지에 기록되어야 한다. 일부 주관청은 별도의 Compass Error Book보다 항해일지에 오차 기록되어야 한다.

Compass error book에 기재된 magnetic compass error는 자차표(Deviation card)와 넓게 일치되어야 한다. 마그네틱 콤파스의 자차는 검사 시 loading arms, gangway towers와 같은 외부 금속 구조로 인해 과도하게 발생될 수 있다.

4.10 도선위치에서 부두까지 이동 중인 선박은 수동 조타를 적절히 사용했으며, 항해사관은 수동 및 자동 조타의 전환절차에 친숙한가?

수동조타 시간 및 장소를 로그북 또는 벨북에 기재해야 한다.(전자장치 기록도 허용됨)

4.11 항해사관은 사고발생 시 VDR 정보를 보존하는 절차에 친숙한가?

사고가 발생한 경우 VDR에 보존된 정보는 사고 조사 시 매우 유용하며, 선원은 덮어쓰기 방지 및 자료 보존 방법을 인지하고 있어야 한다.

OCIMF "Recommendations on the Proactive Use of Voyage Data Recorder Information"는 VDR 사용의 추가적인 정보를 제공한다.

현재의 VDR의 성능 기준은 데이터를 덮어쓰기 전에 최소 12시간 동안의 정보 저장이 요구되며, 기존 VDR은 대부분 필요한 12시간만 충족하기 때문에 사건 발생 후 12시간 내에 기록된 VDR 데이터를 보존하기 위한 조치를 취하지 않으면 데이터가 손실되거나 덮어 쓰여지게 된다. 이런 경우 설치된 VDR의 설치 목적이 상실된다.

4.12 유효한 해도 및 간행물(문서 및 전자) 관리 시스템이 마련되어 있으며, 갑판 사관이 T&P 고시의 효과적인 관리를 포함한 프로세스에 대해 숙지하고 있는가?

관리 시스템은 해도, 간행물 및 라이센스/허가를 기록하고 언제 해도 또는 간행물이 최근 수정 되었는지 기록해야 한다. (5th edition BPG 4.12.1)

해도는 상태가 양호해야 하며, 종이 표면은 온전하고 서로 테이핑 되지 않아야 하며, 찢어진 경우 반드시 새 해도로 교체해야 한다. 해도와 간행물의 청구와 보급 그리고 소개정이 적절한 방식으로 선박에 제공되는지를 확인하기 위해 절차서가 점검되어야 한다. 현재 많은 선박들이 전자 수단으로 항행통보를 수신한다.

전자 형태의 간행물은 기국으로 허가 받아야 하며, 백업 장치를 포함한 SE증서 Form E에 문서 간행물 대신에 표시되어야 한다. 해도의 Block 수정은 원본 해도와 같은 색깔이여야 하며, ALRS, 조석표, Sailing direction 등은 원본이 칼라여도 흑백으로 수정할 수 있다.

T&P notice, NAVAREA 및 Navtex warnings을 위한 적절하고 최신화된 파일링 시스템이 있어야 하며, 관련 항행경보는 해도상에 표기되어야 하고 Notice가 취소 되었을 때 항행 경보를 삭제하기 위해 항행 경보상에 해도 번호를 기재해야 한다.

ECDIS의 한가지 단점은 ENC내의 최신화된 "T&P"가 효과적으로 주의를 끌지 못하는 것이다. 또한 모든 수로국이 ENC에 T&P정보를 포함하는 것은 아니다. UKHO는 세계적으로 T&P 정보의 일관성 결여가 선원들에게 중요한 문제임을 인식하고, 그리고 임시적인 조치로 Admiralty Information Overlay'안에 모든 Admiralty T&P NMs를 포함시키고 있다. 이를 통해 'T&P'의 한계를 호환 가능한 디스플레이 시스템으로 AVCS의 ENC에 덮어 씌워 표시할 수 있다. 다른 ECDIS 제조자와 ENC 공급 업체는 자체적으로 유사한 시스템을 보유할 수 있으며, 검사관은 관련 Notice가 효과적으로 관리되고 있음을 확인하기 위해 설치된 시스템을 검증해야 한다.

4.13 항해사관들은 NAVTEX 및 NAVAREA Warning의 관리를 위한 요구사항을 인지하고 있으며, 이러한 Warning을 모니터링 하기 위한 시스템이 수립되어 있다는 증거가 있는가?

선박 항행 구역에 해당하는 항행경보를 적절하게 감시하고 관련 항행 경보에 대해 당직사관의 주의를 이끌 수 있도록 보장하는 시스템이 수립되어 있어야 한다.

Navtex warning은 수신 당시의 당직 항해사에 의해 감시되어야 하며, 항해사관은 현재 항차와 관련된 것인지 확인했다는 것을 보여주기 위해 수신 경보에 가서명하여 시스템적인 관리가 되고 있음을 보장해야 하고, 관련 사항들은 해도상에 표시되어야 한다. 일부 ECDIS system은 NAVTEX 메시지가 ECDIS에 자동으로 입력되고 표시되도록 허용한다. 검사관은 자동 또는 수동 입력을 중첩으로 ENC상에 표시되는 관련 메시지를 확인하기 위해 절차를 수립해야 한다. ECDIS에 수동 입력을 해야 한다면 만료 메시지를 삭제하기 위한 효과적인 수단이 있어야 하며, 정확한 Station과 Message type이 입력되었는지 확인하기 위해 Navtex와 ECDIS는 점검되어야 한다.

항행 경보는 EGC, Navtex 메시지 또는 NTM을 통해 수신할 수 있으며, Chartco와 같은 다른 수단을 통해 수신한 항행경보는 공식 출처 자료를 확인해야 한다.

웹사이트가 계속적으로 최신화 되지 않고 정확성이 검토되지 않았기에 웹상 항행 경보의 유효성은 선장이 IMO/IHO에서 승인된 방송 시스템을 통해 항행 경보를 수신하도록 하는 요구 사항을 완화해주지는 않는다. (IHO)

4.14 선장과 항해사관의 선박에 설치된 ECDIS 시스템의 운영이 친숙한가?

선장과 항해사관들은 ECDIS의 운용에 친숙해야 하며, 아래의 사항을 포함하여 ECDIS 운영을 입증하여야 한다.

- Passage plan 작성 및 업로드
- 이전 항차 불러오기
- 경로 확인 및 경고 관리
- Visual bearing and Radar range 등의 방법으로 선위 측정
- 평행 방위선 생성
- 선박 흘수에 맞는 safety depth 및 safety contour 설정
- Safety frame/safety cone 설정
- 최신 소개정된 사항으로 시스템 업데이트
- AIS 혹은 Radar overlay
- RCDS 모드에서의 작동의 제한사항에 대한 이해
- SCAMIN 기능과 표시방법에 대한 인지
- CATZOC 기능에 대한 인지
- ECDIS 고장 시 갑판사관의 비상 조치에 대한 친숙함의 정도

상기 목록이 전부가 아니며, 검사관은 시스템 인지를 평가하기 위해 다른 기능을 시연하도록 물어볼 수 있다. ECDIS의 작동에 대한 추가적인 가이드는 MSC.1/Circ 1503 "ECDIS - Guidance for Good Practice"에서 확인할 수 있다.

ECDIS는 IHO 표준의 최신 버전으로 업데이트 되어야 하며, 현재 표준 목록은 IHO 웹사이트(www.iho.int)에 유지된다. Edition 4.0에 소개된 IHO S-52 Presentation Library의 변경은 2017년 9월 1일부터 모든 ECDIS에 강제되며, 국제수로기구는 필요에 따라 추가로 변경될 수 있다.

ECDIS 시스템이 설치되어 있지 않다면 질문은 N/A로 대답하며, 만약 ECDIS 1 대와 종이해도가 있다면, 항해의 최우선적인 수단 및 백업장치가 어떤 것인지 기록되어야 한다.

4.15 선장 및 항해사관들이 ECDIS의 Safety parameter 설정에 대해 친숙화되어 있으며, 항해계획에도 정확하게 반영이 되어 있는가?

Safety parameters에 대해 충분히 이해하고, 회사 SMS에 명확히 정의되어야 하며, 선위, 해도상 수심, 항행 가능한 주변 해역, 위험물을 고려하여 정확히 반영해야 한다. 따라서 항해 중 Safety parameter가 변하기 때문에 Passage plan상 명확하게 식별되어야 한다.

안전 등심선(Safety contour)은 계획 단계에서 계산되어야 하고 당직사관에 의해 입력되어야 한다. 안전 등신선은 안전하고 안전하지 않은 수역을 구분하여 표시한다. 항해사에 의해 설정된 특정 값으로 안전등심선이 설정되지 않을 때 전자해도의 Default layer에 따라 안전등심선은 다음으로 깊은 등심선을 보여준다. 항로 계획 중 항로가 안전 등심선을 가로지르도록 설정된다면 표시된다. 항로 모니터링 시 항해사가 설정한 특정시간 내에 선박이 안전 등심선을 가로 지를 것 같으면 ECDIS는 경보를 울려야 한다.

Safety depth는 설정된 안전수심경보 보다 낮은 경우 굵은 글씨의 개별 수심으로 강조되며, 일반적으로 안전 등심선과 같게 설정된다.

Safety frame 또는 Safety cone은 선박이 위험하거나 우려 지역으로 접근하기 이전에 표시를 제공하므로 Safety Contour 만큼 동일하게 중요하며, 마찬가지로 Safety frame이 너무 크게 설정되면 ECDIS 기본 필수 알람이 무시되며, 경보가 과부하가 된다.

4.16 이전 항차에 사용된 해도는 적절한가?

참고 : 적절하게 발행된 대축척 해도를 사용하여야 하며, 만약 선박이 CHART FOLIO SYSTEM에 의해 포함되지 않는 항구로 기항하는 경우 선장은 필요한 해도를 확보하기 위한 모든 노력을 기울여야 한다.

4.17 선장 및 항해사관은 ECDIS 요건에 대해 인지하고 있으며, SOLAS 및 기국 요건을 만족하는가?

ECDIS는 개정된 IMO Res A.817 (19)에 따라 형식 승인을 받고 공식적인 ENC 해도를 사용해야 한다. 총톤수 3,000톤 이상의 선박에서는 항해의 수단으로 제공되어야 하며, 2차 수단은 다음과 같이 구성될 수 있다.

- 2차 수단으로 형식 승인된 ECDIS의 ENC 해도와 항해 계획서는 항차 시작 전 준비되어야 하고, 연안 항해 시 항상 활용되어야 한다.
- SOLAS 요건을 충족하는 전 구역의 종이 해도, 최신 항행통보(NTM)를 이용한 소개정, 예정 항차를 포함 및 예정 항해 계획이 표시되어야 한다.

ECDIS가 장착되어 있거나 백업 장치(다른 ECDIS 또는 종이해도)가 있다면 화물선안전설비증서(SE) Form E에 표시된다. 승인된 증서 상 제공된 시스템의 추가적인 정보를 기재하고 최신화 상태를 유지해야 한다. (MSC.1/Circ.1496) SE 증서 Form E(또는 SC증서 Form C)와 상관없이 회사 SMS 상 항해의 최우선적인 수단이 무엇인지 명확히 명시해야 한다.

ECDIS 위치 추적 시스템(일반적으로 GPS)는 다른 수단을 이용하여 주기적으로 확인해야 하며, 다음을 포함한다.

- Parallel indexing 및 Clearing bearings 활용
- 활용 가능하면 레이더 Overlay 사용을 포함해서 해도의 Symbol과 레이더 Target 위치를 비교함으로써 해도 위치의 정확성을 확인하기 위해 레이더 사용
- 육안 교차 방위(Cross bearings)

ECDIS는 지난 12시간 동안 사용된 공식적인 데이터 베이스를 확인하고 항해를 재구성하는데 필요한 최소한의 요소를 저장 및 재현할 수 있어야 한다. 아래의 데이터는 최소 1분 간격으로 저장되어야 한다.

1) 선박의 과거 항적의 기록(시간, 선위, 선수방향 그리고 속도)을 확인
2) 사용된 공식 데이터의 기록을 확인: ENC source, edition, date, cell 그리고 최신화 기록. 추가적으로 ECDIS는 4시간을 초과하지 않는 간격으로 전체 항적을 기록해야 한다. ECDIS는 선위, 선수 방향 및 속도 정보를 지속적으로 제공하는 장치와 연결되어야 한다. (Res A.817(19)12.2)

ECDIS가 최소 성능 표준을 만족하는 한 추가적인 기능이 없더라도 지적사항으로 식별해서는 안 된다.(Radar overlay, Navtex 연결 등)

2017년 9월 1일부터 모든 ECDIS에 필수인 Edition 4.0에 도입된 IHO S-52 presentation library 변경으로 기존 IHO S-52 presentation library edition 3.4 또는 이전 버전을 사용하여 ECDIS에 특별히 설계되고 개발된 IHO ECDIS data presentation 및 성능 검사에 필요한 이전 테스트가 무효화된다.

ECDIS는 IHO 표준의 최신화된 버전으로 업데이트 되어야 하고 현재 표준 목록은 IHO website www.iho.int 에서 유지된다.

4.18 선박은 국제규정을 준수하며 안전하게 항해하고 항해사관은 이런 요구사항에 친숙한가?

선박은 특정 항로 시스템 사용이 강제적이지 않은 경우 관련 강제 규정을 따르거나 선박의 종류 또는 운송되는 화물에 요구된 기구가 채택한 강제 선박 항로 시스템을 이용하여야 하며, 항해일지에 기록하여야 한다. (SOLAS V/10.7)

최소 이전 항차에 이용된 해도는 특히, 악천후 시 육지로부터 안전한 거리를 유지하는 것을 포함한 선박의 안전 항해 확인이 점검되어야 한다. 통항분리대, 선위측정 간격, 연안에서 안전거리 유지, 금지 구역의 회피 및 침선, 해도상 인쇄된 notes의 준수 등의 정확한 활용은 안전항해의 증거로 제시되어야 한다.

4.19 선장 및 항해사관은 음향측심기의 요건을 인지하고 있으며, 항해 중 적절하게 사용이 되었다는 증빙이 있는가?

음향측심기는 육지 초인 시 항상 사용해야 하며, 연안 및 도선 지역에서는 항상 켜놓아야 한다. 만약 음향측심기에 천수 경보가 설치되어 있는 경우 천수 구역에 접근을 경고하기 위해 적절히 안전 수심을 설정해야 한다. (5th edition BPG 4.5)

기록장치가 있다면 작동 일시를 표시해야 한다. 추가로 주요한 육지나 해상물표를 통항한 일시도 표시해야 한다. 많은 현대적 전자 음향측심기는 문서 대신에 확인이 가능한 24시간 메모리가 내장되어 있다. 만약 전자식 메모리가 없다면 인쇄기록이 제공되어야 한다. ECDIS data의 음향측심 기록은 허용 가능한 증거이다. 전자 표시 이력은 최신으로 기록되고 시간을 저장할 수 있는 VDR이 제공되었다면 "Y"라고 대답하고 코멘트에 짧게 설명해야 한다.

4.20 이전 항차의 종합적인 부두간 항해계획서가 이용 가능하며, 항해사관은 항해 및 도선 중 평행방위선 사용을 포함한 위치 측정 요건을 알고 있는가?

출항 전 선장은 예정된 항해가 적절한 해도 및 그 지역과 관련된 간행물을 이용하여 계획되었는지를 확인하여야 한다. (SOLAS V/34 and IMO Res. A.893)

항해계획은 항해사관에 의해 작성되고 선장에 의해 점검 및 승인되어야 하며, 포괄적이고 항해에 모든 세부사항을 포함하고 이해하기 쉬워야 한다.

항해 계획은 아래 책자의 지침에 따라야 한다.

- NP 231 Admiralty Guide to the Practical Use of ENC's
- NP 232 Admiralty Guide to ECDIS Implementation, Policy and Procedures

항해계획은 Conning notebook 등의 도움을 받아 해당 해도상에 표시되어야 한다. 해도 항행 구역 상 지나친 정보는 항적으로부터 떨어져 기록하고, 참조나 선으로 주의를 표시함으로써 해도 항행 구역 상 지나친 정보를 피해야 한다.

안전 항해를 강화하기 위해 해도상 아래의 사항들이 표기되어야 한다.

- 평행방위선(부유성 물표들이 위치를 측정하기 위한 우선 순위가 아니라면 이용해서는 안 된다.)
- 해도 변경
- 위치 측정 방법 및 주기 그리고/또는 위치 검증
- 진입 금지 구역(NO-GO area)(과도한 표시 지양 - 하기 사항 참조)
- 육지 초인물표와 등대
- 명확한 항로 및 방위
- 선수 방위 및 선박 통항
- 주요 조석 및 조류
- 안전 속력 및 필수적인 선속 변경
- 기기 상태의 변경
- 최소 UKC
- 음향 측심기 작동 위치
- 횡단 및 교통 밀집 지역
- 안전 거리 유지
- 투묘 여유 지역
- 비상 계획
- Abort position(진입 후 회두가 불가한 마지막 지점)
- VTS 및 보고 지점 등
- 교각/전기선/케이블카 등을 통과할 때 건현

ECDIS가 항해에 최우선적 수단인 경우 상기의 사항들이 고려되어야 한다. 해도 상 표시된 항해 계획 정보는 해도의 인쇄 세부사항을 방해해서는 안 되며, 형광펜이나 Felt-tip 펜, 빨간색 연필 등으로 지워지지 않아야 한다.

진입 금지 구역은 강조 표시하되 천수구역이나 코스 라인에 가까운 난파선과 같은 위험요소로 항해사의 주의가 쏠릴 필요가 있는 구역에 대해서는 유보해야 한다. 진입 금지 구역의 광범위한 사용은 금지되어야 한다. 진입 금지 구역은 흘수나 조석의 변화에 따라 다르기 때문에 통항 시에도 차이가 있을 것이다. 따라서 그것들은 영구적으로 표시되어서는 안 된다.

지난 항차 이전의 모든 항로는 지워져야 한다. 자주 사용하는 변침 위치를 볼펜으로 표시하는 것이 허용될지라도 코스 라인은 볼펜으로 표시하면 안 된다.

선박이 ECDIS를 준수하고 하나의 ECDIS 및 종이 해도를 가지고 있는 경우 하나는 항법 기본 수단으로 다른 하나는 백업으로 지정된다. ECDIS가 백업인 경우 항해 시작 전에 관련 공식 해도와 항해 계획을 로드해야 한다. 마찬가지로 종이 해도를 백업으로 사용하고 있는 경우에는 즉시 사용할 수 있어야 하며, 항해 계획을 차트에 표시해야 한다. 백업 준비는 특히 제한 수역 내에서 즉시 사용할 수 있도록 준비되어야 한다.

Communications

4.21 갑판 사관은 GMDSS 장비의 조난 및 긴급 메시지 작성 및 전송에 익숙하며, 지침이 명확하게 표시되고 장비가 양호한 상태인가?

항해 당직사관은 IAMSAR Vol III, Section 4에 포함된 조난, 긴급 및 안전 메시지를 전송하는 절차를 숙지해야 한다. DSC, 무선 전화 및 위성 통신에 의해 보내진 경보와 메시지가 적절한 우선 순위로 제공됨을 확실하게 하기 위해 특별한 주의가 취해져야 한다. (3.15.2 BPG 5th edition)

SR증서가 조화 증서로 합쳐졌다면 선박 무선 장비의 최소 요구사항은 무선국 증서 및 첨부된 Form R 이나 From C에서 확인되어야 한다. 만약 선박이 위험구역에서 EX 등급의 무선 전화를 사용한다면 적절한 증서가 제공되었는지 확인해야 한다.

4.22 사관은 선박보안경보시스템의 기능 및 작동법을 인지하고 있는가?

어떠한 상황이든 시스템 상세와 관련 문의를 해야 한다.

2004년 7월 1일 이후 건조된 모든 선박은 선박보안경보장치가 설치되어야 한다. (SOLAS XI-2/6.1.1)

선박보안경보장치가 작동 시 항만당국에 선박 대 육상경보가 전송 및 발송되어야 하며, 회사, 선박 및 위치의 식별 그리고 선박 보안이 위협에 있다는 또는 위태롭다는 내용이 포함되어야 한다. (SOLAS XI-2/6.2.1)

선박보안경보가 타 선박에 송신되거나 알람이 울려서는 안 되며, 재설정하거나 작동 해제시까지 지속되어야 한다. (SOLAS XI-2/6.2.2,3 and 4)

선교 및 최소 1개의 장소에서 작동 가능해야 한다. (SOLAS XI-2/6.3.1)

SIRE에서는 회사를 선박운항자로 정의한다.

4.23 GMDSS 장비의 주기적인 테스트 요건을 인지하고 있으며, Radio logbook에 정확하게 기재 및 유지되고 있는가?

아래 점검을 시행해야 한다.

일간

- 내장된 테스트 기능을 사용하여 DSC 설비 기능(VHF, MF 및 HF) 작동
- 배터리 전압 점검 및 충전 상태를 포함한 GMDSS 장비에 배터리 공급 상태

주간

- 연안국과 Test call 방법으로 DSC 설비 작동(범위 내에 있거나 또는 가장 빠른 기회가 있는 경우 또는 범위를 벗어난 경우)
- 배터리 외(비상 발전기 등) GMDSS 장비에 예비 전원 공급

월간

- EGC 기능
- EPIRB 기능 및 상태
- SART 기능 및 상태
- 배터리의 안전성 및 상태
- 안테나와 절연재의 상태
- 생존정 Two-way VHF 장비의 작동 점검(BPG 5th Edition 3.15.6)

예비 동력원이 재 충전식 배터리로 구성된 경우 선박이 항해 중이 아닐 때 12개월을 넘지 아니하는 간격으로 적절한 방법을 사용하여 전지의 용량을 점검해야 한다. (SOLAS IV/13.6)

무선통신설비와 연관된 모든 일을 기록하기 위해 GMDSS Radio Log를 유지해야 하며, 최소 다음 사항은 기록해야 한다.

- 조난, 긴급 및 안전 관련 통신 요약. 무선 당직을 지속하지 않을 때 기간 및 사유를 포함한다.
- 최소 일일 선박의 위치
- 선박이 통신하거나 통신을 시도한 다른 기지국의 식별정보
- 통신 중 경험한 어려운 사항 기록
- 관계 기지국의 식별정보와 불필요하거나 부적절한 송신을 포함한 관련사건
- 오발송 경보의 취소

무선 기록의 유지와 관련된 요건은 기국 및 ITU 무선 규정에 의해 결정되며, SMS에 포함되어야 한다. (BPG 5th Edition 3.15.5)

4.24 무선설비의 가용성을 확인하기 위한 정비 프로그램이 있는가?

A1 및 A2 해역에서 항해에 종사하는 선박은 아래의 사항을 통해 가용성을 확인해야 한다.

- 설비의 이중화
- 육상 정비(육상 정비를 해야 하는 GMDSS 선박의 요건은 계약이 필수적이지는 않고 육상 기반의 전문 조직에 의해 매년 정비가 시행되어야 한다.)
- 해상 전자 정비능력
- 주관청이 승인하는 상기 사항의 조합(SOLAS IV/15.6)

A3 및 A4 해역에서 항해에 종사하는 선박에 상기 방법의 최소 2가지의 방법을 조합하여 확인할 수 있다. (SOLAS IV/15.7)

4.25 제조자의 요건에 따라 위성 EPIRB가 설치되고, 고박되고, 정확히 표식되고 검사되는가?

EPRIB는

- 406 MHz 주파수대에서 운용하는 극궤도 위성서비스를 통해 조난경보를 송신할 수 있어야 한다.
- 쉽게 접근할 수 있는 위치에 설치되어야 한다.
- 생존정 안에서 한 명이 수동으로 이탈하고 휴대할 수 있도록 준비
- 선박이 침몰하는 경우 부양할 수 있어야 하고, 부양 시 자동으로 작동되어야 한다.
- 수동으로 작동할 수 있어야 한다. (SOLAS IV/7.1.6)

안전무선증서(SR) 만료일 전 3개월 이내 또는 연차일의 전후 3개월 이내 매년 점검되어야 하며, 선박 또는 승인된 시험장소에서 시행되고 5년을 초과하지 않아야 한다. (SOLAS IV/15.9)

선명, 일련번호(Serial number) 그리고 MMSI(또는 15 Hex ID)가 EPIRB상에 명확히 표기되어야 한다.

EPIRB의 검사는 다음 사항을 포함한다.

- 손상되지 않음을 확인하기 위해 보호덮개 검사
- 상태가 양호하고 유효한지 확인하기 위해 이탈장치(Hydrostatic release unit)의 검사 및 2년 후 신환
- 연결줄이 깔끔하게 적재되어 있고 선박에 연결되지 않는지 검사
- 마킹이 명확히 확인될 수 있는지 확인
- 배터리 상태가 양호하고 유효한지 확인하며, 대부분 EPIRB 베터리 유효기간은 5년이다.
- 대부분의 EPIRB가 Self test용 Spring-loaded switch가 설비되어 진다.

작동 시 등은 테스트가 정상 작동 상태인지 확인이 가능하고, 때때로 이 테스트는 섬광 불빛을 발생시킨다. 처음 Self-test 모드 신호가 발신된 이후에 2번 이하의 섬광등 또는 1분 이하로 첫 Self test 모드 전송을 권고한다.

406 MHz EPIRB의 Self test가 작동되었을 때 COSPAS-SARAT 시스템이 식별하지 하지 않도록 특별하게 코드된 단일 신호가 송부되어야 하며, 절대 실제로 작동시켜 테스트를 해서는 안 된다.

SOLAS IV/15.9의 요구사항에 406 MHz EPIRB의 연간 테스트는 MSC/Circ 1040의 세부사항의 관련 측정을 수행할 수 있는 점검 장비가 요구된다.

4.26 선박은 갑판 상 사용을 위한 충분한 본질적으로 안전한 휴대용 무전기(방폭형)를 보유하고 있는가?

하역 통제, 갑판사관, 갑판당직자 및 선장 뿐만 아니라 필요 시 펌프맨과 통신할 수 있는 충분한 방폭형 무전기를 보유해야 한다.

4.27 생존정의 휴대용 VHF 라디오와 수색 및 구조 위치 장치가 양호한 순서로 충전되어 있는가?

총톤수 500톤 이상의 모든 화물선에는 최소 3개의 Two-way VHF 무전기가 있어야 한다. (SOLAS III/6.2.1.1)

Two-way 무전기는 156.800 MHz(VHF CH. 16) 주파수에서 작동할 수 있어야 하고 최소 1개의 추가적인 채널이 있어야 한다. (Res. A.890/3.1)

비상 전원을 교체할 수 있는 장비의 배터리 또는 비상 전원을 교체할 수 없는 장비는 사용하지 않았다는 것을 증명하기 위해 교체할 수 없는 봉인(Seal)이 배터리에 부착되어야 한다. (Res. A.890/12.2 및 12.3)

주 배터리 품질 수명은 최소 2년이어야 하며, 눈에 잘 띄는 노랑/주황색이거나 해당 색으로 둘러싸인 식별 표시를 해야 한다. Two-way VHF가 EX 등급 이거나 방폭형일 필요는 없지만 선상 작업을 위해 사용한다면 가스 위험 구역에서 사용할 수 없도록 효과적인 조치가 있어야 한다.

2005년 7월 1일 이후 설치된 무선 설비의 경우 생존정 휴대용 Two-way VHF의 개정된 성능 기준이 적용된다. (Res MSC.149(77))

총톤수 500톤 이상의 모든 화물선에는 양현에 최소 1개의 레이더 트랜스폰더가 있어야 한다. 레이더 트랜스폰더는 생존정(선수 구명뗏목 제외)에 신속하게 가져다 놓을 수 있는 장소에 보관해야 한다. 자유낙하식 구명정인 경우 한 개의 트렌스폰더를 구명정 안에 비치하여야 하고, 다른 하나는 선교 근처에 비치하여 다른 생존정에서 사용할 수 있어야 한다. (SOLAS III/6.2.2)

Additional Comments :

검사관이 이 장에 있는 특정한 질문에 대해 답변하는 사항에 추가하여 이 장의 주제에 대한 추가적인 의견이 있다면 검사관은 여기에 추가 코멘트를 기록한다.

CHAPTER 5 Safety Management

5.1 사관은 일상적인 또는 비일상적인 업무들을 처리하기 위한 절차에 익숙하고, 운항사는 위험성 평가 시행을 위한 적절한 절차를 제공하며, 이 절차에 따라 시행된 충분한 증거가 있는가?

위험성 평가 절차는 작업에 존재하는 위험을 식별하여 그 위험의 수준을 분석하고, 위험에 처한 요소를 고려하여 이미 시행중인 모든 조치 사항을 통해 위험이 적절히 통제되고 있는지 평가되어야 한다.

두 가지 유형의 작업 기반한 위험성 평가가 사용된다. 하나는 모든 일상적이고 위험이 적은 작업에 사용할 수 있는 다양한 선박별 일반 TBRA(Task Based Risk Assessment)가 있다. 이것은 정기적으로 검토되어야 하나 그 평가 빈도는 선박의 특정 상황과 위험 수준에 따라 크게 다를 수 있다. TBRA의 또 다른 하나의 유형은 고소 작업 또는 밀폐구역 작업하는 것과 같이 비일상적이고 특별한 고위험 작업에 사용된다. 이것은 작업에 참여하고 해당 작업기간 동안에만 해당하는 특정인들과 관련된다. 두 경우 모두 평가는 해당 작업에 능숙하거나 평가하는 작업을 이해하는 사람에 의해 이루어져야 한다. 위험성 평가 절차에는 작업에 참여하는 선원들도 평가 과정에 참여하는 것이 바람직하다. Toolbox Meeting은 TBRA를 지원하기 위해 시행하는 또 다른 형태의 위험성 평가이다. Toolbox Meeting의 주된 목적은 해당 작업의 주된 절차와 작업에 관여하는 선원들과 TBRA의 결과를 논의하는 것이다. (COSWP 1.2.5)

5.2 위험한 활동에 적합한 작업 허가의 증거가 있고, 이런 요구사항을 선원이 숙지하고 있으며 준수하고 있는 문서화된 증거가 있는가?

개별 선박에 대한 안전관리 시스템은 작업 허가의 사용 시기와 작업 허가의 양식을 결정한다. (COSWP 14.2.3)

일반적으로 작업 허가는 다음과 같은 작업 범주에서 요구된다.

- 위험한(밀폐) 구역으로의 진입 작업
- 가스 점검/장비 작업
- 열 작업
- 고소/선외 작업
- 일반적인 전기 작업(1000 Volts이하)
- 고전압 작업(1000 Volts이상)
- 악천후 동안 갑판상 작업
- 승강기, 승강기 통로 및 관련 기기 작업

다만, 이 목록들이 전부가 아니므로 다른 범주의 작업을 위해서 필요시 유사 형식의 작업 허가서가 필요할 수 있다. (COSWP Annex 14.1)

5.3 임명된 Safety Officer는 적합한 훈련을 이수하였고, 본인의 책무를 잘 알고 있으며, Safety Officer로서 역할과 관련된 업무를 효과적으로 수행하고 있다는 증거가 있는가?

가급적 경험이 많아야 되는 Safety Officer의 가장 중요한 임무 중 하나는 안전 준수를 위해 정기적으로 선박의 모든 영역을 검사하고, 지적된 결함을 보고하는 것이다. Safety Office의 지정 목적은 선대 전반적으로 운항사 개입이 요구되는 정기적인 결함을 식별하여 사고를 예방하고, 안전 의식을 높이는데 있다. Safety Office의 임무에는 비록 장비의 결함을 식별을 포함할지라도 그 장비의 유지 보수까지 포함하지는 않는다. Safety Office가 적절한 Safety Office 교육을 이수하였다는 증거도 제시되어야 한다. 교육 기록은 회사의 Safety Management System 내에 Safety Office에 대한 업무 분장과 일치하여야 한다.

일부 교육은 선박에서 제공되기도 하지만 Safety Officer는 적합한 Safety Officer 교육 과정에 참여했어야 한다.

이러한 교육 과정에는 다음의 주제들을 다루어야 한다.

- 안전 위원회의 업무
- 안전 위원회 회원의 권리와 역할
- 위험 평가 및 관리 방법
- 안전 우려 또는 문제의 해결을 위한 조언 제공방법과 안전예방수칙 준수 장려 방법
- 선박에서 안전업무가 배정된 선원 및 그 외 승조원, 필요시 승객에 대한 감독
- 사고와 사건 조사, 분석 및 적절한 시정 및 예방 조치를 통한 재발 방지
- 관할 관청 및 회사로부터 안전하고 건강한 작업 환경에 대한 관련 정보를 얻는 방법
- 다국적 선원과 효과적인 의사 소통 수단
- 선박에서 안전한 작업 환경의 증진을 위한 헌신

Safety Officer는 위험성 평가의 원칙과 실무에 익숙해야 하고, 위험성 평가의 준비와 검토에 대하여 조언을 할 수 있어야 한다. (COSWP 13.3.2.2)

Safety Officer의 역할은 긍정적인 것이어야 한다. 사고가 발생한 후가 아니라 이전에 안전 조치를 위한 수단을 강구하거나 개발하여야 한다. (COSWP 13.4.2.2)

5.4 선박의 사관은 고정식 또는 이동식 소화 장비, 구명설비 및 그 밖의 비상 장비의 운용에 관하여 친숙함을 증명할 수 있는가?

선박의 사관은 다음 장비들의 운용에 친숙하여야 한다.

- 고정식 소화 장비 (Foam, CO2, dry powder 등)
- 주 및 비상 소화 펌프
- 비상 조타 장치
- Breathing Apparatus 및 산소 소생기의 착용과 사용

5.5 선원들은 작업복(Boiler Suit), 안전화, 보안경 및 귀마개, 안전 밸트, 호흡 및 케미컬 안전 장구와 같은 개인보호장구의 착용 요구사항에 대해서 잘 알고 있는가?

PPE(Personal Protective Equipment) 사용과 관련된 문서화된 지침서가 제공되어야 하고 선원은 이러한 요구사항 또는 요구사항을 참고할 수 있는 위치를 숙지하고 있어야 한다. 보통 SMS는 선박의 여러 공공 장소에 간단한 게시를 위한 PPE 요구사항의 Matrix를 제공한다. 만약 그러한 Matrix가 없다면 검사관은 적절한 가이드가 제공되었는지 확인해야 한다.

5.6 가스 위험 지역에서 사용되고 있는 모든 전기/전자 장비는 안전적합 승인을 받았는가?

탱커선에서는 주관청의 승인을 받은 방폭용 손전등만 가연성 구역 내에서 사용해야 한다. 여기에는 갑판상과 기관실 내에서 사용하는 손전등과 소방원 장구에서 사용하는 손전등도 포함된다.

장비에는 다음의 장비들을 포함하지만 그에 한정되지는 않는다: 휴대폰, 무선호출기, 디지털 카메라, 전자 태블릿(iPads, androids 등).

가스 위험 지역에서는 스마트 시계/피트니스 밴드는 사용할 수 없다. 검사 중에 스마트 시계/피트니스 밴드를 사용하는 선원이 있다면 지적 사항으로 기재해야 한다.

5.7 선원들은 안전 회의에 참석하고 있으며, 회사 피드백 중 안전과 관련된 사항에 대해 사실상 논의한 증거가 있는가?

회사는 선원이 5명 이상 승선하는 모든 선박에 안전 위원회를 설치해야 한다. 위원회의 의장은 선장이 맡아야 하며, 위원에는 최소한 Safety Officer와 선출된 안전 담당자를 포함해야 한다. (COSWP 13.3.4.1)

안전 회의가 모든 비당직자의 참석을 요구하지 않는 경우 선원이 안전 담당자를 통해 안전 위원회에 우려 사항들을 보고하고 또한 위원회 활동에 대한 정보를 지속적으로 받을 수 있는 효과적인 통로가 있어야 한다. 안전 위원회 회의는 선박의 사관과 부원간에 안전과 관련된 논의를 위하여 허용된 것이므로 교육 또는 훈련의 목적으로 사용해서는 안 된다.

회의의 빈도는 상황에 따라 결정되지만 위원회는 선박의 운항 패턴과 인력 구조를 고려하여 안전에 관하여 지속적으로 개선될 수 있도록 충분한 주기로 개최되어야 한다. 특히, 일반적인 회의가 일주일 이내 개최되지 않더라도 선박에서 심각한 사건이나 사고가 있었다면 회의는 개최되어야 한다. (COSWP 13.7.2)

안전 회의의 보고서는 작성 및 배포되어야 하고, 필요하다면 후속조치도 취해져야 한다. (COSWP 1.2.2)

5.8 선원은 사건, 사고, 부적합 및 준사고 보고에 대한 요구사항을 알고 있으며, 실질적인 보고 및 후속 조사 시스템이 있는가?

모든 사건, 사고 및 준사고를 적절히 기록하고 회사에 보고하고 있는지 확인하고, 필요한 후속 조치는 추적되고 종결되었는지 확인되어야 한다.

준사고 보고는 선박의 선장, 상급사관 또는 특정 부서에서만 작성되는 것이 아니라 모든 직급에서 작성되고 있는 증거자료가 있어야 한다.

5.9 모든 사관들과 부원들이 ISGTT의 SSSCL의 요건을 알고 있으며 Checklist의 규정들을 준수하고 있는가?

ISGOTT의 선박/육상간 안전 Checklist를 사용하거나 동등한 표준으로 작성된 회사 또는 터미널의 Checklist로 대신 사용할 수 있다.

Checklist의 항목에 대하여 코드 A(합의)는 Checklist의 Remarks란에 표시 또는 서로 상호간에 수용된 형식에 소통되어야 할 절차의 합의를 의미한다. 코드 P(허가)는 부정적인 답변의 경우에는 해당 기관의 서면 허가 없이 작업을 수행해서는 안됨을 의미한다. 코드 R(재점검)은 Checklist상 명시된 기간 동안 양 당사자간 합의된 간격으로 재점검되어야 할 항목들을 의미한다. SSSCL은 이 항목들의 합의된 간격으로 반복점검하고 있는지 기록으로 확인되어야 한다. 만약 육상 관계자가가 재점검 항목에 주기적으로 서명하지 않았지만 선박에서 점검하여야 하는 부분들을 명확하게 작성하였다면 지적사항으로 기재하지 않아야 한다.

석유 화물들을 취급할 때 또는 Gas Free되지 않은 Cargo Tank에 Ballast를 주입할 때, 불활성 가스 주입할 때, Gas Free 하거나 또는 Cargo Tank 청소 작업을 시행할 때에는 흡연장소를 다음의 기준에 충족되도록 지정하여야 한다.

- 흡연구역은 거주구역 내의 장소로 제한되어야 한다.
- 흡연구역은 갑판으로 직접 연결된 창문이나 출입문이 있어서는 안 된다.
- 특히 바람이 불지 않을 때나 유조선이나 터미널에 접안하여 작업 중일 때에는 비정상적으로 높게 석유가스가 밀집될 위험이 있을 조건을 고려해야 한다.

지정된 흡연구역의 외부와 직접 연결된 모든 구멍은 닫아야 하며, 출입 시를 제외하고 모든 출입문도 항상 닫아두어야 한다. 탱커선이 터미널에 계류할 때나 또는 비록 화물 작업이 진행되지 않더라도 흡연은 지정된 흡연구역에서만 가능하고 선박의 책임 사관과 터미널 당사자간에 서면으로 사전 동의 후에는 밀폐된 거주구역 내 다른 흡연장소를 지정할 수도 있다.

선미 적하/양하 장치가 사용될 경우에는 선미 적하/양하 Manifold가 위치된 구역으로 통하는 출입문 또는 갑판과 직접 연결된 구멍이 있는 거주구역에서는 흡연이 허용되지 않으므로 특별히 유의해야 한다. (ISGOTT 4.2.2.3)

안전 성냥 또는 고정식 전기 라이터는 승인된 흡연공간에 제공되어야 하고, 탱커선에서 사용되는 모든 성냥은 안전 타입이어야 한다. 성냥을 탱크 갑판 또는 석유 가스가 잔존할 수 있는 장소에서 휴대하여서는 안 된다. 전자담배도 일반담배의 사용제한과 동일하다.

전기적 점화에 의한 것을 포함하여 모든 이동식 라이터와 기계식 라이터는 탱커선상에서 사용은 금지된다. 라이터의 보호되지 않은 스파크 발생 장치는 의도하지 않은 작동을 일으킬 수 있으므로 사용 후 버릴 수 있는 라이터는 통제되지 않은 점화원으로 심각한 위험을 내포하고 있다. 또한 터미널을 통한 성냥과 라이터의 반입은 금지되며, 현지 규정의 위반에는 과중한 벌금이 부과될 수 있다. (ISGOTT 4.2.2.4)

재떨이는 자체 소화형이어야 한다.(벌집형 또는 밀폐형)

5.10 선원들은 부두에서는 외부 출입문, 개구부 및 창문은 항상 닫혀 있어야 하며, 거주구역의 내기압은 대기압 보다 약간 높게 유지되어야 한다는 사항을 알고 시행하고 있는가?

탱커선에서 다음의 작업을 수행하거나 선박이 부두에 접안해 있을 때 모든 외부 출입문, 개구부 그리고 유사 연결구들은 닫힌 상태로 유지되어야 한다.

- 휘발성 석유제품 또는 인화점에 근접하였거나 이상에 도달한 비휘발성 석유제품의 취급
- 탄화수소 가스가 있는 탱크 내 비휘발성 석유제품 선적
- Crude Oil Washing
- 휘발성 석유제품 하역 후 발라스팅, 퍼징, 가스 프리 또는 탱크 세정

만약 출입을 위해 외부 출입문을 열었을 경우 사용 직후에는 바로 닫아야 한다. 실행 가능하다면 부두에서는 단일 출입구만 사용해야 한다. 닫힌 상태로 유지해야 하는 출입문을 명확하게 표시해야 한다.

만약 선박의 거주구역에 가스가 유입 될 가능성이 없고, 문들이 필요 이상으로 개방되지 않는다면 출입문과 창문을 여는 것은 허용될 수도 있다.

출입문들은 항구에서 일반적으로 잠겨있지 않아야 한다. 그러나 보안사항의 경우 외부로부터 허가되지 않는 접근을 막는 동시에 내부에 머무르는 인원이 필요시 탈출할 수 있는 수단을 보장하는 조치가 필요하다. (ISGOTT 24.1)

기관실 통풍구는 개방할 수 있다. 그러나 기관실의 안전 운영에 악영향을 미치지 않는다면 통풍구를 닫는 것도 고려해야 한다. (ISGOTT SSSCL Guidelines No.17)

외부 대기압보다 거주구역 내의 공기압이 항상 높게 유지하도록 에어컨 외기 흡입구 개도를 조정해야 한다. 화장실 및 주방의 배기 통풍으로 인해 거주구역 내부 압력이 외부의 대기압보다 낮아지는 원인이 되므로 에어컨 시스템이 100% 재순환하도록 설정되어서는 안 된다. (ISGOTT 4.1)

거주구역 내부와 외부의 압력 차이는 Self-Closing Door가 확실히 작동하고, 출입문이 너무 세게 닫히거나 열려 부상이 발생하지 않도록 고려해야 한다.

5.11 갑판, 기관실, 창고들 그리고 내부구역의 모든 장비들을 적절하게 고박되었는가?

드럼에 윤활유 및 기타 오일을 보관할 때에는 각별한 주의가 요구된다. 그것들은 Deck 상바로 보관하기 보다는 팔레트 위에 보관하고 적절한 로프 또는 와이어로 잘 고정해야 한다. 또한 가능하다면 지정 격납 구역에 보관되어야 하며, 드럼 상단에 물이 고여 수분 침투와 이에 따른 제품 오염을 방지하기 위해서 적절히 덮여 있어야 한다.

Drills, Training and Familiarisation

참고 : 질문 2.2에 함께 요약된 SMS의 요구사항에 따라 선종, 개인 교대 및 기타 관련 사항을 고려하여 규칙적으로 관련자들을 포함하여 훈련을 실시하여야 한다. 각 훈련들은 상황이 허락하는 한 가능한 현실적이어야 하며, 훈련 종료 후 결과에 대한 검토도 이루어져야 한다. 또한 훈련의 효과를 개선하기 위해 요구되는 후속 조치들은 즉각 기록되고 시행되어야 한다. 전자 교육 장비가 설치되고 개인의 교육 진행과정이 모니터링 된다면 이는 유익할 것이다.

5.12 선원은 소화 / 안전 설비의 위치와 작동에 익숙하며 모든 선원을 위한 효과적인 친숙화가 완료 되었는가?

회사는 안전 및 환경보호와 관련하여 신입직원 및 새로운 업무를 맡은 직원에게 담당 직무에 대하여 익숙해지도록 절차를 수립하여야 한다. 출항 전에 제공해야 하는 필수 지침을 식별 및 문서화하여 제공해야 한다. (ISM Code Part A 6.3)

생존정 장비를 포함하여 선박의 구명 및 소화설비의 사용에 관한 선내교육은 승선 후 2주 이내에 가능한 빨리 시행되어야 한다. 그러나 선원이 선박에 규칙적으로 교대 및 계획에 따라 배선되는 경우 이러한 교육은 그 선박에 최초로 승선한 이후 2주 이내에 시행되어야 한다. 선박의 소화 및 구명설비의 사용 그리고 해상에서의 생존에 관한 교육은 훈련(drill)과 같은 간격으로 시행되어야 한다. 개별적인 교육은 선박의 구명 및 소화설비의 일부 다른 부분만 다룰 수 있지만, 선박의 모든 구명 및 소화설비에 대한 교육은 2개월 이내에 시행되어야 한다. (SOLAS Ch III/19.4.1)

2~3일의 짧은 기간 동안 선박에 방선하는 방문객들도 승선 후 24시간 이내에 선박의 기본적인 친숙화 교육은 완료되어야 한다.

5.13 선원은 비상 상황 시 자신의 업무를 숙지하고 있으며, 규정에 따라 비상 훈련이 실시되고 있는가?

비상 절차에는 적어도 충돌, 좌초, 범람, 황천 피해, 구조 손상, 화재(갑판상 및 화물창내, 기관실, 펌프룸 및 거주구역), 폭발, 가스 또는 유독성 증기 유출, 중대 장비 결함, 밀폐구역에서의 구조, 심각한 부상, 비상 예인 설비, 헬리콥터 운영 및 오염방제가 포함되어야 한다.

각 밀폐구역 진입 및 구조 훈련은 다음 사항들을 포함하여야 한다.

- 진입을 위하여 요구되는 개인보호장구의 점검 및 사용
- 통신장비의 사용 및 점검 절차
- 밀폐구역에서 대기 계측을 위한 장비의 점검 및 사용
- 구조 장비의 사용 및 점검 절차
- 응급조치 및 소생 기술에 대한 지침 (SOLAS III Reg 19)

정기 훈련들은 다양하고 어려운 상황에서 선박 구조 계획의 실현 가능성을 점검해야 한다. 훈련에서는 밀폐 구역이 안전해야 하며, 작업의 편의를 위해 실제 구조와 동등하거나 현실성 있다면 위험하지 않은 장소에서 시행되어야 한다.

SOPEP 또는 SMPEP의 요구사항에 따른 오염방제 훈련을 일정한 간격으로 시행되어야 한다. 유해한 액체를 운송하는 선박들도 케미컬 오염을 방제하기 위한 정기적인 훈련을 실시해야 한다.

연료가 벙커 대신 가스를 수급 받아 사용하도록 설계된 IGF Code 선박에서의 훈련 및 비상대응 연습도 주기적인 간격으로 실시되어야 한다.

이러한 가스와 관련된 비상대응 연습에는 예를 들어 다음 사항이 포함될 수 있다.

1) 모의 훈련
2) IGF 18.2.3에서 요구하는 연료 취급 매뉴얼을 근거로 한 연료수급 절차의 검토
3) 잠재적인 긴급사태에 대한 대응
4) 비상 대응을 위한 장비의 점검
5) 연료수급 및 비상대응 동안 배정된 임무를 수행하기 위해 지정된 선원이 훈련되었는지 검토

가스와 관련된 비상대응 연습은 SOLAS에서 요구하는 정기 훈련들과 결합될 수도 있다. 그리고 위험 요소와 사고 관리를 위한 대응 및 안전 시스템을 점검하고 검토해야 한다. (IGF - 17)

5.14 선원은 구명정 및 소화 훈련 동안 각자의 임무를 숙지하고 있고 SOLAS 및 기국 요구사항을 충족하는 주기로 실제적으로 훈련이 시행되고 있는가?

모든 선원은 매달 1회의 퇴선훈련과 1회의 소화훈련에 참가해야 한다. 총 선원의 25% 이상이 그 전월에 선박의 퇴선훈련과 소화훈련에 참여하지 않았다면, 이 훈련들은 출항 후 24시간 이내에 행해져야 한다. (SOLAS III/19.3.2)

제3.3.4항과 제3.3.5항에 규정한 것을 제외하고, 각 구명정은 적어도 3개월에 한 번 퇴선훈련 시행 중 수면 위 진수되어 지정된 선원에 의해 조종되어야 한다. (SOLAS III/19.3.3.3) 구명정은 3개월에 1회 이상 진수하여야 하며, 이 기간을 초과해서는 안 된다.

자유낙하 구명정의 경우 퇴선훈련 중 3개월마다 적어도 한번은 선원들이 구명정에 승선하여 각자 좌석에서 확실하게 고정하고 실제 구명정의 이발 없이(즉, 이탈장치 작동 없이) 훈련을 시행해야 한다. 그 후 구명정에 요구되는 운용 인원만을 태우고 자유낙하를 하거나 또는 운용 인원을 태우거나 태우지 않거나 관계없이 2차 진수 수단에 의해 수면 상으로 강하시켜야 한다. 그리고 상기 두 경우 모두 구명정은 수면 위에서 지정된 운용 인원에 의해 조종되어야 한다. 6개월을 넘지 않는 간격에 지정된 운용 인원만을 태우고 자유낙하를 진수하거나 기구에서 개발한 지침에 따라 모의진수가 시행되어야 한다. (See MSC.1/Circ.1206/Rev.1 as amended). (SOLAS III/19.3.3.4)

소화훈련은 선박 유형과 그 선박에 적재하는 화물의 형태에 따라 다양하게 시행할 수 있으며, 여러 비상상황에 대비하여 정기 훈련시 충분히 고려하여 계획되어야 한다. (SOLAS III/19.3.4.1)

선원들은 본선에 사용하는 모든 소화장비 체계와 작동 방법 및 위치에 대하여 친숙하도록 교육되어야 한다. (SOLAS 2004 II-2/15.2.2.1)

각 소화 훈련에는 다음 사항들이 포함되어야 한다.

1) 비상배치표에 명기된 바에 따라 소집위치에 집합하고 맡은 임무 준비
2) 소화 장비 정상작동 여부 확인을 위하여 소화펌프를 기동하고 적어도 2개의 분사기 사용하여 분사상태 점검
3) 소방원 장구 및 구조 장비를 점검
4) 관련 통신장비를 점검

5) 수밀물, 방화문, 방화 댐퍼와 훈련구역 내 통풍장치의 주요 흡/배기구 점검

6) 퇴선에 필요한 후속 사항 점검(SOLAS III/19.3.4.2)

선박에서 훈련의 효율성을 검증하기 위하여 훈련의 피드백은 수집되어야 한다.

5.15 구명장비 사용에 대한 정기적 교육이 실시되고 있고, 선원은 훈련 매뉴얼의 내용과 위치 그리고 요구사항에 대하여 친숙한가?

선박의 소화설비, 구명설비 및 해상에서의 생존에서 관한 교육은 훈련과 같은 간격으로 시행하여야 한다. 선박의 구명 및 소화설비의 다른 부분들에 대해서는 개별적인 교육으로 시행할 수 있지만 선박의 모든 구명 및 소화설비에 대한 교육은 2개월 이내에 시행되어야 한다. (SOLAS III/19.4.1)

모든 선원에게 반드시 주어진 교육을 실시해야 하지만 다음에 국한되는 것은 아니다.

1) 팽창식 구명 뗏목들의 작동과 운용

2) 저체온증과 응급처치법 및 기타 적절한 응급처치 절차

3) 황천 및 여러 해상 조건에서 선박의 구명설비를 사용에 필요한 특별교육

4) 소화설비의 작동과 운용(SOLAS III/19.4.2)

데비트 진수식 구명뗏목의 사용에 관한 선내 교육은 그러한 설비가 장착된 모든 선박에서 4개월을 초과하지 않는 간격으로 시행되어야 한다. (SOLAS III/19.4.3)

모든 유조선, 케미컬 탱커선, 가스 운반선 및 벌크선은 선박별로 해상으로부터 인명의 구조를 위한 계획과 절차를 갖추어야 한다. (SOLAS III/17.1) 구조 계획과 절차는 해상으로부터 선박으로 인명을 구조하는데 용이해야 하고, 선측이나 구조 설비를 포함하여 다른 구조물과 충돌로 인한 부상의 위험을 최소화해야 한다. 훈련들은 선원이 해상으로부터 인명을 구조하기 위한 계획, 절차 그리고 장비에 친숙할 수 있도록 이루어져야 하고, 이 훈련은 일상적인 Man-overboard 훈련과 함께 시행할 수 있다. (MSC.1/Circ 1447)

Training Manual은 각 선원식당, 휴게실 또는 각 선원 침실에 제공되어야 한다(SOLAS III/35.2).

Training Manual에는 선박에 제공된 구명설비와 최고의 생존방법에 대하여 가능한 이해하기 쉬운 용어로 된 지침과 정보가 포함되어야 하고, 이러한 정보들의 일부는 매뉴얼 대신 시청각 형태로 제공될 수 있다. (SOLAS III/35.3)

Enclosed Space and Pump Room Entry Procedures

참고 : 밀폐구역 출입과 관련된 절차에는 IMO Assembly Resolution A1050 (27) (선박 밀폐공간 진입을 위한 개정 권고안), MSC.1/Circ 1401 (질소를 불활성화 매체로 사용한 탱커선 내 탱크 진입 지침) 및 ISGOTT Chapter 10을 포함한다.

밀폐구역은 다음 특성 중 하나를 갖는 공간을 의미한다.

1) 출입이 제한된 개구부
2) 부적절한 환기
3) 작업자가 지속적 머무를 수 있도록 설계되지 않음

그리고 Cargo Spaces, Double Bottoms, Fuel Tanks, Ballast Tanks, Cargo Pump-rooms, Cargo Compressor Rooms, Cofferdams, Chain Lockers, Void Space, Duct Keels, Inter-barrier Spaces, Boilers, Engine Crankcases, Engine Scavenge Air Receivers, Sewage Tanks 및 인접한 관련 장소를 포함하나 국한되는 것은 아니며, 완벽한 것도 아니므로 선박별로 밀폐구역를 식별하여 목록을 제작하여야 한다. (A 1050/27)

밀폐구역은 진입을 위한 개구부가 제한되어 있고, 자연 환기가 좋지 않으며, 지속적으로 작업자를 수용할 수 없는 공간이다. (ISGOTT Definitions p xxvi)

선장과 책임 사관은 밀폐구역의 진입 여부를 결정할 책임이 있다. 다음의 사항들을 확인하는 것은 책임사관의 의무이다.

- 밀폐구역이 환기되고 있는지
- 밀폐구역 내 대기를 점검하고 만족스러운 상태인지
- 식별된 위험으로부터 인명을 보호하기 위한 보호조치가 마련되었는지
- 진입 통제를 위해 적절한 수단이 마련되었는지

밀폐구역 내에서 작업자는 절차를 따르고 적절한 안전 장비를 사용할 책임이 있다.

밀폐구역으로 진입하기 전에 잠재적인 위험을 식별하고 적합한 보호장치를 결정하기 위해 위험성 평가를 완료해야 한다. 결과로 나타나는 안전한 작업 관례는 선장이 서명하기 전에 문서화되고 책임사관에 의해 승인되어야 하며, 선장은 작업 관례가 안전하고 안전관리시스템을 따르고 있는지 확인 후 서명하여야 한다. 또한 밀폐구역으로 진입하는 작업자에 의해 진입 전 허가서 및 기타 관련된 서류들을 확인하고 작성되어야 한다.

안전한 진입을 위해 요구되는 통제 사안은 수행되는 작업과 위험성 평가를 통해 식별된 잠재적 위험들에 따라 다르다 할지라도 대부분의 진입 작업 허가시스템은 필수 예방조치를 취하고 필요한 경우 추가적인 물리적 보호조치를 취했음이 확인되고 문서화하도록 편리하고 효과적인 수단을 제공한다. 그러므로 Checklist를 활용이 포함된 진입 작업 허가시스템의 적용은 권장된다.

연속되는 작업을 위한 허가는 작업을 완료할 수 있는 충분한 기간 동안만 주어져야 하며 어떠한 상황에서도 하루를 초과해서는 안 된다.

밀폐구역 입구에는 작업 허가서의 사본을 눈에 잘 띄도록 게시하여 구역 진입 전 취해져야 하는 예방조치 사항이나 구역 내에서 허용되는 활동에 대한 제반 사항을 알려야 한다.

허가서의 사본은 밀폐구역을 진입할 때 취해진 주의사항 및 구역 안에서 허가된 행동에 따른 제한사항을 개인에게 통지하기 위해 출입 장소에 잘 보이게 게시해야 한다.

만약 밀폐구역의 환기가 정지되거나 점검항목에 명시된 사항이 변경되면 허가서는 더 이상 유효하지 않게 된다.

출입허가서와 같은 승인서의 발행에 한하여 진입하기에 안전한 모든 화물 탱크를 하나의 문서에 표시함으로써 문서 관리를 단순화하고, 중복을 피하고 어떤 탱크가 승인되었는지에 관한 혼동 가능성을 피할 수 있다. 그러나 이러한 시스템을 사용하는 경우 먼저 발행된 허가의 취소는 철저히 관리되어야 하며, 유효기간의 연장이 발생하지 않도록 모든 지명된 탱크의 대기는 적기에 올바르게 점검되어야 한다. 탱크 덮개에 어떤 탱크가 진입이 안전한지를 알리는 마킹을 통해 허가 과정을 보완하는 것도 특히 중요하다. 화물탱크 청소 후와 적재 전 탱크 내부 검사에는 독립된 검사관이 들어가야 하는 것이 요구되며, 모든 관련된 탱크 진입 절차는 준수되어야 한다. (ISGOTT 10.4)

참고 : 밀폐구역 진입 절차 수립에는 OCIMF의 열작업 및 밀폐구역 진입을 위한 안전관리 시스템 지침(2008년 9월 1일)을 반드시 고려해야 한다.

5.16 사관은 밀폐구역 출입을 위한 산업계의 요구사항을 알고 있으며, 이를 올바르게 준수하였는가?

밀폐구역은 다음 특성 중 하나를 갖는 공간을 의미한다.

1) 출입이 제한된 개구부
2) 부적절한 환기
3) 작업자가 지속 머무를 수 있도록 설계되지 않은 경우

그리고 Cargo Spaces, Double Bottoms, Fuel Tanks, Ballast Tanks, Cargo Pump-rooms, Cargo Compressor Rooms, Cofferdams, Chain Lockers, Void Space, Duct Keels, Inter-barrier Spaces, Boilers, Engine Crankcases, Engine Scavenge Air Receivers, Sewage Tanks 및 인접한 관련 장소를 포함하나 국한되는 것은 아니며, 완벽한 것도 아니므로 선박별로 밀폐구역을 식별하여 목록을 제작하여야 한다. (A 1050/27)

밀폐구역 진입과 관련된 절차에는 IMO Assembly Resolution A1050 (27)(선내 밀폐구역 진입을 위한 개정된 권고사항), MSC.1/Circ 1401(불활성 매체로 질소를 사용한 탱커선내 탱크 진입을 위한 지침) 및 ISGOTT Chapter 10을 포함한다.

관리 절차를 단순화하기 위해 점검 후 진입하기에 안전한 것으로 확인된 모든 Cargo Tank는 하나의 허가서로 작성될 수 있지만 허가서에는 각 탱크별 측정치를 기록해야 하고, 각 탱크에 진입함에 있어서는 동일한 진입 절차가 적용된다. 이러한 상황에서는 각 탱크별로 진입하기에 안전한지 여부가 명확히 식별되기 위해 현장에 태그를 부착해야 하고, 진입 허가가 취소되거나 진입이 완료되어 태그가 변경되는 것에 대하여 철저한 관리가 이루어져야 한다.

안전한 진입을 위해서는 적절한 모니터링 장비에서 LFL(Low Flammability Limit)이

1% 이하이어야 한다. 또한, 유독성 증기 및 가스의 작업 노출 한계(OEL, Occupational Exposure Limit)의 50%를 초과하지 않아야 한다. OEL은 MSDS Section 8에서 찾을 수 있으며, 기록된 TWA(Time Weighted Average) 값을 기반으로 기재될 수도 있다.

세정하지 않은 구역이나 안전이 입증되지 않은 구역으로의 진입은 오직 비상상황에서만 고려되어야 하며, 회사는 그런 구역의 진입 여부에 대한 모든 결정에 관여하여야 한다.

대기 중의 산소량, 탄화수소 그리고 가능하다면 유독성 증기를 지속적으로 감시할 수 있는 개인용 측정기의 사용을 강력하게 권고한다.

밀폐구역 작업 허가는 작업을 완료하기에 충분한 기간 동안만 주어져야 하며 특별한 위험 평가가 이루어져야 한다. 어떠한 경우에도 허가 기간이 하루를 초과할 수 없다.

주의: "하루"라는 용어는 12 시간을 초과해서는 안 되는 기간을 의미한다.

5.17 해당될 경우 선원은 Pump Room, Compressor room 그리고 Truck Space로 안전하게 진입하는 절차를 잘 알고 있으며 이를 준수하고 있는가?

Cargo Pump Room들은 밀폐구역으로 간주되고 이 장에서의 요건은 가능한 최대한 준수되어야 한다. 하지만 Pump Room의 위치, 설계 그리고 운영상의 필요로 일상적으로 진입하는 장소이기 때문에 Pump Room에는 특별한 위험이 존재하고 그렇기 때문에 다음 섹션에서 설명하는 특별한 예방조치가 요구된다. (ISGOTT 10.10)

누구라도 Pump Room에 들어가기 전에는 철저히 환기, 대기 중 산소량 확인, 탄화수소 및 취급되는 화물과 관련된 독성가스의 잔존 상태를 점검해야 한다. 고정식 가스 탐지기가 정확히 교정 및 점검되고, Pump Room 내 대표 위치에서 휴대용 가스 검지기와 동등한 수준의 LEL(%LEL) 측정값이 나온다면 그 구역의 안전한 진입을 위한 정보로 사용할 수 있다.

Pump Room 진입을 통제하기 위한 공식적인 절차는 마련되어 있어야 한다. 사용되는 절차는 위험성 평가를 기반으로 위험성 경감 조치를 준수하고, 그 구역으로의 진입을 기록하도록 해야 한다.

Pump Room, 선교, 기관실, CCR(Cargo Control Room)간의 통신 수단이 제공되어야 한다. 게다가 Pump Room 안에는 일반 경보장치와 고정식 소화장치 경보장치와 같은 필수의 경보장치를 위하여 시각적이고 청각적인 중계기가 설치되어 있어야 한다.

Pump Room 내와 외부 인원 사이에는 언제라도 효과적인 통신이 유지되도록 배치되어야 하고, 사전 합의된 간격마다 주기적인 통신 점검은 실시되어야 하며, 응답이 없으면 경보를 울리도록 해야 한다.

VHF/UHF 통신은 잡음으로 인해 수신을 신뢰할 수 없거나 실용성이 없으면 1차 통신 수단으로 사용되어서는 안 된다. VHF/UHF에 의하여 통신이 어려운 경우에는 대기자를 Pump Room 최상부에 배치시키고 시각과 원격 통신절차를 시행할 것을 권장한다.

화물작업이 진행되는 동안에 통상적인 점검 목적으로 Pump Room에 진입하는 빈도는 선원들의 노출을 최소화하는 쪽으로 검토되어야 한다. 공식적인 허가 없이는 Pump Room 진입을 금지한다는 경고는 Pump Room 입구에 게시되어야 한다. (ISGOTT 10.10.2)

이 질문의 목적상 Pump Room은 Cargo Pump Room, Ballast Pump Room이나 Fuel Oil Transfer Pump Room 일 수 있다.

전기모터실, 화물압축기와 Pump Room, 그 외 화물취급설비가 설치되어 있는 구역과 화물증기가 축적될 수 있는 다른 밀폐구역들은 외부에서 제어할 수 있는 고정식 강제환기 시스템이 설치되어 있어야 한다. 환기는 주관청이 수용할 수 있는 감시 수단으로 독성 또는/및 가연성 증기의 축적을 방지하기 위하여 지속적으로 실시하여야 한다. 또한 진입 전 이러한 환기장치의 사용에 대한 경고는 구역 외부에 게시해 두어야 한다. (IGC 12.1.1)

5.18 Pump Room 내부, Compressor Room 그리고 (적용된다면) Trunk Space는 적절하게 환기되었는가?

Cargo Pump Room은 기계적으로 환기되어야 하며 배기 통풍기로부터의 배기는 갑판상의 안전한 장소로 인도되어야 한다. Cargo Pump Room의 환기 설비는 인화성 증기의 축적의 가능성을 최소화하기에 충분한 용량이어야 한다. 공기의 치환 횟수는 적어도 시간당 20회 이상이어야 한다. 통풍기는 스파크가 생기지 않는 흡기식 통풍기이어야 한다. (SOLAS II-2/4.5.4.1)

2002년 07월 01일 이후에 건조된 선박은 비상조명을 제외한 Cargo Pump Room의 조명은 조명을 켤 때 환기가 되도록 통풍기와 연동되어야 한다. 단, 환기 설비의 고장으로 조명이 꺼지지 않아야 한다. (SOLAS 2004 II-2/4.5.10.1.2)

Pump Room 팬은 배기모드로 작동되어야 한다. 만약 한 대의 배기팬만 설치되어 있다면 고장 발생시 배기할 수 있도록 장치가 준비되어야 한다. Ballast Pump Room 또는 Fuel Oil Transfer Pump Room이 설치된 일부 선박에는 단 한 대의 배기판만 설치된다. 고장 발생시에는 밀폐구역 진입 허가서/위험성 평가서와 함께 대안의 임시 조치가 진입 전 취해져야 한다.

Ballast 이송만을 목적으로 하는 Pump Room은 Regulation II-2/4.5.10의 요건들을 준수할 필요는 없다. Regulation II-2/4.5.10의 요건들은 Cargo Pumps, Stripping Pumps, Slop Tank Pumps, COW pumps 또는 유사한 펌프들이 설치된 Pump Room에만 적용된다. “유사한 펌프”는 인화점이 60도를 초과하지 않는 연료유를 이송하기 위한 펌프들도 포함한다. 인화점이 60도를 초과하는 연료유를 이송하기 위한 Pump Room은 Regulation II-2/4.5.10의 요건을 따를 필요가 없다. (IACS Unified Interpretation)

주: 이 질문의 목적상 Pump Room은 Cargo Pump Room, Ballast Pump Room 이나 Fuel Oil Transfer Pump Room일 수 있다. Bow Thruster Space는 SOLAS Regulation II-2/4.5.10를 따를 필요는 없다.

화물 취급 설비를 포함하는 전동기실, 화물 압축기 및 Pump Room의 환기 시스템은 공간의 전체 용적의 시간당 30회 이상의 치환 용량을 가져야 한다. 단, 비 위험지역인 CCR은 시간당 8 회의 환기능력을 갖출 수 있다. (IGC 12.1.3)

이 장에서 팬이 요구된다면, 단일 팬이 고장난 후에도 각 공간에 필요한 전체 환기 용량을 제공할 수 있거나 또는 각 유형의 베어링을 포함하여 모터, 시동부 및 완전한 구동 요소로 구성된 예비 부품이 제공되어야 한다. (IGC 12.1.8)

참고 : 가스선에서 배기 모드로만 작동하는 팬에 대하여 요건은 없고 오히려 압력차를 기본으로 하고 있다.

5.19 사관들은 Pump Room Fire 및 Flooding Damper의 정확한 설정을 알고 있으며, Damper는 명확히 표시되어 있고 상태는 양호한가?

일반적으로 Pump Room 환기 시스템은 바닥 Grating 위치 또는 그 상부 두 개의 위치에서 Suction되도록 설치되어 있으며, 각 위치의 Flap은 Pump Room 상부에서 작동시킬 수 있다. 이러한 설치의 목적은 Pump Room 빌지가 넘칠 때에도 팬을 작동시키기 위해서이다. Pump Room이 Cargo Pump Room이든 Ballast Pump Room이든 High-level Suction Flap은 평상시 닫혀 있다.

5.20 화물이나 Ballast Pump Room에서 의식 불명의 사람을 들어 올리기 위한 적합한 들것이나 Harness 등을 포함한 영구적인 설비에 대해 선원들이 잘 알고 있으며 작동상태는 양호한가?

Pump Room의 구조용 Harness나 로프는 정기적으로 점검하여 사용하기에 적합하고 즉시 사용할 수 있어야 한다. (ISGOTT 10.11.3)

만약 효과적으로 사용할 수 있다면 harness 대신 들것을 설치하는 것이 권장된다.

이 질문의 목적상 Pump Room은 Cargo Pump Room, Ballast Pump Room 이나 Fuel Oil Transfer Pump Room일 수 있다. Bow Thruster Space는 SOLAS Regulation II-2/4.5.10를 따를 필요는 없다.

Monitoring Non-Cargo Spaces

참고 : Cargo Tank 블록 내 Void나 Ballast Tank 구역은 인접한 Cargo Tank에서 유출이 발생하지는 않았는지 확인하기 위해서 일상적으로 모니터링이 이루어져야 한다. 모니터링에는 탄화수소를 주기적으로 측정하는 것과 빈 공간을 주기적으로 측심하는 것도 포함되고, 특히 Ballast를 배출하기 전 깨끗한지 확인하는 것도 포함된다.

5.21 운용 가능한 고정식 그리고/또는 이동식 측정 장치로 Pipe Duct를 포함하여 Cargo Tank과 인접한 장소들의 가스 축적을 주기적으로 모니터링 하는가?

산소와 인화성 증기의 농도를 측정하기 위한 적합한 휴대용 계측기기가 제공되어야 한다. 이러한 계측기기를 선택함에 있어서 단락 5.7.2.2에서 언급한 Fixed Gas Sampling Line System과 조합하여 사용할 수 있도록 충분한 고려를 하여야 한다. (SOLAS II-2/4.5.7.2.1)

이중선체구역 내의 공기를 가스시료 채취 호스를 사용하여 확실히 측정할 수 없는 경우 이러한 구역에는 영구적인 가스 샘플추출관을 설치하여야 한다. 가스 샘플추출관의 배치는 이러한 구역의 설계에 적용되어야 한다. (SOLAS II-2/4.5.7.2.2)

제5.7.1항과 제5.7.2항의 요건 이외에, 2012년 1월 1일 이후에 건조된 20,000 DWT 이상의 유조선은, Cargo Tank와 인접한 Forepeak Tank 및 격벽갑판하의 기타 다른 탱크 및 구역을 포함하여, 이중선체 및 이중저 구역의 모든 Ballast Tank 및 Void Spaces의 탄화수소가스 농도를 측정하기 위하여 FSS(Fire Safety System) Code에 적합한 고정식 탄화수소가스탐지장치를 설치하여야 한다. (SOLAS II-2/Reg 4.5.7.3.1)

고정식 탄화수소가스 탐지시스템의 설계, 시공 및 테스트 지침(MSC.1/Circ.1370).

고정식 가스탐지장치가 고장난 경우에는 수동으로 점검해야 하고, 수동 점검이 시행되었는지 확인하기 위해 기록을 검토해야 한다. 시스템 유지 관리를 위해 제조자 지침을 준수해야 한다.

Cargo Tank와 인접한 모든 구역들의 가스 축적에 대하여 주기적인 감시를 위한 절차가 있어야 한다. 만일 그 감시가 휴대용 장비에 의해서 이루어질 경우 그 수단과 점검의 횟수 그리고 적절한 기록이 유지되어야 한다.

5.22 비화물구역에 가연성 가스 탐지를 위한 고정식 장치가 설치되어 있는 경우 기록들과 경보 상태는 양호한가?

참고 : 주 시스템이 고장이 발생한 경우에는 수동으로 점검해야 하고, 수동 점검이 시행되었는지 확인하기 위해 기록을 검토해야 한다. 시스템 유지 관리를 위해 제조자 지침을 준수해야 한다.

Gas Analysing Equipment

5.23 선박에 운송되는 화물에 적합한 복수의 이동식 가스탐지기를 가지고 있으며, 사관들은 작동과 검교정에 친숙하고, 장비는 제조자 및 업계의 권고사항에 따라 관리되고 있는가?

탱커선에는 적어도 1개 이상의 산소 측정을 위한 장비와 가연성 증기 농도를 측정하는 장비를 갖추고 있어야 하며, 충분한 여분의 부품을 갖고 있어야 한다. 또한 그러한 장비들의 검교정을 위하여 적절한 수단도 제공되어야 한다. (SOLAS II-2/4.5.7.1)

참고 : 각 선박은 최소한 2개의 산소 및 LEL 검지기를 가지고 있어야 한다. 주머니에 넣거나 벨트에 착용할 수 있는 개인용 산소 및 탄화수소 검지기는 탱크, 밀폐구역, Pump Room 출입시 활용해야 한다. 제조사의 권고된 장비 점검 주기는 준수되어야 하고, 제조자가 추천하는 주기에 따라 필터 같은 부품을 교체하기 위한 절차도 있어야 한다.

셀프 테스트의 결과만으로 반드시 검지기가 정상적으로 작동한다는 것을 의미하지는 않는다. 검지기의 셀프 테스트가 정상이라도 산소 부족이나 가스의 존재 여부를 인식하지 못 할 수도 있다. 기기가 정상 작동한다는 것을 확인할 수 있는 유일한 방법은 시료가스를 이용한 점검이다.

모든 산소 및 탄화수소 검지기를 매 사용전 정확히 작동하는지 점검하는 절차가 있어야 한다. 산소 검지기를 검교정 할 때 일반적으로 질소가 이용되지만 멀티 가스탐지기는 하나의 샘플가스로 모든 여러 기능을 점검하며 이 샘플가스는 산소 함유량이 20.9%이다.

탄화수소 탐지기의 경우에는 제조자의 서류에 명시된 올바른 테스트 가스를 사용하여야 하고, 사관은 테스트 가스를 사용한 결과가 무엇을 의미하는지 알고 있어야 한다. 이것은 선내 검지기의 모든 타입에 적용된다. 위와 같이 몇몇 멀티 검지기는 하나의 샘플가스로 여러 개의 기능을 한번에 점검할 수 있는 테스트 가스를 사용한다.

참고 : 불활성 가스/질소 패딩 장치가 설치된 선박은 불활성 공기에 함유된 탄화수소를 계측할 수 있는 2개의 가스 검지기를 보유하여야 한다. 책임사관은 불활성 공기에 탄화수소의 농도를 측정하는데 사용되고 있는 검지기가 정확하게 실제로 작동하고 있는지를 확인해야 한다. 적외선 원리를 사용하여 탄화수소를 측정하는 검지기는 산소가 결핍한 공간에서 사용하기 위해 설계되었다. 선박에 불활성 가스 시스템이 설치되어 있지 않으나 질소 블랭킷을 사용하는 경우에도 이러한 장비는 제공되어야 한다.

화물과 벙커 연료유가 선적된 후 모니터링 및 관련 MSDS 정보를 확인한 결과 H_2S(황화수소)가 없다는 것이 확인될 때까지 H_2S(또는 벤젠)이 없는 것으로 취급되어서는 안 된다. (ISGOTT 2.3.6.1)

화물 작업에 관여하고 있는 선원이 개인휴대용 H2S 가스모니터링 장비를 사용하는 것은 강력하게 권장된다. (ISGOTT 2.3.6.4)

유독성 액체를 운반하는 선박에는 2개의 독성가스탐지기가 필요하다. 선박에 운송하고 있는 화물의 특성과 동등한 케미컬감시튜브(예를 들어 Draeger tube) 또는 그외 전자 기기가 있어야 하며, 그들의 유효기간은 경과되지 않아야 한다. 또한 케미컬 감시튜브의 재고목록은 항상 최신화를 유지하여야 한다. 선원은 탐지기가 고농도의 CO_2(이산화탄소)에 노출되면 일부 탐지기의 센서를 오염시킬 수 있다는 점도 인지하고 있어야 한다.

Hot Work Procedures

5.24 사관이 열작업 요구사항에 대해서 잘 알고 있고 ISGOTT 권고사항 및 OCIMF 가이드라인에 따른 열작업 절차서가 있는가?

인화성 물질이나 또는 인화성가스를 발생시키는 물질을 운송하고 있거나 선적되었던 Cargo Tank 또는 Cargo Tank의 주위 및 연관된 기타 공간의 내외부에서 열작업으로 인한 화재와 폭발 사고는 빈번히 발생하고 있다. 열작업은 수리를 위한 현실적인 대안이 없을 때에만 시행되어야 한다. (ISGOTT 9.4)

회사 SMS에는 열작업을 관리하기 위한 적절한 지침을 포함하여야 하며, 그 절차를 준수하도록 보장하여야 한다. 지침이 없다면 작업의 승인보다는 금지하는 것으로 간주해야 한다. (IMO MSC/Circ. 1084), (ISGOTT 9.4.1)

열작업 및 밀폐구역 진입을 위한 안전 관리 시스템에 관한 OCIMF 지침(1st Ed September 2008)이 열작업 절차에 고려되어야 한다.

5.25 사관들이 전기용접장비에 대한 안전지침을 잘 알고 있고, 문서화된 지침이 게시되었으며 장비의 상태는 양호한가?

열작업을 위해 사용되는 용접 및 다른 장비는 사용 전 장비의 상태가 양호한지 주의 깊게 점검하여야 한다. 필요한 경우 올바르게 접지시켜야 한다. 전기용접장비를 사용할 때 다음의 특별한 주의가 요구된다.

- 용접선의 연결이 Gas Free 공간에서 이루어지는지
- 용접선이 과부하나 발열 없이 필요한 전류를 보내기에 적절한지
- 용접선의 절연상태는 양호한지
- 작업 장소로 가는 용접선이 gas-free 또는 불활성가스 공간만을 지나도록 최대한 안전하게 나열되었는지
- 용접 Return Lead는 가능한 용접장소에 가깝게 연결되었는지

단, 금속 레일, 파이프 및 프레임이 용접 수리되는 부분이 아니라면 용접회로의 일부로 사용하여서는 안 된다. (ISGOTT 9.5)

5.26 가스용접설비의 상태가 양호하고 여분의 산소 및 아세틸렌 실린더는 거주구역 및 기관실 외부 환기가 잘되는 별도구역에 보관되어 있는지?

배관은 강철 용접구조이며, 볼트로 접합된 플랜지 연결은 금지된다. 기본적으로 구리, 고무 또는 Braided Line을 배관에 사용해서는 안되지만 저장공간 내 가스실린더 헤드부터 매니폴드 사이의 짧은 거리를 연결하기 위해서 Braided Line만은 일부 사용될 수 있다. 배관 및 부속품에는 그리스(Grease)를 사용하지 않아야 한다.

조정기(레귤레이터)의 저압측 파이프 연결구는 용접되어야 한다. (46 CFR 56.50-103)

참고 : 개방된 공간에서 가스실린더부터 Isolation Valve까지 짧은 길이의 배관을 플랜지로 연결하여 사용하는 것은 허용될 수 있다. 하지만 이것은 유일한 예외 규정이다.

역화방지장치는 가스실린더와 가스토치 사이 긴 배관이 있다면 USA Operational Safety and Health Admin (OSHA), UK Health and Safety Executive 및 기타 국가의 안전당국의 권고에 따라 가스실린더와 작업구역 양쪽에 설치하여야 한다.

조정기(레귤레이터)는 매년 점검을 받아야 하며 5년 주기로 교체 또는 재정비 되어야 한다. (British Compressed Gases Association Code of Practice CP7)

산소가 연소활동을 돕지만 타거나 폭발하지는 않는다. 그러나 적은 양의 초과된 산소는 일반적으로 가연성이 아닌 물질이 격렬하게 연소되도록 할 수 있다. 산업용 산소실린더는 파란색으로 표시되어 있다. 아세틸렌은 92.3%의 탄소와 7.7%의 수소로 구성되며 공기보다 가볍고 2.5%의 LEL로 가연성이 높다. 아세틸린 실린더는 적갈색으로 표시되어 있다.

산소와 아세틸렌 실린더는 사용하고 있다면 같은 장소에 보관할 수 있으나 이 외에는 분리된 장소에 별도로 보관하여야 한다. 실린더는 열원으로부터 떨어진 장소에 보관하여야 하며 지나가거나 떨어지는 물체에 손상되거나 넘어지는 것을 방지하기 위하여 이동이 많은 장소에 보관하지 않아야 한다.

사용하지 않는 실린더에 밸브 캡을 씌워 보관하고, 충전된 실린더와 빈 실린더는 구분되어야 한다. 실린더는 밸브가 위쪽으로 오도록 보관하고, 보관장소에는 연소물질이 없어야 하며, 소금이나 기타 부식성 화학물질에 노출되지 않아야 한다. 가스용접시스템에 프로판 가스 사용은 금지되어 있다.

Life Saving Equipment

선박이 출항하기 전 또는 항해 수행 중 모든 구명설비는 정상 작동상태여야 하고 즉시 사용할 수 있도록 준비되어야 한다. (SOLAS III/20.2)

참고 : 구명설비에 대한 기술적인 상세와 요건은 LSA(Life-Saving Appliances) Code에 포함되어 있다.

5.27 사관들은 LSA 요구사항을 잘 알고 있는가? 선박의 특성에 맞는 구명설비 유지보수지침이 있으며 주간 및 월간 점검이 시행되고 있는가?

다음의 테스트와 점검은 매주 실시되어야 하며 검사 보고는 로그북에 기록되여야 한다.

1) 모든 생존정, 구조정 그리고 진수설비가 사용할 준비가 되어있는지 육안으로 점검하여야 한다. 검사에는 Hook의 상태, 구명정의 부착물 그리고 부하상태 이탈장치가 적절하고 완전한지가 포함되어야 하나 이에 국한되지는 않는다.
2) 구명정 및 생존정의 모든 엔진은 주위 온도가 시동 및 작동을 위해 요구되는 최저온도 이상일 경우 최소 3분 이상 작동시켜야 한다. 이 작동시간 동안 기어박스와 기어연동장치가 만족스럽게 작동하는지도 확인하여야 한다. 구조정에 장착된 선외모터의 특성상 프로펠러가 물에 잠기지 않은 상태에서 3분 동안 작동을 할 수 없을 때에는 제조자의 핸드북에 설명된 기간 동안 작동시켜야 한다. 특별한 경우에 주관청은 1986년 7월 1일 이전에 건조된 선박에 대해서는 이 요건을 면제할 수 있다.
3) 자유낙하 구명정을 제외하고, 화물선에 설치된 구명정은 기상 및 해상상태가 허락한다면 승선인원 없이 진수설비가 만족하게 작동한다는 것을 증명할 수 있는 위치까지 작동해 보아야 한다.
4) 비상경보장치를 테스트한다. (SOLAS III/20.6)

자유낙하 구명정을 제외한 모든 구명정은 승선인원 없이 적재된 위치에서 외부로 움직여 보아야 한다. (SOLAS III/20.7.1)

구명정 장비를 포함한 구명설비의 월간 점검은 설비들의 완전하고 양호한 상태인지 확인하기 위하여 Regulation 36.1에서 요구하는 점검표에 따라 매달 점검을 시행하고, 검사 보고는 로그북에 기록하여야 한다. (SOLAS III/20.7.2)

선박에서 유지보수를 위한 지침은 적절하다면 도해를 삽입하여 가능한 이해하기 쉬워야 하며, 각 장비들에 대하여 다음 사항을 포함하여야 한다.

1) SOLAS III/20.7 및 III/36.1에서 요구하는 월간 점검 Checklist
2) 유지 및 보수 지침
3) 정기 정비 스케줄
4) 윤활유 주입구의 도표와 권고되는 윤활유
5) 교체할 수 있는 부품들의 목록
6) 예비품 자료 목록
7) 점검 및 유지보수 기록에 대한 일지 (SOLAS III/36)

5.28 사관은 Lifeboat, Liferaft, Rescue Boat Release Hooks 및 장착되어 있다면 Free-fall Lifeboat Release System의 유지 요건을 잘 알고 있고, Lifeboat, Rescue Boat 및 Liferaft와 이와 관련된 설비들이 즉시 사용할 수 있도록 잘 유지되고 있는가?

자유낙하 구명정의 이탈시스템을 포함하여 구명정 또는 구조정의 on-load release gear

- Regulation 36에서 요구하는 선박 유지보수를 위한 지침에 따라 관리되어야 한다.
- 시스템에 정통하고 적합한 교육을 이수한 인원에 의해 Regulation I/7 및 I/8에서 요구하는 연차검사 동안 정밀검사와 작동점검이 이루어져야 한다.
- 이탈장치를 분해 점검할 때마다 총인원 및 장비를 선적한 구명정의 1.1배의 무게로 작동 점검을 하여야 한다. 이러한 분해 점검 및 테스트는 적어도 5년에 한번 시행되어야 한다. (SOLAS III/20.11.2)

Davit으로 진수되는 Liferaft의 자동이탈후크장치는 다음과 같이 관리되어야 한다.

- Regulation 36에서 요구하는 선박 유지보수를 위한 지침에 따라 관리되어야 한다.
- 시스템에 정통하고 적합한 교육을 이수한 인원에 의해 Regulation I/7 및 I/8에서 요구하는 연차검사 동안 정밀검사와 작동점검이 이루어져야 한다.
- 이탈장치를 분해 점검할 때마다 총인원 및 장비를 선적한 구명정의 1.1배의 무게로 작동 점검을 하여야 한다. 이러한 분해 점검 및 테스트는 적어도 5년에 한번 시행되어야 한다. (SOLAS III/20.11.3)

참고 : 구명정 점검에서 특히 중요한 점은 밀폐형 구명정에 장착된 on-load release gear 및 이에 대한 일반 정비이다. 해상에서의 사고 중 구명정 및 구명정의 이탈장치에 기인한 사고가 높은 비중을 차지하고 있다. (MSC Circ 1206)

on-load release 및 회수 시스템은 2014년 07월 01일 이후 첫번째 예정된 입거시에는 MSC.1 / Circ.1206 / Rev.1 Annex 1을 준수해야 한다. 그때까지 개정된 Code에 부합하지 않는 시스템은 추락방지장치를 사용할 것을 권고한다. 검사관은 선박에 설치된 시스템이 상기 날짜 및 채택된 위험 경감조치에 관한 상기 요건을 충족하고 있는지 확인해야 한다.

5.29 모든 구명정 및 진수장비는 양호하고, SOLAS 요구사항에 따라 수면상에서 진수 및 조정되었는가?

각 구명정은 선원 2명이 5분 이내에 탑승 및 진수 할 수 있도록 항상 준비된 상태로 격납되어 있어야 한다. (SOLAS III/13.1.3)

각 구명정은 적어도 매 3개월에 1회는 퇴선훈련 중 지정된 운용선원과 함께 진수되고 수면상에서 조정되어야 한다. (SOLAS III/19.3.3.3)

자유낙하 구명정의 경우 퇴선 훈련 중 적어도 매 3개월에 1회 선원이 구명정에 승정하여 각자 좌석에서 확실하게 고정하고 실제 구명정의 이탈 없이(즉, 이탈장치 작동 없이) 훈련을 시행해야 한다. 그 후 구명정에 요구되는 운용 인원만을 태우고 자유낙하를 하거나 또는 운용 인원을 태우거나 태우지 않거나 관계없이 2차 진수수단에 의해 수면 상으로 강하시켜야 한다. 그리고 상기 두 경우 모두 구명정은 수면 위에서 지정된 운용 인원에 의해 조종되어야 한다. 6개월을 넘지 않는 간격으로는 지정된 운용 인원만을 태우고 자유낙하를 진수하거나, 기구에서 개발한 지침에 따라 모의진수가 시행되어야 한다. (See MSC.1/Circ.1206/Rev.1 as amended). (SOLAS III/19.3.3.4)

비상소집과 퇴선을 위한 비상등은 각 퇴선훈련 시 마다 점검되어야 한다. (SOLAS III/19.3.3.9)

진수를 위해 사용되는 Fall은 시브를 통과하는 구간에 특별한 주의를 요하며, 주기적으로 검사(Measures to prevent accidents with lifeboats(MSC.1/Circ.1206)참조) 되어야 하고, Fall의 변형이 있거나 또는 5년을 넘지않은 간격 중 빠른 간격으로 신환되어야 한다. (SOLAS III/20.4.1)

각 자유낙하식 구명정에는 구명정의 진수없이 이탈장치를 테스트할 수 있는 이탈시스템이 장착되어 있다. (LSA Code IV/4.7.6.4)

각 구명정에는 구명정에 승인된 정원, 선명 그리고 선적항이 명확히 표시되어야 하고, 구명정 상단에서도 육안으로 식별할 수 있도록 구명정의 소속 선명 및 구명정 번호가 명확히 표시되어야 한다. (LSA Code IV/4.4.9)

참고 : Lifting Hook와 이와 관련된 구조물, 특히 구명정의 용골에 연결된 부분의 점검은 매우 중요하며, 경우에 따라 심각하게 쇠약해진 것이 발견된다.

구명정의 장비는 LSA Code IV/4.4.8에 상세하게 기재되어 있고 LSA Code IV/4.6에는 밀폐형 구명정의 일반 요구사항이 명시되어 있다. 단, SOLAS III / 32.3.5에 따라 1986 년 7월 1일 이 전에 건조된 선박에 설치된 완전 밀폐형 구명정에는 LSA Code IV/4.6의 요구사항이 적용되지 않는다.

SOLAS III/19 (비상 교육 및 훈련) 및 20 (작동 준비를 위한 정비 및 검사)의 개정안이 2006년 7월 1일 시행되었다. 개정안은 구명정 비상교육 및 훈련이 시행되어야 하는 조건, 유지보수를 위한 운영상 요구사항, 선원의 승선없이 실시되는 주간과 월간 점검사항 및 on-load release gear와 진수장비의 유지관리에 관련된 것이다.

5.30 의장품 및 진수장치를 포함한 구조정의 상태는 양호하고, 사관은 진수절차에 친숙한가?

화물선은 적어도 1개의 구조정을 가지고 있어야 한다. 구조정의 요구사항을 만족한다면 구명정을 구조정으로 허용할 수 있다. (SOLAS III/31.2)

구조정은 5분 이내에 항상 진수할 수 있는 준비상태로 격납되어 있어야 한다. (SOLAS III/14.1)

구조정 장비는 LSA Code V/5.1.2.2, 3 및 4에 자세하게 설명되어 있다.

진수설비와 관련하여 구조정은 LSA Code 4.4.7.6 (by LSA Code 5.1.1.1)의 요구사항을 따라야 하고, 2가지 이탈기능(하나는 하중, 다른 하나는 무하중 이탈)을 가지거나 수면상에서만 이탈할 수 있는 구조정의 경우에는 1개의 이탈기능을 갖추어야 한다.

on-load release gear는 다음 사항을 갖추어야 한다.

- 의도치 않거나 조급한 사용에 대해 보호되어야 한다.
- 조급한 on-load release gear의 조작을 방지하기 위해 이탈 메커니즘은 운용자의 지속적이고 신중한 의도에 의해서만 작동되어야 한다.
- 돌발적인 이탈을 방지하기 위해서 이탈장치가 적절하고 완전하게 체결되었을 경우에만 기계적 보호(인터록)장치가 연결되어야 한다.
- 이탈장치가 적절하고 완전히 체결되었을 때 구명정 내 선원들이 명확히 관찰할 수 있도록 설계되어야 한다.
- 명확한 작동 지침서가 공용어의 경고문으로 제공되어야 한다.
- 단일 Fall 또는 Hook 시스템이 진수를 위해 사용된다면 상기 요구사항이 적용될 필요는 없으며, 수면상에서만 구조정을 이탈시킬 수 있는 단일기능이 적합하다.

구명정의 각 프로펠러에는 사람에게 노출될 잠재적 가능성이 있는 모든 측면에 최대 76 mm (3인치)의 개구부를 가진 프로펠러 가드가 장착되어야 한다. (46 CFR 160.135.7(10))

5.31 구명부환, 관련 장비 및 신호탄의 상태는 양호하고, 명확히 표기되어 있으며 가스 위험구역에는 방폭형 자기점화등만 비치하도록 하는 명확한 절차가 있는가?

화물선에는 적어도 다음의 구명부환이 설치되어야 한다.

- 길이 100미터 미만 - 8개
- 길이 100미터 이상 150미터 미만 - 10개
- 길이 150미터 이상 200미터 미만 - 12개
- 길이 200미터 이상 - 14개 (SOLAS III/32.1.1)

구명부환은 다음과 같이 설치되어야 한다.

- 양현측에 이르는 노천 갑판상에서 가능한 선박의 양현에서 쉽게 이용할 수 있도록 분산 배치되어야 한다.
- 적어도 1개는 선미 인근에 있어야 한다.
- 신속하게 던질 수 있고 어떠한 방법으로든 영구적으로 고박하지 않은 상태이어야 한다. (SOLAS III/7.1.1)

선박의 각 양현에 있는 구명부환 중 적어도 하나의 구명부환은 부양성의 줄이 설치되어야 하고, 이 줄은 선박의 최대 경하 운항흘수상태 하에서 수선에서부터 설치된 위치까지 거리의 최소 2배 이상이거나 또는 30미터 중에서 긴 쪽에 따라 설치되어야 한다. (SOLAS III/7.1.2)

총 설치된 구명부환의 절반 이상에는 자기점화등이 설치되어야 하고, 이들 중 2개 이상은 자기발연신호를 갖추고 선교에서 신속히 이탈할 수 있어야 한다. 자기점화등을 갖춘 구명부환과 자기점화등 및 자기발연신호를 갖춘 구명부환은 선박의 양현에 균등히 분배되어 설치되어야 하고, 구명줄은 연결되지 있지 않아야 한다. (SOLAS III/7.1.3)

순간이탈장치가 설치된 자기발연신호 및 자기점화등을 갖는 구명부환은 순간이탈장치가 작동되기 위한 충분한 무게를 가져야 한다. (LSA Code II/2.1.1.7)

구명부환의 자기점화등이 가스 위험구역의 밖에 있다면 방폭형일 필요는 없다. 하지만 비방폭형 자기점화등이 가스 위험구역 내에 잘못 설치되지 않도록 엄격히 관리해야 한다. 여기에는 방폭형 자기점화등을 강조/마킹하거나 다른 적절한 방법들이 포함될 수 있다.

적어도 12개 이상의 로켓 낙하산 화염신호가 항해선교 또는 그 가까이에 비치되고 보관되어야 하고(SOLAS III/6.3), 코드의 제7.1편의 요건에 부합하는 구명줄발사기를 갖추어야 한다. (SOLAS III/18)

당직사관이 쉽게 이용할 수 있는 구명신호를 설명한 도해표를 비치하여야 한다. (SOLAS V/29)

구명줄 발사기는 즉시 사용할 수 있어야 하고, 줄과 로켓을 따로 보관해서는 안 된다.

Self-contained RLTA(Rocket Line Throwing Apparatus)는 종종 분리되어 선박에 공급된다. 검사관은 장비가 조립되었는지 그리고 로켓이 즉시 사용할 수 있도록 올바르게 비치되었는지 확인해야 한다.

컨테이너, 브래킷, 선반 및 기타 구명설비를 보관하는 장소는 해당 위치에 어떠한 목적으로 어떤 구명 설비가 보관되었다는 기호를 IMO Res. A.760(18)에 따라 표시해야 한다. 만약 2개 이상의 설비가 한 장소에 보관되어 있다면 설비의 수량도 표시되어야 한다. (SOLAS III/20.10)

5.32 구명동의의 상태는 양호하고 정확한 위치에 있는가?

선박의 모든 사람에게 구명동의는 제공되어야 한다. 또한, 당직자 및 구명정 승정 위치로부터 멀리 떨어져 있는 인원에 충분한 수의 구명동의도 비치되어야 한다. 당직자를 위한 구명동의는 선교, 기관제어실 및 다른 유인당직 장소에 보관되어야 한다. (SOLAS III/7.2.1)

자유 낙하구명정을 제외하고 완전 밀폐형 구명정에서 사용되는 구명동의는 구명정의 진입이나 좌석벨트의 착용 및 착석을 방해하지 않아야 한다. (SOLAS III/7.2.3)

자유낙하식 구명정용 구명동의와 휴대 또는 착용한 구명동의는 구명정의 진입, 탑승자의 안전 또는 구명정의 운영을 방해하지 않아야 한다. (SOLAS III/7.2.4)

각 구명동의에는 끈으로 단단히 연결된 호각이 부착되어야 한다. 구명동의의 등 및 호각은 구명동의의 기능에 방해되지 않도록 선택되고 고정되어야 한다. 구명동의에는 물에 빠진 타인이 착용한 구명동의와 고정할 수 있는 방출 가능한 부양성의 줄 또는 다른 수단이 제공되어야 한다. 구명동의에는 구조자가 착용자를 물속에서 구명정 또는 구조정으로 들어 올릴 수 있도록 하는 적절한 수단이 제공되어야 한다. 본 요건은 2010년 7월 1일 이전 건조된 선박에 새로운 구명동의가 제공되었을 때 또는 2010년 7월 1일 이후 건조된 선박에 제공된 구명동의에 적용된다. (LSA Code II/2.2)

5.33 방수복의 상태는 양호하고 정확한 위치에 있으며 사관은 유지관리와 취급 요구사항에 대해서 숙지하고 있는가?

적절한 사이즈의 방수복과 노출보호복은 구조정 선원으로 지정된 모든 사람에게 제공되어야 한다. 만약 선박이 지속적으로 따뜻한 기후에서만 항해하는 경우 관할 관청이 허가한다면 보온복이 필요하지 않으며 비치할 필요도 없다. (SOLAS III/7.3)

LSA Code 2.3항의 요구사항에 충족하는 방수복을 선박 내 모든 사람에게 제공하여야 하다. 선박이 지속적으로 따뜻한 기후에서만 항해하는 경우 관할관청이 허가한다면 방수복이 필요하지 않다. (SOLAS III/32.3.2)

만약 선박의 당직 또는 작업장소가 일반적으로 방수복을 보관하는 장소에서 멀리 떨어진 곳에 있다면, 추가적으로 이러한 장소에는 당직이나 작업에 임하는 일반적인 사람의 수만큼 방수복을 비치하여야 한다. (SOLAS III/32.3.3)

이음새의 충분한 강도와 수밀을 유지하고 방수복 및 노출 방지복의 밀폐 상태를 유지하기 위하여 연령에 따라 3년을 초과하지 않는 간격으로 혹은 10년을 초과하였으면 더 잦은 주기로 다음과 같은 공기압 테스트를 시행할 것을 권고된다. (MSC Circ 1114).

공기압 테스트는 제조자 권고에 따라 필요한 수리가 가능한 설비를 갖춘 육상 시설에서 시행될 것이 권고된다. 방수복 및 노출 방지복에서 사용된 다양한 소재와 접착제를 고려한다면 제조사가 권고하는 수리 지침, 부품 및 접착제를 사용해야 하고, 숙련된 직원이 있는 시설에서 수리를 하는 것이 좋다. 만약 선박에 적절한 공기압 테스트장비를 갖추었다면 선박에서 실시할 수도 있다. (MSC Circ 1114)

Fire Fighting Equipment

소화장비 및 설비는 양호한 작동 상태로 보관되어야 하며 즉시 쉽게 사용할 수 있어야 한다. 방출된 휴대용 소화기는 즉시 재충전되거나 동등한 것으로 교체되어야 하다. (SOLAS II-2/14.2.1.2)

2002년 7월 1일 이전에 건조된 선박으로 기관구역 및 Cargo Pump Room을 보호하기 위해 설치된 고정식 이산화탄소 소화장치는 2010년 01월 01일 이후 첫번째 입거검사까지 Fire Safety Systems Code의 제5장 2.2.2항의 규정을 준수해야 한다. (SOLAS 2-11/10.4.1.5)

참고 : 가청경보를 작동하고 CO_2를 방출시키기 위해서는 명확하게 식별된 방출상자 안에 2개의 개별 제어장치가 요구된다. 그리고 1개의 제어장치는 가스배관 밸브를 조정해야 하고 두번째 제어장치는 실린더에서 가스 방출을 조정해야 한다. 만약 방출상자가 잠겨있다면 그 열쇠는 방출상자 근처 깰 수 있는 유리형 보관함 안에 보관되어야 한다.

5.34 선박의 특성에 맞는 화재훈련 메뉴얼 및 안전운영책자가 있어야 하며, 매뉴얼의 일반적인 내용과 위치에 대해 선원들은 알고 있는가?

훈련 메뉴얼에는 다음의 사항을 상세하게 설명하여야 한다.

1) 흡연, 전기, 가연성 액체의 위험성 및 유사한 선박 내 통상적인 위험성과 관련된 일반적인 화재안전실무 및 예방조치
2) 화재 알림 및 수동 콜 포인트 사용 절차를 포함한 소화활동 및 소화절차에 관한 일반 지침
3) 선내 경보의 의미
4) 소방 시스템 및 설비의 운용 및 사용
5) 방화문의 운용 및 사용
6) 화재 및 연기 댐퍼의 운용 및 사용
7) 탈출 장치와 설비(SOLAS II-2/15.2.3.4)

각 선원식당 및 휴게실 또는 각 선실에 훈련메뉴얼을 비치(SOLAS II-2/15.2.3.1)하여야 하고, 훈련메뉴얼은 선박의 공용어로 작성되어야 한다. (SOLAS II-2/15.2.3.2)

소화안전 운영책자는 화재안전과 관련된 선박안전운항 및 화물취급에 대한 필수적인 정보 및 지침을 제공하여야 한다. 또한 책자에는 화물의 적/양하시 그리고 항해 중 선박의 일반적인 화재안전에 대한 선원의 책임과 관련된 정보, IBC(International Bulk Chemical) Code, IGC(International Gas Carrier) Code, IMDG(International Marine Dangerous Goods) Code에 설명되고 있는 적절한 소화 및 비상 시 화물취급지침에 대한 사항도 제공하여야 한다. (SOLAS II-2/16.2.1)

소화안전 운영책자는 인화성 가스의 발화로 인해 화물구역으로 화재 확산을 방지하기 위한 사항과 Cargo Tank Gas Purge 그리고/또는 Gas Gree의 절차가 포함되어야 한다. (SOLAS II-2/16.3.1)

소화안전 운영책자는 각 선원식당 및 휴게실 또는 각 선실에 비치(SOLAS II-2/16.2.2)하여야 하고, 선박의 공용어로 작성되어야 한다. (SOLAS II-2/16.2.3) 또한, 책자는 화재훈련 메뉴얼과 함께 구성해 둘 수 있다. (SOLAS II-2/16.2.4)

5.35 선원은 설치된 고정식 소화설비에 대해 알고 있고, 선박 특정 소화설비 점검지침서가 있으며 유지보수가 이루어지고 있는가?

정비, 점검 및 검사는 MSC/Circ.1432 지침과 제조사 지침에 따라 실시되어야 한다.

선박의 유지보수 계획에는 설치되어 있다면 적어도 다음의 화재방지시스템과 소화시스템 및 설비들을 포함하여야 한다.

1) 소화 주관, 소화 펌프 및 소화전, 호스, 노즐 및 국제 육상 연결구
2) 고정식 화재탐지장치 및 소화경보시스템
3) 고정식 소화시스템 및 다른 소화 설비
4) 자동 스프링쿨러, 화재탐지기 및 화재경보시스템
5) 화재 및 연기 댐퍼, 팬 및 팬 제어기가 포함된 환기시스템
6) 연료공급 비상차단장치
7) 방화문 및 방화문 제어장치
8) 일반 비상경보시스템
9) 비상탈출호흡장치
10) 휴대용 소화기 및 예비품
11) 소방원 장구
12) 불활성 가스 시스템
13) 갑판 Foam 시스템
14) 화물 Pump Room 내 화재안전장치
15) 가연성 가스 탐지기(SOLAS II-2/14.2.2.3 및 14.4)

유지관리 프로그램은 컴퓨터 기반일 수 있다. (SOLAS II-2/14.2.2.4)

참고 : CO_2 시스템 작동 장치에는 핀이 있고, 일반적으로 이 핀들을 제거해야 즉시 사용할 수 있다. 일부 최신 시스템에서는 즉시 사용할 수 있도록 이 핀을 "in" 상태로 두어야 한다. 검사관은 CO_2 시스템을 검사할 때 시스템의 즉시 사용을 위해 핀을 "in" 또는 "out" 상태로 두어야 하는지 여부를 사관으로부터 확인하여야 한다. 만약 의심스럽다면 제조사의 작동 지침을 참조해야 한다.

5.36 Foam 약제 샘플들이 주기적으로 점검되었음을 보여주는 기록이 있는가?

단백질이 기반인 알코올 폼 농축액은 아세톤으로 안정성 테스트를 시행해야 한다.

상기 테스트를 제외하고 첫번째 폼 농축테스트는 공급된 후 3년 이내에 그리고 그 이후에는 매년 시행되어야 한다. 상기에 요구되는 테스트는 선박에 보급되기 전 그리고 그 이후에는 매년 시행되어야 한다. (MSC.1/Circ 1312).

5.37 선원은 국제육상연결구의 위치와 사용에 친숙하고, 즉시 사용할 준비가 되어 있는가, Fire Control Plan은 거주구역 안에 게시되어 있으며, 또한 외부에서 사용할 수 있는 사본과 Plan상 장비들이 정확하게 표시되어 있는가?

연결구는 강철 또는 다른 적절한 물질이어야 하며, 적절한 재질의 가스켓과 직경 16 mm, 길이 50 mm의 볼트 4개 그리고 워셔 8개가 함께 보관되어 있어야 한다. (FSS Code 2.2)

만약 선박에 고정되어 있다면 선박 양쪽에서 접근할 수 있어야 하고 이것의 위치가 명확히 표시되어야 한다. 국제육상연결구는 선박이 항구에서 있다면 언제든지 사용할 준비가 되어 있어야 한다. (ISGOTT 26.5.3)

Fire Plan에 대한 요구사항은 SOLAS II-2/15.2.4에 포함되어 있고, IMO Resolution A.654(16)는 Fire Control Plan상 사용하는 심볼을 권고하고 있다.

5.38 소화주관, 호스, 노즐 그리고 차단밸브의 상태가 양호한가, 즉시 사용할 수 있고 명확히 표기되어 있는가?

검사관은 동행하는 선원에게 차단밸브가 잘 작동하는지 무작위로 점검해야 한다.

5.39 사관은 고정식 화재탐지기 및 경보시스템의 점검을 위해 요구되는 사항을 알고 있으며, 상태가 양호하고 주기적으로 테스트를 시행하고 있는가?

화재탐지장치의 구역이 차단되었을 때 책임사관이 차단 및 차단 사유를 인지하고, 가능한 빠른 시일 내 복구될 수 있도록 하는 절차가 있어야 한다. 기관실에 차단된 구역이 있다면 무인화로 운영되어서는 안 되며, 화재탐지기가 장착되어 있지 않은 구역은 정기적으로 순찰이 이루어져야 한다. 야간에 선교 당직자를 이러한 순찰에 활용해서는 안 된다. 특정 테스트 장비가 요구되는 화재 탐지헤드 테스트는 제조사의 지침에 따라야 한다.

5.40 장착되어 있다면 선원은 고정식 소화시스템에 친숙하고, 상태가 양호하며 명확한 운용지침이 게시되어 있는가?

페인트창고 및 가연성 액체 창고는 주관청에 의해 승인된 적합한 소화장치에 의해 보호되어야 한다. (SOLAS 1974 II-2/18.7 및 SOLAS 2004 II-2/10.6.3.2)

2002년 07월 01일 이후에 건조된 선박의 페인트창고는 다음에 따라 보호되어야 한다.

1) 보호될 공간 총 용적의 40%에 해당하는 최소 부피의 CO_2 가스를 공급할 수 있는 시스템

2) 적어도 0.5 kg/㎥로 설계된 Dry Powder System

3) Water Spraying System

4) 주관청에 의해 결정되어 동등하게 보호되는 시스템(SOLAS 2004/II-2/10.6.3.1)

거주구역으로의 출입구가 없는 4㎡ 미만의 면적을 갖는 Deck 창고의 경우 공간 총 용적의 40%에 해당하는 최소 부피의 CO_2 가스를 공급할 수 있는 휴대용 CO_2 소화기가 고정식 소화장치를 대신하여 허용될 수 있다. 양륙항에서는 보호되는 구역으로 진입없이 소화기를 방출할 수 있도록 창고에 설치되어야 하고, 휴대용 CO_2 소화기가 대신 설치된 경우에는 항구 인근에 비치해 두어야 한다. 그렇지 않으면 소화 주관을 사용할 수 있도록 항구 또는 호스 연결구로 제공되어야 한다. (SOLAS 2004 II-2/10.6.3.3)

소화시스템과 폼 품질 점검에 대한 만족스러운 결과가 제공되어야 한다.

5.41 비상소화펌프가 완전하게 가동할 수 있는 상태이고, 작동 지침이 명확히 게시되어 있으며 사관들은 펌프를 작동시킬 수 있는가?

1992년 2월 1일 이후 건조된 선박은 비상소화펌프의 전체 흡입 양정과 유효 흡입양정은 운항 중에 발생할 수 있는 모든 횡경사, 트림, 롤링 및 피칭상태 하에서 펌프용량 및 소화전 압력에 관한 SOLAS 협약과 이 장(FSS, Fire Safety System)의 요건을 고려하여 결정되어야 한다. 드라이도크를 들어가거나 나올 때의 선박의 발라스트 조건은 운항 요건으로 고려되지는 않는다. (SOLAS 1974 II-2/4.3.3.2.5 및 FSS Code 12.2.2.1.3)

모든 연료유 탱크는 비상소화펌프를 적어도 3시간 이상 최대 부하 상태로 운전할 수 있는 충분한 용량의 연료를 보유하고 있어야 하며, 이에 더하여 15시간 이상 동안 비상소화펌프를 최대 부하로 운전할 수 있는 충분한 양의 예비연료를 Category A의 기관구역 외부에 저장하여야 한다. (SOLAS 1974 II-2/4.3.3.2.4 and FSS Code 12.2.2.2.2)

이중저 바닥 상부의 위치한 Storage, Settling 또는 Daily Service Tank에서 기름이 나갈 수 있도록 되어 있는 모든 연료유 파이프 중 만약 어느 연료유 파이프가 손상되어 이 구역에서 화재가 발생한 경우에는 화재구역 밖 안전한 장소에서 탱크를 직접 폐쇄할 수 있는 콕크 또는 밸브가 장착되어 있어야 한다. (SOLAS 74 II-2/15.2.5)

이중저 바닥 상부의 위치한 용량이 500 L 이상인 Storage, Settling 또는 Daily Service Tank에서 기름이 나갈 수 있도록 되어 있는 연료유 파이프 중 만약 어느 연료유 파이프가 손상되어 이 구역에서 화재가 발생한 경우에는 화재구역 밖 안전한 장소에서 탱크를 직접 폐쇄할 수 있는 콕크 또는 밸브가 장착되어 있어야 한다. (SOLAS 2004 II-2/4.2.2.3.4)

안전 유지와 선박 운영에 방해되지 않는 범위 내에서 비상소화 펌프의 시동 및 작동의 검증이 요구되고, 만약 프라이밍 시스템이 비상소화 펌프에 장착되어 있다면 선급 승인을 받아야 한다.

5.42 휴대용 소화기의 사용지침이 명확히 표기되어 있고 양호한 상태로 관리되고 있으며 전선원은 사용에 익숙한가?

각 소화기에는 최소한 다음의 정보들이 명확히 표시되어야 한다.

1) 제조사의 이름
2) 소화기에 적합한 화재 형태
3) 소화재의 종류와 양
4) 승인 세부사항
5) 사용 및 충전 방법(사용방법은 그림의 형태로 제공할 것)
6) 제조 연도
7) 소화기가 완전하게 작동하는 온도 범위
8) 압력 시험 (FSS Code 4 및 Res. A.602)

어떤 장소에 사용되기 위한 휴대용소화기 중 1개는 그 장소의 출입구 부근에 비치되어야 한다. (SOLAS 2004 II-2/10.3.2.2)

2002년 7월 1일 이후에 건조된 선박에는 최초 10개의 100%와 나머지 소화기의 50%를 재충전할 수 있는 예비약제가 제공되어야 하지만 최대 60개 이상이 요구되지는 않는다. 그리고 선박에서의 재충전 방법이 비치되어 있어야 한다. (SOLAS 2004 II-2/10.3.3.1)

선박에서 재충전이 불가능한 소화기의 경우 상기 3.3.1항의 규정과 동일한 유형, 수량 및 용량의 여분의 휴대용소화기가 예비약제 대신 비치되어야 한다. (SOLAS 2004 II-2/10.3.3.2)

2002년 7월 1일 이전에 건조된 선박에는 주관청의 지정된 요구사항에 따라 예비약제가 비치되어야 한다. (SOLAS 1974 II-2/6.2)

참고 : 휴대용소화기는 매10년 또는 주관청에 의해 요구된다면 그보다 더 짧은 주기로 압력시험이 이루어져야 하고, 압력시험 일자는 휴대용소화기 실린더에 표기되어야 한다.

5.43 선원은 호흡 장구의 착용에 친숙하고 소화원 장구의 상태가 양호하며 즉시 사용할 준비가 되어 있는가?

탱커선은 다음과 같이 구성된 4개의 소방원 장구를 가지고 있어야 한다.

- 화재의 복사열 및 증기에 의한 화상으로부터 피부를 보호하기 위한 방호복. 방호복 외부는 방수되어야 한다.
- 고무 또는 전기적 절연성 재료의 장화
- 충격에서 효과적으로 보호되는 단단한 헬멧
- 3시간 사용 가능한 승인된 형식의 안전등(탱커선에서는 안전등 및 위험구역에서 사용되는 안전등은 방폭형 이어야 한다.)
- 고전압 절연 손잡이의 도끼
- 승인된 형식의 호흡장비
- 각 호흡 장구에 대해 Lifeline을 운용할 때 Lifeline에 의해 호흡 장구가 분리되는 것을 방지하기 위한 별도의 벨트 또는 장구의 벨트에 Snap-hook 방식으로 체결할 수 있는 최소 30미터 이상의 내화줄.

(SOLAS 1974 II-2/17, SOLAS 2004 II-2/10.10 and FSS Code 3/2.1.1)

압축공기 호흡구에는 실린더 내 공기량이 200리터 이하로 감소되기 전에 사용자에게 경고하는 가시가청 경보장치 또는 다른 유사장치가 장착되어야 한다. 2014년 7월 1일 또는 그 이후에 건조된(용골 거치일) 선박 및 2014년 7월 1일 이전에 건조된 현존선은 2019년 7월 1일까지 요건을 준수하여야 한다. (FSS code 3/2.1.2.2)

2014년 7월 1일 이후에 건조된 선박에는 각 소화반의 통신을 위하여 소화반별 최소 2개의 쌍방향 휴대용무전기가 제공되어야 하며, 그러한 쌍방향 휴대용무전기는 방폭형 또는 본질안전화 형식이어야 한다. 2014년 7월 1일 이전에 건조된 선박은 2018년 7월 1일 이후에 도래하는 첫번째 연차검사시까지 동 요건을 준수해야 한다. (SOLAS II-2/10.10.4)

훈련 중에 사용되는 호흡구의 실린더를 재충전할 수 있는 본선의 수단 또는 사용된 실린더를 교체할 수 있는 적절한 수의 예비 실린더가 선박에 비치되어야 한다. 2014년 7월 1일 또는 그 이후에 건조된(용골 거치일) 선박 및 2014년 7월 1일 이전에 건조된 현존선은 2014년 7월 1일까지 요건을 준수하여야 한다. (SOLAS II-2/15.2.2.6)

선박에 비치된 장비의 사용에 적합하고, 주관청의 규정에 부합하도록 예비실린더를 비치하여야 한다. (SOLAS 74 II-2/17.1.2.2)

요구되는 각 호흡 장구당 2개의 예비실린더가 제공되어야 한다. 단 화물선에 오염없이 에어실린더를 완전하게 재충전할 수 있는 적절한 수단이 설치되어 있다면 각 호흡 장구당 1개의 예비실린더만 요구된다. (SOLAS 2004 II-2/10.2.5)

2002년 7월 1일 이전에 건조된 선박의 경우 호흡 장구는 스모크 헬멧 형식이거나 또는 자장식 압축공기 형식이어야 하고, 선박에 비치된 장비의 사용에 적합하고, 주관청의 규정에 부합하도록 예비 실린더를 비치하여야 한다. (SOLAS 1974 II-2/17.1.2)

소방원 장구들은 영구적이고 명확히 표시되고, 접근이 용이한 장소에 즉시 사용할 수 있도록 준비되어 있어야 하며, 그것들은 선박에 널리 분포되어 있어야 한다. (SOLAS 1974 II-2/17 및 SOLAS 2004 II-2/10.3.1)

비록 SOLAS에서는 "널리 분포된 장소"를 권고하더라도 소화 훈련에서 호흡장구는 쌍쌍이 사용될 것을 권장한다.

자장식 호흡구는 상태를 점검하고 만족스럽게 작동하는지 확인되어야 한다. 장구가 충전되고 실린더 밸브를 잠근 상태에서 압력감소는 분당 10 bar 이상이어서는 안 된다. (제조자 지침)

호흡 장구에 사용되는 산소충전장치의 공기품질을 검증하기 위하여 연차검사를 시행하여야 한다. (MSC/Circ.850)

호흡 장구는 실린더 내에 최소 1,200리터의 공기를 포함하는 자장식 압축공기 호흡장구 또는 다른 최소 30분 이상 작동할 수 있는 기능을 갖춘 자장식 호흡장구여야 하며, 호흡장구의 모든 에어 실린더는 상호 교환가능 하여야 한다. (FSS Code 3.2.1.2)

BA 에어 실린더는 매5년에 한번 또는 제조자가 권고하는 경우 그 이하의 간격으로 수압테스트를 받아야 하고, 수압테스트 날짜는 실린더 상에 각인되어야 한다. 케미컬탱커선과 가스탱커선은 IBC/IGC Code에 따라 추가적인 호흡장구 세트가 요구된다.

폭발성 화물을 운송하는 모든 선박은 SOLAS에 따라 다음의 소방원 장구를 비치해야 한다.

- 5,000 ㎥ 이하: 4개의 소방원 장구
- 5,000 ㎥ 이상: 5개의 소방원 장구 (IGC 11.6.1)

마지막 수압테스트일로부터 3년 이내의 해당 규격의 모든 복합실린더는 내/외부적인 결함을 점검 받아야 하고, 지속 사용을 위해서는 제조사 또는 제조사를 대신하여 점검 권한을 위임받은 업체에 의해 제조사 권고 및 표준 절차에 따라 수압테스트가 시행되어야 한다. (HSE/TP/FW3 Appendix 1)

5.44 선원은 거주구역, 기관실 및 펌프룸(적용 가능하다면)에 위치한 EEBD 착용에 친숙하고 그것들의 상태는 양호한가 그리고 즉시 사용할 준비가 되어 있는가?

모든 선박은 거주구역 내에 적어도 2개 이상의 비상탈출 호흡구(EEBD)를 비치하여야 한다. (SOLAS II-2/13.3.4.2)

모든 선박의 기관구역에서 EEBD는 화재가 발생한 경우에 빠르고 쉽게 접근할 수 있고, 식별 용이한 장소에 즉시 사용할 수 있도록 비치되어야 한다. EEBD의 비치 위치는 기관구역의 배치와 작업자의 일반적인 숫자를 고려하여야 한다. (SOLAS II-2/13.4.3.1)

여분의 EEBD도 선박에 비치되어 있어야 하고(SOLAS II-2/13.3.4.1), 각 선박의 기국에 따른 EEBD 제공과 위치에 대해 추가 권고사항은 준수되어야 한다.

EEBD의 사용에 관한 훈련은 기본 안전 교육의 일부분으로 시행되어야 한다. (MSC/Circ.849)

EEBD의 요구사항에는 FSS Code의 Chapter 3/2.2, MSC/Circ.849 그리고 다른 규정의 기준이나 정의된 규준도 공통적으로 충족되어야 한다.

EEBD는 유해한 공기가 있는 장소에서 탈출할 목적으로만 사용되는 공기 또는 산소 공급장치이며 형식승인품 이어야 한다. 따라서 화재진압용 또는 산소가 결핍된 밀폐구역의 출입용으로 사용될 수 없다. 이러한 경우에는 해당 목적으로 사용 지정된 자장식 호흡구만 사용하여야 한다.

EEBD는 적어도 10분 이상 사용할 수 있어야 하고, 탈출하는 동안 눈, 코 및 입을 보호할 수 있도록 적절한 후드나 안면 전체 보호구를 포함하고 있어야 한다. 후드나 안면보호구는 불연성 재질로 되어 있어야 하고 시야를 확보할 수 있는 창을 포함하고 있어야 한다.

EEBD를 사용하지 않을 때에는 손이 자유롭게 휴대할 수 있어야 하고, 보관 시에는 주변 환경으로부터 적절히 보호되어야 한다.

EEBD의 착용법은 유해 대기로부터 긴박한 상황에 대비하여 빠르고 쉬워야 하고, EEBD에는 사용법을 명확하게 보여주는 간략한 설명서 또는 도해가 명시되어야 한다. 또한 EEBD의 유지보수 요구사항, 제조자의 상표, 일련번호, 제조일자를 포함한 유효기간 및 승인기관의 명칭도 각 EEBD상에 인쇄되어 있어야 한다.

선박이 유독성 화물을 운송할 때에는 갑판상 작업 구역에 EEBD를 추가 비치하는 것도 고려되어야 한다.

선박 내 모든 훈련용 EEBD는 명확하게 표시가 되어야 한다.

5.45 Fire Flaps의 상태가 양호하고, 차단구역이 명확히 표시되어 있으며 주기적으로 테스트하고 정비한 기록이 있는가?

검사관은 선원에게 무작위로 Fire Flap의 작동 시연을 요청해야 한다. Fire Flap 시연이 선박 운영에 영향을 주어서는 안 된다.

Material Safety Data Sheets(MSDS)

5.46 선박 내에서 취급되는 모든 선적화물, 연료유, 케미컬, 페인트 및 다른 물질들에 대한 물질안전보건자료가 있으며 사관은 이것들의 사용에 친숙한가?

선박에는 다음에 대한 MSDS가 비치되어 있어야 한다.

- 취급되는 모든 종류의 화물
- 선박 내 사용중인 모든 종류의 연료유

- 선박 내 사용중인 모든 종류의 케미컬
- 선박 내 사용중인 페인트, 보호 코팅 및 모든 다른 부식 또는 독성 물질

MARPOL 73/78의 Appendix I에서 Annex I에 정의된 MARPOL Annex I 화물과 선박에 공급되는 모든 연료유에 관한 MSDS는 그것들의 선적 전 제공되어야 한다. (SOLAS 2007 Amendments VI 5 -1)

MARPOL Annex II 화물을 운송하는 선박에는 벤젠을 포함하는 화물 선적 전 화주는 ISM Code, MSDS에 정의된 바와 같이 선장과 선사에 MSC 286(86) Resolution에 따른 형식으로 작성된 MSDS를 제공하여야 한다. (IBC Appendix 8 Annex)

참고 : 포장된 형태의 보일러용 케미컬 또는 다른 케미컬들은 움직이지 않도록 적절히 보관되어야 하고 MSDS가 제공되어야 한다. 케미컬 보관장소에는 안면 보호구, 앞치마, 장갑 그리고 세안액을 포함한 보호장구가 제공되어야 한다. 상기 물질을 다루는 사람들은 MSDS의 목적을 충분히 인지하고 그것의 활용에 친숙해야 한다.

선박에서 사용 또는 보관중인 페인트, 보호 코팅 또는 모든 다른 부식성 또는 유독성 물질도 움직이지 않도록 적절히 보관되어야 하며 MSDS가 제공되어야 한다. 상기 물질의 보관 장소에도 안면 보호구, 앞치마 그리고 세안액을 포함한 보호장구가 제공되어야 한다. MSDS는 특정 용기에 인쇄되어 있을 수도 있고 만약 그렇지 않다면 확연히 게시되거나 사용자가 쉽게 사용할 수 있게 비치되어 있어야 하며, 상기 물질을 다루는 사람들은 MSDS의 목적을 충분히 인지하고 그것의 활용에 친숙해야 한다.

Annex I 화물과 연료유에 대한 MSDS 데이터 자료는 MSC286(86)의 형식을 따르도록 권고된다. 선박에서 사용되는 케미컬이나 페인트, 신나 등과 이와 유사한 다른 물질들에 대한 MSDS는 그 목적에 부합하여야 하고 기본적으로 MSC 286(86)의 형식을 따라야 한다.

Access

5.47 선박에는 안전한 접근 수단이 제공되고 있으며, 모든 이용 가능한 수단들(Gangway / Accommodation Ladder / Pilot Ladder / Transfer Basket)의 상태는 양호하고 잘 관리되고 있는가?

선박의 Gangway는 일직선으로 곧고 옆 지지대 및 핸드레일이 제공된 경량의 가교구조로 구성되어야 하고, 발판에는 기울어 졌을 때를 대비하여 Foot Grip이 있는 Transverse Bar 또는 미끄럼 방지 표면이어야 한다. 그리고 Gangway는 선박의 현측에서 핸드레일과 부두 작업 위치 사이 공간에 수직으로 설치된다. (ISOGOTT 16.4.3.2)

선박의 승하선 수단 :

1) 2010년 1월 1일 이후에 건조된 선박은 부두 및 선박운항과 관련된 부두시설에서 사용하기 위하여 Paragraph 2에 따른 Gangway 및 Accommodation Ladder 와 같은 승하선 수단이 제공되어야 한다.

2) Paragraph 1에서 요구하는 승하선 수단은 기구가 개발한 기준에 기반하여 제작 및 설치되어야 한다. (MSC.1/Circ 1196) (SOLAS II-1/3-9)

표시:

각 Gangway 및 Accommodation Ladder에는 최대 및 최소 허용설계 경사각, 설계 하중, Bottom End Plate의 최대 하중 등 안전 운용 및 적재에 대한 제한사항이 표시된 Marking Plate가 각 끝부분에 명확하게 부착되어 있어야 한다. 최대 운용하중이 설계하중보다 적으면 이것도 Marking Plate에 표시되어 있어야 한다. (MSC.1/Circ. 1331//3.5)

매 5년마다 5.1.1.1항 / 5.1.2.1항 / 5.2.1항에서 요구하는 검사가 완료되면 Gangway, Accommodation Ladder 및 Winch는 Ladder의 최대 운용하중으로 작동시험을 받아야 한다 (MSC.1/Circ.1331)

자기점화등과 부양성 구명줄이 장착된 구명부환은 승하선 설비가 운용될 때 근처에서 즉시 사용될 수 있도록 비치되어 있어야 한다. (MSC.1/Circ.1331/3.3)

Gangway가 육상에 고정되어 있고 구조적 부재로서 영구적으로 만들어진 핸드레일이 있다면 안전망(Safety Net)의 설치를 필요로 하지 않는다. 단, 로프 또는 체인 핸드레일 또는 탈착식 지지대가 장착된 다른 형태의 Gangway는 명확하게 장착된 안전망이 제공되어야 한다. (ISGOTT 16.4.5)

Gangway 핸드레일 위쪽이나 옆으로 사람이 떨어질 가능성이 있다면 안전망이 설치되어야 하고, 선박과 부두 사이로 사람이 떨어지지 않도록 설치되어야 한다. 다만, 핸드레일에 적절한 보호장비가 제공된다면 안전망의 설치가 필요하지 않을 수도 있다.

선박 또는 육상으로부터 Gangway가 제공되었는지에 관계없이 안전망의 설치는 선박에 책임이 있다. 선박의 승하선 수단이 안전하지 않다면 검사관은 자신의 위험을 무릅쓰고 승선할 필요는 없다.

Gangway가 설치되었다면 경고문은 가급적이면 육상측의 끝부분에 게시해야 하며, 경고문에는 아래의 사항이 명시되어야 한다.

- 무단 승선 금지
- 방문객 신분증 제시
- 휴대전화와 기타 전자장비 전원 차단
- 흡연 및 성냥 사용 금지

라이터와 성냥은 선박 내 반입이 금지된다.

해수면에서 선박의 승하선 출입 지점까지의 높이가 9미터 이상인 선박에서, 현측 사다리 또는 도선사용 기계식 승강기 또는 Pilot ladder와 결합되어 동등한 안전과 운용상 편리를 제공하는 다른 방법으로 도선사를 승선시키고자 한다면 그 설비를 양현으로 이동시켜 사용할 수 있는 것이 아니라면 선박의 각 양현에 별도로 설치하여야 한다. (SOLAS V/23.3.2)

Pilot Ladder는 IMO Resolution A.1045(27) 또는 ISO 799:2004 요구사항을 준수하여 제작된 것으로 제조사에서 인증을 받은 것이어야 한다.

해수면에서 선박의 승하선 출입 지점까지의 높이가 9미터 이상인 선박에서는 Accommodation Ladder가 Pilot Ladder와 결합하여 사용하게 된다. Accommodation Ladder는 선미 방향을 향하도록 설치되어 있어야 하고, 사용시에는 선체의 길이와 평행하도록 하여 현측에 확실히 고정시키고, 선박의 배출물로부터 영향을 받지 않지 않아야 한다. (SOLAS V/23.3.3.2)

승하선 수단을 지지하는데 사용되는 모든 와이어는 Regulation III/20.4에 따라 관리되어야 한다. (시브를 통과하는 부위에 대해서는 특별한 주의와 Fall의 변형/마모 등의 이유로 필요한 경우 또는 5년을 넘지 않는 기간 중 짧은 간격으로 신환하여야 한다. (SOLAS II-I Reg 3-9.3)

Pilot Ladder 또는 Accommodation Ladder의 상부와 선박의 갑판 사이에 승하선을 위하여 안전하고 용이하며 장해물이 없는 통로를 보장하는 적절한 수단이 구비되어야 한다. (SOLAS V/23.4),

이동설비의 전방, 승하선 장소 또는 Pilot Ladder를 조작하는 장소에는 적절한 조명설비가 구비되어야 한다. (SOLAS V/23.8).

Sample Arrangements

5.48 화물 및 연료유 샘플 저장을 위한 적합한 수단이 있고, 이들의 보관장소는 주요 화물구역에 위치하였으며, 관리 상태는 양호한가?

모든 화물 샘플은 거주구역 외부에서 접근할 수 있는 장소에 안전하게 보관되어야 한다. 페인트 창고와 같이 고정식 소화장치에 의해 보호되는 장소에 보관하는 것을 고려해야 한다. 선박에 있는 샘플의 수는 주의깊게 관리되어야 하며, 더 이상의 보관이 필요하지 않은 경우에는 선박의 슬롭 탱크나 터미널 폐유설비에 폐기해야 한다.

회사에는 샘플을 폐기하기 위한 절차가 마련되어 있어야 한다. 이것의 주요 목표는 관련 화물을 양하한 후 보관기간을 최소화하는 것이어야 하고, 특별한 경우를 제외하고 화물을 양하한 후 3개월 동안만 샘플을 보관될 것이 권장되어야 한다. (ISGOTT 12.3)

보관되어 있는 연료유 샘플은 선원이 샘플에서 방출될 수 있는 증기에 노출되지 않도록 선박의 거주구역 외부 안전한 장소에 보관되어야 하고, 이 장소에 출입할 때에는 적절한 환기 등 특별한 주의를 기울여야 한다. 또한, 보관되어 있는 샘플의 온도가 상승되지 않도록 저온 또는 대기온도면서 직사광선에 노출되지 않는 장소에 보관되어야 한다.

MARPOL 73/78의 Annex VI의 규정 18(6)에 따라 보관되어 있는 연료유 샘플은 해당 연료유가 실질적으로 소모될 때까지 보관되어야 하지만 어떠한 경우에도 연료유 수급 시점으로부터 12개월이 넘지 않아야 한다. (MEPC.96(47))

Additional Comments :

만약 검사관이 이 장의 특정 질문의 답변에 대하여 이 장에서 다루어지는 주제와 연관되는 추가 코멘트Comment가 있다면 검사관은 이 부분에 그러한 추가 Comment를 기록한다.

CHAPTER 6 Pollution Prevention

6.1 선원들은 선상유류오염비상계획서(SOPEP)/선상해양오염비상계획서(SMPEP)와 관련된 업무에 친숙하고, 계획에는 비상연락처를 즉시 이용할 수 있도록 최신화된 상태를 유지하고 있는가?

150톤 이상의 모든 유조선 그리고 400톤 이상의 유조선 이외의 선박은 주관청으로부터 승인 받은 선상유류오염비상계획서(SOPEP)를 선박에 비치해야 한다. (MARPOL Annex I/37)

유해 액체물질을 산적 운송하기 위해 승인된 150톤 이상의 모든 선박은 주관청이 승인한 유해액체물질을 위한 선상해양오염비상계획서(SMPEP)를 선박에 비치해야 한다. (MARPOL Annex II/17)

SOPEP 및 SMPEP는 공용어 또는 선장과 사관이 이해할 수 있는 언어로 작성되어야 한다.

MARPOL Annex II의 Regulation 17이 적용되는 선박의 경우 이러한 계획서는 MARPOL Annex II의 Regulation 17에 따라 요구되는 유해액체물질의 선상해양오염비상계획서와 결합될 수 있고, 계획서의 제목은 “선상해양오염비상계획서” 이어야 한다. (MARPOL Annex I / 37.3 및 Annex II / 17)

만약 관리사의 변경이 있다면 이러한 계획서들은 선급의 재승인을 받아야 한다.

국가에서 운영하는 연락처 목록은 IMODOCS에 매년 게시되는 MSC-MEPC.6 circular의 부속서로 발행되며, 대부분의 최신 목록은 GISIS Website인 http://gisis.imo.org/Public/CP/Browse,aspx?/List =URHS 연락처 모듈에서도 내려 받을 수 있다.

부록을 포함한 전체 Circular 및 부록의 독립된 PDF 버전도 IMO 홈페이지(http://www.imo.org) 하단의 "National Contacts" 또는 "Circulars" 링크를 통해 이용할 수 있다.

국가에서 운영하는 연락처 목록의 유일한 공식 버전은 분기별로 전자로 발행되고, 2018년 01월 이후 분기별 공식적인 업데이트 날짜는 01월 31일, 04월 30일, 07월 31일 및 10월 31일이다.

입항 항구에 대한 특정 연락처가 준비되어야 하고, 선장이 쉽게 이용할 수 있어야 하며 화물 제어실에 게시되어 있어야 한다. 목록에는 최소한 DPA 연락처(또는 운항사 비상연락망의 세부사항); 항만 당국, P&I Club, 대리점 및 연안국 연락 목록에서 국가오염보고센터가 포함되어 있어야 한다.

6.2 선박에 설치되어 있는 주 갑판의 경계 코밍 및 스커퍼 설비는 효과적으로 밀폐되어 있는가?

가스 운반선의 스커퍼는 연료 수급 시나 MARPOL Annex 1 화물을 운송할 경우에만 밀폐되며, 검사 당시 연료유 수급을 하고 있지 않다면 질문에 대한 답변은 N/A가 되어야 한다.

거주 및 업무구역으로부터 갑판상 유출을 멀리할 수 있는 수단이 제공되어야 한다. 이는 현측에서 반대편 현측까지 적어도 300mm 높이 이상의 연속되고 영구적인 코밍의 설치로도 충족된다. 만약 선박에 선미 적재설비가 갖추어져 있다면 이와 관련하여 특별히 고려되어야 한다. (SOLAS II-2.4.5.1.6.)

유출물을 갑판상에 유지시키고 거주 및 업무구역을 보호하기 위하여 적절한 높이의 연속적인 코밍이 설치되어야 한다. (IBC 3.7.7)

이러한 코밍 설치의 2차 목적은 주갑판 상에 기름의 유출이 발생하였을 때 주갑판 후부에 기름이 모이도록 하여 선원에게 처리할 충분한 시간을 줌으로써 해상으로의 기름유출을 방지하기 위함이다.

6.3 소량의 기름 또는 케미컬 유출을 처리하기 위한 수단이 손쉽게 이용 가능한가?

갑판상의 유출을 신속하게 제거하기 위한 수단이 준비되어야 한다. 유출 처리 장비들은 매니폴드에 쉽게 이용 가능할 수 있어야 하고, 신속하게 유출물을 처리할 수 있도록 선박 양현의 주갑판 끝부분에 적절한 방법으로 준비되어야 한다. (Cargo Tank에 Spill Pump나 덤핑 혹은 다른 동등한 효과적인 수단을 준비)

만약 Cargo Tank나 Slop Tank로의 유출물 이송이 불가능하다면, 대안으로 갑판상의 oily water와 유출물의 처리를 위해 최소한 2M3의 용적을 가진 밀폐된 Container를 이용할 수 있다.

이동식 Spill Pump들은 선박 구조물에 접지선을 연결하여 작동 중 정전기가 형성되는 것을 방지하여야 한다. 접지선은 외부 수단 또는 방출용 호스로 만들어지거나, 선박 구조물에 플랜지의 연결 수단으로 되어있는 것도 포함된다. 또한, 펌프들은 작업 중에 손상이나 이동을 방지하기 위해 고정되어야 한다.

이동식 Spill Pump의 배출구가 Cargo Tank에 직접 연결된 경우, 적합하게 고정된 배관이어야 하며, 유출물의 처리시 Sight Glass와 같은 Tank 개구부를 통해서 Spill Pump의 배출 호스를 넣어 이송시키지 않아야 한다.

주갑판 후부에 덤프밸브가 설치된 경우, 밸브를 열면 유출된 기름이 실질적으로 Tank로 처리될 수 있는지 확인되어야 한다. 화물 Tank 내 과도한 기압이 있으면 덤프밸브가 열릴 때 압력이 외부로 방출되어 상황을 악화시킬 수도 있다. 화물 Tank로 가는 덤핑라인에 설치된 U-Bend는 Tank압력을 감압하지 않고 유출된 기름을 안전하게 처리할 수 있도록 해야 하지만, 증기의 역류를 방지하기에 적절한 U Bend의 액면수위에 따라 달라질 수 있다. Tank 내 화물의 Ullage는 갑판상 유출유가 이동하는데 영향을 미칠 수 있으며 특히, Tank가 가득 차 있고 선미 트림일 때는 더욱 그러하다.

만약 유출유를 효과적으로 Drain하는 것이 불가하거나 압력의 제거가 요구될 경우에는 즉각적인 유출유 처리를 위한 다른 조치 방안이 마련되어야 한다.

만일 선박이 Sagging 상태이면 유출유는 배 중앙에 모이게 될 것이고 선수 트림 상태가 되면 선수 측으로 유출유가 모이게 될 것이다. 유출유 장비와 처리 시설의 위치는 이러한 여러 조건들을 고려해야 한다.

가스운반선의 경우 이 질문에 대한 대답은 'N/A' 여야 한다.

Cargo Operations and Deck Area Pollution Prevention

6.4 Annex 1 및 Annex 2의 선외 밸브와 화물시스템의 해수 밸브들은 적절히 고정되어 있고, 화물 이송을 시작하기 전에 철저히 차단하였으며, 설비되어 있다면 해수 밸브 테스트 장치의 상태는 양호하며 주기적으로 누설을 감시하고 있는가?

적하 초기와 적하, 양하, Ballast 및 Tank 세정 작업 동안 주기적인 간격으로 해수 밸브를 통해 기름이 유출되지 않도록 철저히 확인하여야 한다.

화물과 Ballast 계통에 연결된 해수 및 선외 배출밸브는 확실하게 닫혀있고 고정되어야 하며 사용하지 않을 시에는 씰이 되어야 한다. 라인이 있다면 라인에 blank가 삽입되어야 한다. 유압밸브와 같이 실제 고박이 불가능한 경우 그 밸브가 닫혀있음을 명확하게 보여줄 수 있도록 적절한 수단으로 표시가 되어야 한다.

이 사항에 대한 자세한 내용은 'Cargo Pump Room 해수 밸브를 통한 기름 누출 방지' (ISGOTT 24.7.2)를 참조한다.

상기에 대한 점검 기록들은 갑판 또는 화물기록부에 기록되어야 하고, 오염방지에 대한 경고문은 이러한 밸브 근처에 게시되어 있어야 한다.

해수 밸브의 선체 내부와 외부 사이의 파이프라인 내에 압력 형성을 모니터링하고 유동량을 결정할 수 있는 장비가 설치되도록 권장된다. 이러한 장비는 화물작업 중에 누설 징후를 조기에 제공하고, 누설하는 밸브를 조기에 식별할 수 있도록 해 준다. 하역작업 중에 이 라인의 압력 생성은 Gauge상 눈금 변화로 확실하게 식별할 수 있고, 밸브 중 하나가 새고 있다는 것을 표시해 준다. (OCIMF Cargo Pump Room Sea Valves 4)

Pump Room 내 하부 플렛폼에 축적되어 있을지도 모르는 농축가스에 노출될 가능성이 있으므로 이곳으로부터 충분히 떨어진 위치에서 샘플을 채취하고 Gauge 눈금을 읽을 수 있도록 장비들을 설치하여야 한다. (OCIMF Cargo Pump Room Sea Valves 4)

압력 전용 Gauge보다는 압력 및 진공 겸용 Gauge의 사용은 Ballast 작업을 위해 해수밸브를 열기 전 라인 내에 vacuum 상태를 알 수 있으므로 권장된다. (OCIMF Cargo Pump Room Sea Valves 4)

해수 Suction이 비어 있지 않거나 화물시스템에 Spool Piece가 분리되어 있지 않다면 Cargo Sea Suction측에는 2개의 밸브가 설치되어야 하고, 테스트 압력은 3.5 kg/㎠를 초과하지 않도록 주의해야 한다.

6.5 Ballast Water 라인이 화물 그리고/또는 벙커 Tank를 통과하면 주기적으로 테스트하고 그 결과를 기록하였는가?

6.6 적절한 매니폴드 Spill Container와 화물 매니폴드 하부에 Grating이 설치되어 있으며, 배수시설은 적합하고 Container는 비어있는가?

적절한 배수 수단이 있는 영구적으로 설치된 Spill Tank는 선박과 육상측의 매니폴드 연결부 하부에 설치되어야 한다. 만약 영구적인 수단이 장착되지 않은 경우 어떠한 누설이라도 수용할 수 있는 이동식 Drip Tray를 각 연결부 아래에 비치해야 한다. 플라스틱은 화학적 결합이 제공되지 않았다면 사용을 피해야 한다. (ISGOTT 24.7.4)

Spill Container에서 Cargo Tank 또는 Spill Tank로 배출할 수 있는 적절한 수단이 제공되어야 한다. 케미컬탱커에서는 유독성과 화합성의 요건에 따라 Spill Container에서 적절한 Tank로 배출되어야 한다. 매니폴드 Spill Container는 깨끗하고 화물 잔류물이 없어야 한다.

6.7 Bunker 파이프는 매년 만족스럽게 테스트를 시행하고 있으며, 이에 적절한 증거가 있는가?

참고 : 벙커 파이프라인은 선박에서 소비하기 위한 연료유를 수급, 배출 또는 내부 이송을 위해 사용되는 모든 파이프라인으로 정의한다.

선박의 '연료유 이송 시스템'는 적어도 일년에 한번 작동압력의 100%(때로는 최대 허용 작동압력-MAWP이라고도 함)로 점검하여야 하고, '유류 이송 시스템'은 최소 5년에 2번은 작업압력의 1.5배로 점검하여야 한다. 파이프 라인에는 테스트 날짜와 압력을 표시하여야 한다. 선박의 연료유 이송 시스템은 배출펌프 그리고 펌프와 선박의 매니폴드 사이의 파이프를 모두 포함하며, 동시에 비금속 호스는 배제한다. 이 경우 MAWP는 이송 파이프의 Relief Valve가 설정 압력이거나, 만약 Relief Valve가 설치되어 있지 않다면 선박의 펌프에서 만들 수 있는 최대 배출압력이다. 원심펌프의 경우 이것은 Zero Flow 상태에서 펌프에 의해 발생되는 압력이다. 압력테스트는 유압테스트 이어야 하고, 압축공기나 불활성가스를 이용한 압력테스트는 허용되지 않는다.

비금속 호스(예, Bunker Line)에 대한 테스트 요건은 250배럴 이상 용적을 가진 각 선박(미국 항행수역 또는 인접수역)에서 유류 또는 위험물질의 이송에 적용된다. 33 CFR §156.100.

테스트는 매년 또는 2년마다 및 중간 점검의 일환으로 시행되어야 한다 §156.170(f)(3).

33 CFR 156.170(c)(1)(iii) 및 (iv)에서 요구하는 테스트 유형은 정적 액체 압력 테스트이다. 공기를 이용한 테스트는 허용되지 않는다.

기록은 33 CFR 155.820.에 따라 유지되어야 한다.

각 비금속 이송 호스는 다음의 사항을 충족해야 한다.

1) 관리되지 않는 느슨한 커버, 뒤틀린 것, 불룩 튀어나온 것, 허술한 곳 또는 유류나 위험물질이 누설될 수 있는 결함, 그리고 §156.120(i)에서 정의된 호스 보강재의 첫번째 덮개막을 관통하는 홈, 절단 또는 베임이 없어야 한다.
2) 외형의 변질이 없어야 하고, 호스의 양쪽 끝을 개방하여 내부 점검이 가능한 범위까지 내부에 변질이 없어야 한다.
3) 최대허용 작동압력의 최소 1.5배 이상의 정적 액체 압력 하에서 터지거나 불룩해지거나 누설되지 않아야 한다. (33 CFR 156.170 (c))

해안 경비대는 선박이 운항 중이거나 특수한 장비를 사용할 수 없는 조선소 밖에서의 이러한 압력 테스트는 비현실적이라는 점을 인식하고 있다. 따라서 이에 대한 대안으로 Port Captain은 상황을 고려하여 33 CFR 156의 요건 대신에 선박 운항사가 사용하고 있는 대체 절차, 방법 또는 장비 기준을 준용하거나 필요한 조건을 추가하여 승인할 수 있다는 33 CFR 156.107을 계속 수용하고 있다.

미국해안 경비대 해양안전 매뉴얼(U.S. Coast Guard Marine Safety Manual)에는 연료유 그리고/또는 화물의 파이프 테스트에 대하여 5년 이내에 최소 2번의 150% MAWP 테스트가 시행되는 경우에는 매년 100% MAWP 이상의 대체압력테스트를 허용한다.

파이프라인은 육안으로 검사하고 정기적인 압력테스트를 통해 상태를 확인하여야 한다. 초음파 두께 계측과 같은 비파괴검사 검사 방법이 적절할 수는 있으나 항상 육안 검사를 통해 보완되어야 한다. (ISGOTT 10.11.3)

6.8 미사용 화물 및 연료유 수급 파이프 매니폴드는 완전히 볼트로 고정되고 모든 Drain, Vent 및 미사용 Gauge Stem은 적절히 차단되거나 캡으로 막았는가?

모든 선박에서 사용하지 않는 화물 및 연료유 수급 파이프는 매니폴드에서 안전하게 blank 되어야 한다. 선미에 화물 파이프라인이 있는 경우에는 blank하거나 스풀피스를 제거함으로써 탱커선 전방의 주요 파이프 시스템에서 거주구역 후부와 완전히 격리시켜야 한다. (ISGOTT 24.7.5)

여기에는 선박 양현에서 화물 작업 중 사용하거나 또는 압력이 미칠 수 있는 모든 파이프 라인과 설비가 포함된다.

Blank의 모든 볼트는 채워져야 하고, Drain과 Vent에는 밸브를 설치하고 캡을 씌우거나 막아야 한다. 압력 Gauge Stem에는 밸브가 설치되어야 하고 Gauge가 없을 경우에는 캡으로 막아야 한다.

6.9 모든 연료, 디젤 및 윤활유 Tank Vent와 유압갑판기기 주위에 누출 Container가 적절히 설치되어 있는가?

참고 : 연료유 Tank의 Vent 주위 Saveall의 높이는 Saveall에 물이 채워졌을 때 악천후 조우 시 Tank 내로 유입될 수 있기 때문에 Vent 헤드의 높이보다 높아서는 안 된다. Vent

헤드는 연결된 장소를 나타내기 위해 명확하게 라벨이 부착되어 있어야 한다.

Container에는 물과 기름이 없어야 하며, 배수용 플러그는 항구 내에서는 채워져 있어야 한다.

6.10 선수 또는 다른 내부 공간에 있는 Oily Water의 배출을 위한 장치는 적절하고 사관은 요구되는 사항을 잘 알고 있는가?

선박 내부 공간의 Bilge Well에 유압유, 연료유 또는 다른 기름이 축적될 가능성이 있다면 그것을 처리할 수 있는 적절한 장비가 있어야 하고, Bilge Well 누수에 대해 조기 파악 할 수 있도록 육안으로 식별가능 하여야 한다. 수동 펌프나 이젝터가 장착되어 있다면 오염방지 경고문을 게시해야 하고 실수로 개방되지 않도록 선외배출 밸브는 고정되어야 한다. 가능한 경우 빌지 알람 테스트 시행한다.

Pump Rooms and Oil Discharge Monitors

6.11 Pump Room/트렁크 공간에 빌지 고수위 경고장치가 설치되어 있고, 규칙적으로 점검하고 그 결과를 기록하는가?

2002년 7월 1일 이후에 건조된 모든 탱커의 Pump Room에는 빌지 수위 감시 장치와 적절한 경고 장치가 설치되어야 한다. (SOLAS II-2/4.5.10.1.4)

Pump Room 빌지 고수위 경보는 펌프실의 낮은 곳에 설치되어야 효과적이다. 가능한 경우 빌지 알람 테스트를 시행한다.

6.12 파이프라인 Drain과 Pump Room에 축적된 빌지의 처리를 위하여 적절한 설비가 마련되어 있는가?

일부 탱커선에서는 시행되는 라인배출에 대한 규정이 없으며, 특정 제품의 운송에 대한 요건을 충족하기 위해 최종 파이프 내 내용물은 Pump Room 빌지로 배출된다. 이는 안전하지 못한 것이고, 휘발성 화물이 빌지로 배출되는 것을 최대한 방지하기 위해 화물취급절차를 검토할 것을 적극 권장되고 있다. Pump Room 외부, 적어도 Upper Deck에서 배수 시스템을 작동시킬 수 있는 수단이 제공되어야 한다.

Ballast용으로 사용되는 파이프라인에서 디발라스팅 완료 후 Pump Room 빌지로 배출하여야 한다면, 빌지 내 석유화학제품과 혼합되지 않도록 유의해야 한다. (ISGOTT 10.11.2)

모든 화물 및 Ballast Pump Room에는 오염의 위험 없이 생성된 빌지를 Cargo/Slop Tank 또는 다른 수용 Tank로 이송할 수 있는 적절한 수단이 있어야 한다.

6.13 기름배출 감시장치가 장착되어 있다면 상태가 양호하고 잘 관리되고 있으며 모든 작동시간은 기름기록부에 기록되어 있는가?

고장이 발생한 경우 발생 날짜 및 시간과 장비가 복구된 날짜 및 시간 그리고 고장의 원인을 기름기록부에 기록해야 한다. 고장이 발생한 기간 동안의 위험경감 수단도 문서화 해 두어야 한다.

기름배출 감시장치가 현재 작동되지 않는다면, 얼마나 오랫동안 작동되지 않았고, 어떠한 대처방안을 이행하고 있는지 기록하여야 한다.

Engine and Steering Compartments

6.14 기관실 유수빌지 유수 펌프 및 배출 장치의 상태는 양호한가?

주 빌지 계통에 연결된 적어도 2개의 동력 펌프를 갖추어야 하며, 이들 중 하나는 추진기관에 의하여 구동될 수 있다. 만약 선박의 안전이 저해되지 않는다고 주관청이 인정하는 경우, 빌지배출설비가 특정 구역에 설치되지 않을 수 있다. (SOLAS II-1 Reg. 21.3)

갑판상으로 배출하거나 선박에 보유하기 위해 빌지나 유수혼합물을 이송하는데 사용하는 모든 시스템은 기름과 유수혼합물이 해상으로 배출되지 않도록 보장하는 수단을 갖추어야 한다. 검사관은 기관구역 내 일일 빌지 축적물의 처리를 위해 직접 연결된 선외변을 통해 배출되는지 여부를 확인해야 한다.

축적된 빌지의 규칙적인 처리를 위해 또는 다른 기름을 처리하기 위해 빌지펌프에서 선외로 직접 연결되어 있다면 검사관은 반드시 이 사항을 지적사항으로 기록해야 한다.

6.15 비상 빌지펌프 설비는 즉시 사용할 수 있는가, 비상 빌지 Suction구는 명확하게 식별되고, 비상 선외 배출 밸브에 돌발적 개방에 대비하여 경고문이 게시되어 있는가?

이 부속서 규정 15 및 34(기름 배출의 관리)에서 다음의 경우에는 적용되지 아니한다.

1. 해상에 있어서 선박의 안전을 확보하거나 인명을 구조하기 위하여 필요한 기름 또는 유성혼합물의 해역에의 배출; 또는
2. 선박 또는 설비의 손상으로부터 발생된 기름 또는 유성혼합물의 해역에의 배출; 다만,
   - 2.1. 손상의 발생 또는 배출의 발견 후에 배출을 방지하거나 최소화하기 위해 모든 합리직인 조시가 쉬해셨을 경우; 그리고
   - 2.2. 선박 소유자 또는 선장이 고의로 손상을 일으키거나 손상이 생길 우려가 있을 것을 인식하고도 무모하게 행동한 경우는 제외한다; 또는.
3. 오염사고를 최소화하기 위하여 주관청에 의해 승인된 특수한 오염사고 방제용으로 사용되는 것으로 기름을 함유하고 있는 물질의 바다로의 배출. 그러나 이러한 배출이 행해질 장소를 관할하는 정부의 승인을 받아야 한다. (MARPOL Annex 1 Reg 4)

SOLAS에 따르면 위생수, Ballast 및 일반 서비스 펌프들이 빌지펌프 시스템의 필요 연결부에 설치된 경우에는 독립된 동력의 빌지펌프로 인정될 수 있다고 명시하고 있다. 이러한 요건에 대해서 비록 명확하게 정의하고 있지는 않지만 SOLAS에서는 비상 상황에서 선외로의 빌지 배출을 허용하고 있고, 상기 MARPOL Annex 1 Reg 4에서도 이를 허용하고 있다.

비상 빌지의 선외 배출에 있어 기관실내 통상적으로 발생하는 빌지의 배출은 명백히 금지된다. 따라서 선외 벨브 및 관련 선외 파이프의 기름 오염의 징후가 있는지 확인을 해야 한다.

또한, SOLAS의 두 가지 빌지 처리수단으로 추가적인 비상 빌지 처리시스템이 선급 요건에 적합하고, 해수 펌프로 활용되고 있으며, 선외변으로 직접 배출되도록 설비되어 있다면, 이 비상빌지 Suction밸브에는 반드시 쉽게 접근할 수 있어야 하고, 목적에 따라 명확하게 표시를 해 두어야 한다.

유성혼합물 또는 기름의 허가받지 않은 배출을 방지하기 위해 비상 선외변의 작동에 대한 통제수단이 마련되어 있어야 한다. 선외를 개방하지 않았다는 확실한 증거로는 번호를 매긴 씰이 사용될 수 있고, 그 번호는 증빙 자료로써 기관일지나 기름기록부(Part 1)에 기록해 두어야 한다. 씰에 사용되는 재료는 비상시에 밸브를 바로 개방할 수 있도록 쉽게 뜯어질 수 있어야 한다.

만약 선박의 빌지펌프 중 하나의 대안으로 이젝터가 설치되어 있다면 Suction 밸브가 유사한 방법으로 봉인되어 있어야 한다.

6.16 MARPOL 요건에 따라 슬러지 및 기타 기기에서 발생된 폐기물이 처리되고 있는가?

슬러지 Tank와 연결된 파이프에는 규정 13에서 언급된 바와 같이 표준 배출 연결부 이외에 선외변과 직접 연결된 부분은 없어야 한다. (MARPOL 12/2)

검사관은 새로 제작된 파이프 플랜지, 신축성 있는 호스 연결구, 손상된 씰, Oily Flanges/Valve Glands 및 승인된 빌지 배출 시스템에 표시되지 않은 파이프 등 위법행위의 명백한 증거가 없는지 확인해야 한다.

6.17 유수분리기의 상태는 양호하고 허가되지 않은 개조가 없으며, 기관사관은 작동 및 설비되어 있다면 자료의 확인 방법에 익숙한가?

1. 본 규정의 3항에 명시된 것을 제외하고, 총톤수 400톤 이상 및 10,000톤 미만의 선박은 본 규정의 6항에 따른 기름 필터링 장비를 설치하여야 한다. 규정 16.2항에 따라 연료유 Tank에 있는 해수 Ballast를 배출할 수 있는 선박은 본 규정의 2항을 준수하여야 한다.
2. 본 규정의 3항에 명시된 것을 제외하고, 총톤수 10,000톤 이상의 선박은 본 규정의 7항에 따라 기름 필터링 장비를 설치하여야 한다.
3. 본 규정의 1항에 따른 기름 필터링 장비는 주관청이 승인한 설계에 따른 것이어야 하며, 이 장치를 통해 해양에 배출되는 어떠한 유성혼합물도 유분농도가 15ppm을 초과하지 않도록 보장되어야 한다. 이러한 장치의 설계를 고려함에 있어서, 주관청은 기구에서 권고하는 상세에 유의해야 한다.

4. 본 규정의 2항에 따른 기름 필터링 장비는 본 규정의 6항을 준수해야 한다. 추가로, 이 장치에는 15 ppm 이하를 유지될 수 없는 시점을 나타내는 경고장치가 제공되어야 한다. 유성배출물의 유분농도가 15 ppm을 초과하는 경우에는 배출을 자동적으로 정지시키는 장치가 설치되어야 한다. 이러한 설비의 설계 및 승인을 고려함에 있어서 주관청은 기구에서 권고한 상세에 유의해야 한다. (MARPOL Reg 14)

유수분리기는 통상적으로 자체 공급 펌프와 같이 공급된다.(분리 장치를 통해서 물을 펌프로 퍼내거나 빨아들이는 방법이다.)

검사관은 유수분리기의 파이프가 변경되어 있지 않는지, 물리적으로 우회 되었거나 장치를 우회하기 위한 연결부 장착 여부 확인하여야 하며, 유분 농도 측정장치가 어떠한 간섭을 받는지 여부도 확인해야 한다. 검사관은 유분 농도 경고장치의 만족스러운 작동상태 확인과 선원의 숙련도 증명을 위하여 시연을 요청해야 한다. 유류 필터링 장비의 고장은 Oil Record Book, Part 1에 기록되어야 한다.

15 ppm 빌지알람은 날짜, 시간 및 알람상태 그리고 15 ppm 빌지분리장치의 작동상태를 기록해야 한다. 기록 장치는 최소 18개월 동안 데이터를 저장해야 하며, 필요 시 공식 검사를 위해 Protocol을 표시하거나 인쇄할 수 있어야 한다. 15 ppm 빌지알람을 교체한 경우 18개월 동안 선박에서 데이터를 확인할 수 있는 수단이 제공되어야 한다. (MEPC.107(49) 4.2.9)

15 ppm 빌지 알람의 정확도는 IOPP 증서 갱신 검사에서 제조자 지침에 따라 점검되거나 검교정된 15 ppm 빌지 알람으로 교체할 수 있다. (MEPC.107(49) 4.2.11)(33 CFR 155.380(d))

6.18 유수분리기 선외배출밸브에 우발적 개방 사고를 방지하기 위하여 명백한 경고문이 게시되어 있는가?

참고 : 선외 배출밸브는 씰로 봉인되고 선장과 기관장의 허가 없이 개방해서 안 된다는 경고문이 게시되어 있어야 한다.

6.19 유수분리기에 자동정지 장치가 설치되어 있지 않다면 기름기록부 Part 1에 특별해역에서 작동하지 않았음을 나타내는가?

IOPP증서 Form B 2.2.2.항에 기관실 유수분리기에 승인된 자동정지장치의 장착 여부가 표기되어 있다.

총톤수 10,000톤 이상의 선박에는 혼합물의 15 ppm 이상에서 배출을 정지할 자동정지장치와 경보장치가 장착된 유수분리기가 설치되어야 한다. 만약 유수분리기에 자동정지장치가 설치되어 있지 않다면 검사관은 유수분리기를 특별해역 내에서 사용하지 않았음 확인해야 한다.

6.20 선박에서 쓰레기를 명확하게 분리수거하고 있고, 위생상 안전하게 보관할 수 있는가 그리고 쓰레기는 폐기물관리계획서에 따라 취급되고 있으며 폐기물 기록부는 정확하게 기록 유지되고 있는가?

선박에는 적절한 쓰레기 저장시설을 갖추고 있어야 하고, 안전하고 위생적으로 쓰레기를 분리 보관하여야 한다.

Ballast Water Management

6.21 만약 선박에 승인된 Ballast Water 처리 시스템이 있다면 상태는 양호하고, 필요 시 사용하고 있으며, 사관들은 안전하게 운용할 수 있을 만큼 친숙한가?

유해 케미컬 또는 처리 첨가제를 사용하는 경우, 검사관은 안전하게 취급되고 접근이 통제되는지 확인해야 한다.

6.22 Ballast Water 처리 장치가 장착된 경우 제조자 및 선박계획정비 요건에 따라 관리되고 있는가?

Additional Comments :

만약 검사관이 이 장의 특정 질문의 답변에 대하여 이 장에서 다루어지는 주제와 연관되는 추가 Comment가 있다면 검사관은 이 부분에 그러한 추가 Comment를 기록한다.

CHAPTER 7 Maritime Security

참고 : 2004년 7월 1일부터 국제 항해선박 및 항만시설 보안코드(ISPS Code)가 발효되었다. 검사관은 민감한 자료를 보도록 요청해서는 안 되지만 구두로 선장/SSO에게 절차 또는 기록이 사용 가능하거나 유지되는지 확인해야 한다.

Policies and Procedures

7.1 선박우 승인된 선박보안계획서를 보유중인가?

선박은 기국의 승인서 또는 Endorsement Stamp가 있는 선박보안계획서(SSP)를 보유하고 있어야 한다.

7.2 선장 및 승조원은 회사보안담당자의 이름과 연락처를 알고 있으며, 이러한 세부 정보가 게시되어 있는가?

선원은 CSO의 이름이나 세부정보가 게시된 곳을 알고 있어야 한다.

7.3 기항지와 관련된 선박 보안 기록이 유지되고 있는가?

선박은 이전 10개 기항지 시설에 대하여 아래의 2.1항(SOLAS XI-2/9.2)에 언급된 정보의 기록들을 유지해야 한다. (SOLAS XI-2 / 9.2.3)

다음의 정보에 대한 기록을 유지할 필요가 있다. (SOLAS XI-2/9.2.1)

1) 선박이 발행처의 명칭 및 유효한 증서를 보유
2) 선박이 현재 운용중인 보안등급
3) 제2.3항에 명시된 기간 내 선박/항만 연계활동을 수행한 이전 항구에서 선박이 운용한 보안등급

4) 제2.3항에 명시된 기간 내 선박/항만 연계활동을 수행한 이전 항구에서 선박이 취한 특별 또는 추가 보안 수단

5) 제2.3항에 명시된 기간 내 Ship to Ship 시행하는 동안 유지된 적절한 선박보안절차

6) ISPS Code B편에서 제시된 지침을 고려하여 기타 실질적인 보안 관련 정보(선박보안계획서상 세부 사항 제외). 체약국 정부가 요청한 경우 선박 또는 회사는 해당 체약국 정부가 수용할 수 있도록 상기 요청된 정보를 확인해 줘야 한다.

참고 : 이러한 기록은 항만국 정부에 의해 정식으로 허가된 사관에 의한 통제 수단이나 조치를 부과할 필요가 없도록 하기 위해 항만 입항 전 SOLAS 제 XI-2장의 요건을 준수하기 위해 유지되어야 한다. 검사관은 기록 보관된 정보의 세부 사항을 검토할 필요는 없지만 기록 유지 여부는 확인해야 한다.

7.4 선박보안계획서와 관련된 장비의 교육과 유지보수에 대한 기록이 있는가?

선박보안계획서에서 요구하는 장비의 훈련 및 유지보수와 관련된 기록은 유지되어야 한다. 이들은 다음을 포함하지만 이에 국한되지는 않는다.

- 교육, 훈련 및 연습
  - 훈련은 선박보안계획서에 따라 수행되어야 한다.
- 보안 레벨의 변경
  - 변경사항은 로그북에 기록되어야 한다.
  - 기국 및 CSO와의 통신
- 선박이 머무르는 또는 머물렀던 항만 시설과 또는 보안위협과 관련된 통신
- 내부심사 날짜 및 시행된 보안활동의 검토
- 선박보안계획서 검토일자
- 선박보안경고시스템의 테스트를 포함하여 선박에 제공된 모든 보안 설비의 유지보수, 검교정 및 점검. (ISPS 코드 A / 10.1)

선박에 장착된 다음의 보안 관련 장비들은 주기적으로 점검하고 유지관리 되어야 한다.

- Razor/가시 철조망
- 물대포
- 보안 잠금/잠금 설비
- 잠금식 해치/계단 등

7.5 선박보안책임자는 이 역할을 수행하도록 훈련을 받았으며 자신의 책임을 이해하고 있는가?

선박보안책임자의 임무와 책임은 다음을 포함하지만 이에 국한되지 않는다.

- 적절한 보안 수단이 유지되도록 정기 보안 검사 보장
- 계획서의 수정을 포함한 선박보안계획서의 이행 유지 및 감독
- 선박보안계획서의 변경 제안 절차 숙지
- 내부심사, 정기검토, 보안심사 및 규정준수 확인 중 식별된 결함 및 부적합 사항을 회사보안책임자에게 보고하는 절차 숙지 및 시정조치 이행
- 선내 보안 인식 및 경계 강화에 대한 증거
  - 포스터 / 훈련
- 선원들에 대한 적절한 교육 실시
  - 교육 기록서 검토
- 모든 보안 사건의 보고
- 회사보안책임자(CSO) 및 해당 항만시설 보안책임자와 선박보안계획을 조정하고 이행하는 절차의 숙지(ISPS Code A /12.2)

참고 : 권장되는 훈련사항은 ISPS Code B/13.1 및 2에 자세히 기술되어 있으며, 선박보안계획서 및 관련 절차와 선박의 충분한 이해를 위한 요건도 포함된다.

7.6 선박의 전용 독립형 보안통신장비가 장착된 경우 정기적으로 테스트하고 있는가?

테스트 기록은 유지하여야 한다. (ISPS Code Part A/10.1.5)

검사관은 통신장비의 세부사항을 점검할 필요는 없지만 테스트 및 유지보수 기록 여부는 선장과 함께 확인해야 한다.

7.7 선박은 정기적으로 선박보안경보시스템을 테스트하고 있는가?

검사관은 테스트 및/또는 유지보수에 대한 기록을 보는 것을 요구되지 않지만 선장과 함께 존재 여부를 확인해야 한다. (ISPS Code A/10.1.10)

7.8 항해 계획에는 각 항차의 구간마다 보안관련 정보가 포함되어 있는가?

항해 계획과 관련된 보안관련 정보는 다음을 포함하지만 이에 국한되지는 않는다.

- 보안 등급의 변경
- 선교 인원 변경(예 : 추가 견시원)
- 선박이 강화되어야 하는 지점(OCIMF 선박 강화 지침 참조)

7.9 선박에 항해/통항 보안 위험 평가서가 있는가?

선박은 대비 및 경계의 강화가 요구되는 지역에 진입하기 전에 항해/통항 보안 위험 평가서를 검토하고 최신화 하여야 한다.

7.10 선박에는 선박 봉안 강화를 위한 절차가 있는가?

OCIMF 정보지 '선박 보안 - 강화 선박 지침'은 절차 수립 및 선박 강화 계획 수립에 대한 지침을 제공한다.

선박은 위험성 평가를 통해 필요한 경우 로그북 또는 작업계획서에 기재와 같은 강화 절차의 시행을 입증할 수 있는 기록을 유지해야 한다.

선박에 선박 강화를 위한 절차가 없는 경우 Comment에 사유를 기록해야 한다.

7.11 선장/SSO는 자발적인 보안 보고 절차를 명확하게 이해하고 있는가?

참고 : 인도양을 통과 할 때 UKMTO에 보고하는 등 자발적인 보안 보고를 실시한 증거를 확인한다.

7.12 항구에서 허가되지 않은 접근을 방지하기 위한 적절한 갑판 당직이 유지되고 있는가?

잠재적인 접근 지점(예: Hawser Pipes, 계류삭 등)을 감시하기 위해 계속적인 현문 감시와 정기적인 갑판 순찰이 시행되어야 한다.

선박의 다른 구역들에 대한 원격 모니터링이 점점 더 많이 사용되고 있다. CCTV와 같은 기술이 선박의 잠재적 접근 지점을 감시하기 위해 사용되는 경우 이는 Comment에 기록되어야 한다.

7.13 회사는 선박에 보안 차트, 출판물 및 지침들의 목록을 제공 했는가?

이러한 보안 차트, 출판물 및 지침에는 다음이 포함될 수 있다.

- UKHO 관련 보안 차트
- 업계 최고의 관리 실무 지침
- 별도의 회사 상세 지침

Cyber Security

7.14 사이버보안방침 및 절차는 선박 안전경영시스템의 일부이며, 선내에 사이버 대응계획서가 비치되어 있는가?

참고 : 절차에는 다음과 같은 사안에 대한 위험성 평가를 포함하고 있는가?

- 악성 코드와 같은 위협; 피싱 공격 등
- 취약한 시스템(ECDIS 등)의 식별 및 보호

- 완화 수단(USB 통제 등)
- 회사 내 핵심 인력 파악(선장이 의심되는 사건을 보고하는 사람 포함)
- 주요 연락처의 하드 카피(예: DPA, CSO 등).
- 암호 관리/기록
- 계약자 준수

참고 : 사이버대응계획서에 다음에 대한 지침을 포함하는가?

- 발견해야 할 '증상'
- 즉각적인 조치 사항
- 연락할 책임자의 이름, 직책, 전화 번호 및 이메일

7.15 선원은 선상 IT/OT 시스템에 대한 물리적 접근 통제에 관한 회사 방침을 알고 있는가?

참고 : 검사관은 '선상 IT/OT' 터미널의 USB 포트에 대한 접근이 통제되는지 관찰해야 한다.(즉, 이 터미널의 USB / RJ-45 포트를 차단/잠글 수 있는 수단이 마련되어 있어야 한다) 절차에는 악성코드 및 바이러스 공격으로부터 ECDIS와 같은 중요 장비를 보호하는 것을 포함해야 한다. 안전한 위치에 있어야 하는 서버에 대한 접근을 포함하여 모든 선상 IT/OT 터미널에 대한 접근 통제를 포함해야 한다. 본 절차는 타사 계약자 및 기술자에 대한 접근 또한 포함해야 한다.

7.16 회사는 선내 개인 기기의 사용에 관한 방침이나 지침을 보유하고 있는가?

개인용 기기에는 전화/태블릿과 USB 스틱 등과 같은 저장 장치도 포함된다.

회사 방침이 선원 또는 모든 제3자의 계약자나 기술자 등과 같은 방문자에게도 적용되고 있는지 확인해야 한다.

7.17 회사와 선내에서 사이버 보안인식을 적극적으로 고취하고 있는가?

참고 : 적극적인 프로모션에는 다음이 포함될 수 있다.

- 모든 IT 터미널과 선원 휴게실에 게시된 'Cyber Awareness Material'
- 선원들에게 보여주는 교육 동영상
- 선원별 교육
- 비밀번호 보호에 대한 지침
- 소셜 미디어의 책임있는 사용
- 개인 기기의 사용 방침 및 승선 친숙화 체크리스트에 포함.
- 회사의 선원/계약자와 승인된 고용 방침(AUP) 계약을 포함.
- ISO 27001에 따라 인증된 회사

Additional Comments :

만약 검사관이 이 장의 특정 질문의 답변에 대하여 이 장에서 다루어지는 주제와 연관되는 추가 Comment가 있다면 검사관은 이 부분에 그러한 추가 Comment를 기록한다.

CHAPTER 8-1 Cargo and Ballast Systems - Petroleum

참고 : 유조선 및 터미널 국제 안전 가이드(ISGOT)에는 석유 제품의 안전한 운반 및 취급과 관련된 지침이 포함되어 있다. 검사관은 화물 작업을 관찰하고, 책임자를 면담하며, 운항사의 운영 절차를 검토하고, 사관과 부원이 적절한 규정과 지침을 준수하는 정도를 관찰해야 한다. 사고의 일반적인 원인은 잘못된 계획, 이송 작업의 부적절한 감독, 불충분한 지식 또는 정전기의 위험성에 대한 무시, 당직 인력의 부족 및 화물 재산에 대한 불충분 또는 부정확한 정보 등이다.

Policies, Procedures and Documentation

8.1 사관은 안전한 화물 작업과 관련하여 최대 적재 속도 및 배출 용량에 관한 정보를 포함하여 운항사의 방침 내용, 지침 및 절차를 인지하고 있는가?

선장은 각 화물 및 Ballast Tank의 최대 허용 가능 Loading rate에 관한 정보를 제공 받아야 하고 혼합 Venting 시스템을 갖춘 Tank의 경우 화물 혹은 Ballast Tank의 각 그룹의 최대 허용 Loading rate에 관한 정보를 제공 받아야 한다. 이 요구사항은 설치된 2차 배출 장치를 포함하여 배출 시스템의 용량을 초과하여 Tank가 과압 또는 과소압이 되지 않도록 보장하기 위한 것이다.

기름 탱커의 최대 Loading rate를 결정할 때는 다른 고려 사항도 고려해야 한다. 정전기 위험 및 파이프 라인 침식에 대한 예방 조치는 ISGOTT Section 7.3.3.2에 설명되어 있다. (ISGOTT 7.3.3)

참고 : 이 정보는 화물제어 장소에 게시되어야 한다.

8.2 Cargo, Inert gas 그리고 Venting system의 읽기 쉽고 최신화된 파이프 라인 및/또는 도식화된 도표가 Pump Room 및 화물 제어실에서 이용 가능하고 사관은 시스템에 친숙한가?

8.3 화물 펌프 성능 곡선을 이용할 수 있는가? 갑판 사관은 시스템상의 화물라인, 증기 및 불활성 가스라인에 대한 올바른 순서로 시험 요건을 인지하고 있으며 해당 시 정기적인 점검 기록에 대한 증거가 있는가?

화물 시스템에 잠재적 결함 존재는 양하작업 중 시스템에 압력을 가할 때 일반적으로 나타난다. 이것은 주기적으로 화물 라인에 압력 테스트를 하는 좋은 방안이다. 이러한 압력 테스트는 테스트 시점의 시스템 상태를 나타낼 수 있지만 파이프 라인 시스템의 정기적인 내외부 검사, 특히 펌프 배출 밴드 및 파이프 연결부와 같은 failure point에 대한 검사를 대체하는 것으로 고려되어서는 안 된다. (ISGOTT 7.3.2) 파이프 라인을 육안으로 검사하고 일상적인 압력 테스트를 실시하여 상태를 확인해야 한다. 초음파 두께 측정과 같은 비파괴 검사 또는 검사의 다른 수단이 적절하다고 생각될 수 있지만 항상 육안 검사로 보완되어야 한다. (ISGOTT 10.11.3)

참고 : 선박의 '화물 이송 시스템'은 적어도 매년 정격 작동 압력(때때로 최대 허용 작동 압력 - MAWP; Maximum Allowable Working Pressure라고도 한다)의 100%까지 테스트해야 한다.

'화물 이송 시스템'은 5년 내 적어도 2번 정격 작동 압력의 1.5배까지 테스트해야 한다. 파이프 라인은 테스트 날짜와 테스트 압력으로 표시되어야 한다. 선박의 '화물 이송 시스템'에는 비금속 호스를 제외하고 펌프와 선박 Manifold 사이의 배출 펌프와 배관이 포함된다. 이 경우 MAWP는 이송 배관 릴리프 밸브가 설정된 압력 또는 릴리프 밸브가 설치되지 않은 경우 선박의 펌프에 의해 발생할 수 있는 최대 배출 압력 중 하나라고 가정 할 수 있다. 원심 펌프의 경우 이것은 Zero flow 조건에서 펌프에 의해 생성된 압력이다. 압력 테스트는 수압 테스트이어야 하며, 압축 공기 또는 불활성 가스를 사용하는 압력 시험은 허용되지 않는다.

참고 : 여기에는 dresser coupling의 볼트 및 플랜지 부식이 포함된다.

Stability and Cargo Loading Limitations

8.4 Loading computer나 프로그램이 사용 중이라면 선급에 승인되었으며, 주기적으로 점검하고 사관들이 손상복원성을 포함한 테스트 요건을 이해하고 있는가?

전장 65미터 이상의 선박은 굽힘 모멘트 및 전단력, 굽힘 모멘트 계산 결과, 전단력 및 해당 시 비틀림으로 인한 한계 횡하중과 구조물에 허용되는 국부 하중(갑판, 이중저 등)을 포함하는 로딩 매뉴얼을 제공하는 것이 선급에 의해 요구된다.

전장 100미터 이상의 선박은 승인된 Loading instrument가 선급에 의해서 요구된다. Loading instrument에 대한 작동 설명서는 항상 제공되어야 한다.

Loading instrument는 어떤 적하 상태에서 특정 지점의 전단력과 굽힘 모멘트를 계산할 수 있어야 하고 허용치를 표시하여야 한다. 화물과 Ballast의 적하상태가 변화가 제한된 선박 그리고 규칙적이고 고정된 운항 항로를 가진 선박들은 이 요구사항에서 제외될 수 있다.

Loading instrument의 선급 승인은 형식 승인(Type approval) 절차에 따른다. 형식 승인 증서는 일반적으로 5년을 넘지 않는 기간 동안 유효하다. MSC Circular 1221에 형식 승인 증서 자체의 유효성은 선상에서 승인 및 설치된 제품의 작동 유효성에 영향을 미치지 않으며, 관련 형식 승인 증서의 유효기간 동안 제조된 제품은 이러한 형식 증서 유효기간 때문에 갱신하거나 교체할 필요가 없다.

연차 및 정기검사 시 선상에서 이용 가능한 승인된 Loading guidance information을 통해서 확인하여 Load computer의 정확도를 점검하여야 한다. 선급 승인된 데이터를 사용하여야 하고 테스트는 연차검사 시 참석한 검사관의 참관하에 시행되어야 한다. 주기적으로 선박에서 점검을 시행하여야 하고 테스트 기록을 유지하여야 한다. 점검은 컴퓨터에 각 Tank에 대한 정보를 주입하는 것과 그 결과를 확인하는 것을 포함하여야 한다. 단순히 컴퓨터에서 저장된 테스트 조건을 다시 불러와서 공식적인 조건과 비교하는 것을 허용하지 않는다.

2016년 1월 1일 이후 건조된 선박, 그리고 2016년 1일 1일 이전에 건조된 선박(2016년 1월 1일 이후, 2021년 1월 1일 이전 첫번째 갱신 검사까지)은 비손상 및 손상 복원성을 점검할 수 있는 Stability instrument가 설치되어야 한다. 공인된 기관에서 이미 승인하고 인증한, 그리고 주관청이 인정하는 기준의 비손상 그리고 손상 복원성을 둘다 확인할 수 있는 기기를 갖춘 선박은 그러한 기기를 계속 사용할 수 있다.

기국 관청에서 요구사항을 면제하기 위해 다음 사항이 제공된다.

- 모든 형태의 예상 가능한 적하 조건이 본선에 제공되는 승인된 복원성 자료에 포함되어 전용 서비스를 제공하는 선박
- 주관청이 승인한 방법으로 원격에서 복원성 검증이 가능한 선박
- 선적 조건이 승인된 범위 안에서 선적되는 선박
- MEPC.248(66) / IGC Ch 2.2.6 / IBC Ch 2.2.2.6의 모든 적용 가능한 손상 및 비손상 복원성 요건을 충족하는 승인된 제한 KG/GM 곡선을 조건으로 2016년 1월 1일 이전에 건조된 선박

참고 : 2016년 7월 1일 및 2021년 7월 1일 가스선

만약 선급에 의해 승인된 Loading computer가 없다면 어떻게 응력 및 복원성을 계산하는지 기록해야 한다.

8.5 화물 계획을 작성하였고 화물 및 Ballast 이송의 상세 순서, 응력(stress), 비손상 및 손상 복원성을 포함하는가? 해당되는 경우 당직 사관이 제한 사항에 대해 이해하고 있으며 명확히 문서화되었는가?

검사관은 화물작업 전에 화물작업 전/중/후의 응력 및 복원성을 계산하였는지 결정해야 한다. 통상적인 응력 및 복원성에 대한 검토는 설계 시의 제한 범위 내에서 유지되고 있는지 확인하기 위해 화물작업 전반에 걸쳐 시행되어야 한다.

모든 화물작업은 신중하게 계획하고 실행 전에 문서화 해야 한다. 계획의 세부 사항은 선박 및 터미널의 모든 직원과 논의되어야 한다.

육해상의 환경 변화에 따라 계획은 터미널과의 협의 하에 수정 될 수도 있다. 모든 변경 사항은 공식적으로 기록되어야 하며 작업과 관련된 모든 직원의 주의를 환기시켜야 한다. ISGOTT 제 22장은 화물 계획 및 화물에 관한 정보를 포함하고 있다. (ISGOTT 11.1.1)

이 계획은 작업의 모든 단계를 포함하며 최소한 다음 내용을 포함해야 한다.

- 각 화물에 대한 양 및 등급
- 비중, 온도 그리고 다른 관련 특성
- 사용될 펌프와 라인 및 분배 계획
- 화물 이송율 그리고 최대 허용 압력
- 작업의 중요 단계
- 속도 변화의 통보
- 환기 요건
- 복원성 및 응력 정보
- 흘수 및 트림
- Ballast 작업
- 비상 정지 절차
- 비상 유출 절차 및 유출 보관 장치
- 특별 화물의 위해성

그리고 필요에 따라 다음 내용을 포함해야 한다.

- 정전기 발생에 대비한 주의사항
- 초기 시작 Rate
- 화물 가열 장치의 제어
- 화물관 세정
- 원유 세정 절차
- 선저 여유 수심의 제한
- 벙커링
- 특별 작업에 필요한 특별한 조치
- 불활성 가스 작업

화물 계획은 작업 전 책임사관이 작성하고 선장이 확인 및 승인해야 한다. 그것은 포괄적이고 작업의 모든 세부 사항을 포함하고 이해하기 쉬워야 한다. 선박은 화물작업을 시작하기 전에 Venting을 포함한 화물 라인의 독립적인 점검이 수행되었음을 입증 할 수 있어야 한다.

화물 기록(log)에는 주요 화물 및 Ballast 펌프의 운전 및 정지, 작업 중인 Tank 및 기존 계획과의 변경/차이를 포함한 모든 주요 사항에 대한 세부 정보가 포함되어야 한다.

선장과 일항사는 현재 화물에 대한 최악의 손상 상황을 인지하고 있어야 한다.

5,000 DWT이상의 모든 유조선은 전산화된 육상 기반의 손상 복원성 및 잔류 구조 강도 계산 프로그램에 즉시 접속할 수 있어야 한다. (MARPOL 부속서 I 37.4)

선박에 승선한 사관이 이해할 수 있는 언어로 작성된 승인된 복원성 정보 책자(SIB, stability information booklet)가 있어야 하며, 복원성 정보 책자(SIB)는 손해 상황을 포함해야 한다.

항해 조건은 각 Cargo Tank 및 Ballast Tank의 선적이 승인된 상태의 1% 이내의 중량이고 GMF가 승인 된 GMF의 2 cm 이내에 있는 경우 승인된 것으로 간주된다.

선급 승인된 복원성 컴퓨터 프로그램에 따른 손상 조건(Damage condition)이 아니고 복원성 책자에 일치하지 않은 상태로 선적이 되었는지 지적사항으로 기록한다.

8.6 선박은 내재된 비손상 복원성 문제로부터 이상이 없는가? 선원은 이러한 문제나 Sloshing에 의한 구조물 손상의 위험, 그리고 불안전한 상태 그리고/또는 Angle of loll에서 요구되는 조치에 대해서 인지하고 있는가?

폭이 넓은 Tank를 가진 선박은 유동수로 인해 비손상 복원성의 감소를 야기할 수 있다. 비록 그러한 선박들이 만재 상태 또는 Ballast 상태에서 IMO 비손상복원성 기준에 부합하여 설계되었다 하더라도 그들은 여러 Tank들이 화물 또는 Ballast 이송작업 중 또는 선적 중간 단계 시 불충분하였을 때 불안정 할 수 있다. Trim & stability 책자는 일반적으로 입/출항 상태만을 다루고 있어 운항사는 화물 운송 중 중간 단계에서 존재 할 수 있는 복원성 문제에 대하여 인지하지 못 한다.

만약 선박이 폭이 넓은 Cargo Tank, "U"자형 Ballast Tank, 또는 수밀 센터라인 격벽이 없는 이중저 Tank를 가지고 있다면 검사관은 일항사에게 선급에서 승인한 loading instrument를 이용하여 최악의 상태(모든 Tank가 불충분하고 유동수가 최대가 되는 상태)에서 비손상 복원성을 보이도록 요청함으로써 선박이 IMO 비손상 복원성 기준에 부합함을 확인하여야 한다.

적합한 loading instrument가 없고 적절한 지침을 이용할 수 없다면 선박이 고유한 비손상 복원성 문제로부터 자유롭다는 충분한 증명이 없는 한 이 질문은 No로 답해야 한다.

검사관은 모든 항해사가 복원성의 우려가 의심되거나 경험한 경우 명확히 조치해야 하는 지침과 작업상 제한에 익숙한지 확인하여야 한다. 만약 미흡하거나 다른 관련 사항이 발생할 경우 "N"으로 응답하고 적절한 Observation으로 기록한다

최대 허용 화물 비중 이외의 중요한 제한사항은 Observation으로 기록해야 한다.

회사의 작업 절차와 안전 관리 시스템에 따라 손상 복원성 요건의 준수 여부를 문서화 해야 한다. 회사 심사관, 검사관 또는 PSCO와 같은 제 3자에게 이 정보를 제공할 수 있도록 적합여부를 확인하는데 사용한 수기 계산 값, 그리고/또는 복원성 인쇄물을 유지하는 방법을 포함해야 한다. 기록들은 차기 SMC 심사 시 확인할 수 있도록 최소 3년동안 보관할 것을 권고한다. (MSC.1/Circ.1461 Part 2 6.1)

만약 잠재하는 복원성 문제를 다루기 위한 특정 절차가 채택되었다면 이들은 지적사항으로 기록되어야 한다.

Cargo Operations and Related Safety Management

8.7 모든 사관과 부원은 특정화물에 대한 비상 절차를 포함하여 운송 요구 사항을 인지하고 있으며, 사관은 긴급 배출 준비를 포함한 선박의 화물 시스템에 친숙한가?

사관은 다음의 기본 지식을 보여줄 수 있어야 한다.

- 선상 작업 및 화물 취급
- closed 선적, 하역과 sampling
- 위험화물 노출에 따른 의료 처치 요건
- 유출 대응
- 육상간 통신 절차 및 비상 정지 절차

필요한 경우, 다음의 기본지식을 보여줄 수 있어야 한다.

- 고비중 화물의 영향
- 독성화물과 연관된 위험
- 정전기 발생 위험

8.8 화물, Ballast와 Stripping 펌프, Eductors 및 그와 관련된 장비들 그리고 제어는 정상 작동하고 주기적으로 테스트한 증거는 기록되어 있는가?

요건은 경고를 제공하기 위함이다. 온도를 표시하거나 고온에 의해 작동이 멈추는 장치를 준비하는 요건은 없지만 시간별로 온도 기록을 유지해야 한다. 화물 펌프 베어링에 냉각 장치를 임시로 설치하여서는 안 된다.

8.9 사관은 딥웰 펌프가 설치되어 있을 시 Column/Cofferdam 퍼징 업무를 인지하고 있으며 허용 한계 내에 펌프 누출이 되는가?

코퍼댐의 막힘을 방지하고 누출 감지(유압/화물)를 감시하기 위해 화물 펌프 코퍼댐은 정기적으로 퍼지되어야 한다.

지침처럼 펌프 작동 중 일당 약 0.5리터(및 가벼운 화물의 경우 더 높음)의 소량의 화물 누출율은 정상이다. 수용 할 수 있는 누출율은 화물의 종류에 따라 다르며, 누수가 발생할 경우 코퍼댐에 막힘을 초래할 수 있다.

중요한 화물의 경우 누수율이 일당 약 2 리터 이상일 경우, 펌프는 매일 두어 번 청소해야 하며 정비(압력 테스트-수리)를 실시해야 한다.

지침처럼 펌프 작동 중 기계 오일 실(씰) 또는 립 실(lip 씰)에서 코퍼댐으로의 작은 유압 누출 비율은 시간 당 약 10밀리리터(일당 0.25리터)까지 정상이다.

짧은 시간 동안 더 높은 누설 피크가 발생할 수 있다. 검사관은 여기에 제조업체의 권장 사항에 따라야 한다.

8.10 사관 및 부원은 Cargo pump 비상 정지 위치를 인지하고 있으며 Cargo pump 비상 정지 시스템의 상태는 양호하며 정기적인 점검을 시행하였다는 기록이 있는가?

Cargo pump가 설치된 경우, 펌프 알람 및 트립, 레벨 알람 등이 잘 작동하는지 주기적으로 테스트해야 하며, 테스트 결과는 기록해야 한다.

8.11 화물 및 Ballast 시스템 밸브의 상태는 양호하며, 정기적인 점검을 시행하였다는 기록이 있는가?

동력 작동 밸브가 개방에서 폐쇄로, 폐쇄에서 개방으로 이동하는 데 걸리는 시간을 정상 작동 온도에서 정기적으로 점검해야 한다. ISGOTT 11.1.3

최적의 개폐 시간에 대해 제조업체 지침을 따라야 한다.

8.12 화물시스템 Ullage gauges, vapour locks 및 UTI tapes의 상태는 양호하며 주기적인 점검을 시행하였다는 기록이 있는가?

고정식 게이지는 휴대용 테이프에 대해 주기적으로 점검되어야 한다.

만약 고정식 화물 Tank gauging 시스템이 설치되었지만 신뢰할 수 없고 휴대용 테잎/vapour lock이 ullaging 주요 방법으로 사용된 경우 이 사실을 지적사항으로 기록해야 한다. 사용 중인 테이프 수를 기록해야 한다.

8.13 원격과 현장의 온도, 압력센서 및 게이지는 정상 작동하고, 주기적으로 테스트한 기록된 증거가 있는가?

고정 온도 센서는 주기적으로 휴대용 테잎과 비교되어야 한다. 압력센서는 주기적으로 기준 압력 게이지(Reference pressure gauge)에 대해 점검해야 한다.

8.14 Cargo Tank의 고수위 또는 넘침 경보장치는 정상 작동하고, 정기적으로 테스트한 기록된 증거가 있는가?

검사관은 고수위 알람의 최근 테스트를 확인하고, PMS상에 포함되어 있는지 확인해야 한다.

참고 : 고수위 알람은 적/양하 작업 시 작동해야 한다.

만약 고수위 알람이 설치되지 않거나 overfill 알람 시스템이 주 계측시스템과 독립적이지 않은 경우 지적사항으로 기록해야 한다. 고수위 알람은 고정 계측시스템에 필수적이지만 overfill 알람은 아니다.

8.15 화물 Tank 히팅 시스템의 상태는 만족스럽고, 정기적으로 테스트되고 observation Tank에 기름 흔적이 있는가, 오일이 없는지 여부 및 Tank에 기름 흔적이 없는가?

증기 화물 가열시스템이 설치되어 있고 검사 시 가열된 화물을 운송 중일 때 가열 코일(heating coil) 상태의 표시는 Hot well 또는 observation Tank의 검사에 의해 제공될 수 있다.

hot well 또는 observation Tank 표면의 아주 작은 양의 유분은 정상으로 고려될 수 있지만, 표면 전반에 걸친 기름 층은 몇몇 상당한 문제가 있음을 나타낸다.

열 가열 시스템인 경우 관은 소리가 나며, 펌프, joints와 glands에 누유가 없어야 하고 히터장치는 정상 작동해야 한다. 부분으로 분리할 수 있고, 어떤 부분이 분리되었는지 기록 및 검증하기 위한 절차가 있어야 한다.

대체 heating은 각 화물 펌프에서 열 교환기의 형태를 취할 수 있다. 이러한 시스템은 액체를 타이트하고 가시적인 파이프 코팅 상태가 정상 상태인지 검증해야 한다.

검사관은 해당 시점에 heating 시스템 사용 중인지 여부를 Comment에 기록해야 한다.

Ullaging, Sampling and Closed Operations

8.16 휘발성 또는 독성 화물을 운송하는 선박인 경우 밀폐된 상태에서 작업이 이루어지는가?

고정식 불활성 가스장치를 설치한 모든 탱커는 밀폐식 ullage 시스템을 설치해야 한다. (SOLAS II-2/4.5.5.3.3). 휘발성 제품은 밀폐컵 시험방식(Closed cup method testing)에서 인화점이 60℃ 이하인 석유류이며, 만약 화물이 그 화물의 인화점에서 10℃ 이내인 온도에서 취급된다면 휘발성으로 고려하여야 한다. 따라서 인화점이 80℃인 화물이 70℃ 또는 그 이상에서 취급된다면 휘발성으로 고려해야 한다.

8.17 선박은 승인된 증기제어시스템을 갖추고 있는가?

이 규칙의 제1항의 규정을 적용을 받는 탱커는 기구에 의해 개발된 장치에 대한 안전기준에 따라 주관청에 의해 승인된 유증기 배출 제어장치를 갖추어야 한다. 그리고 그러한 장치를 화물 적재 작업 중에 사용하여야 한다. 이 규칙에 따른 유증기 배출 제어장치가 설치된 항구나 터미널은 이 규칙 제2항에 명기된 시행일 후 3년 동안은 유증기 수집 장치를 설치하지 않은 탱커를 허용할 수 있다. (MARPOL Annex VI.15.5)

8.18 Tank hatch, tank cleaning apertures 및 sighting port는 수밀 및 가스 밀폐가 되었는가?

Venting Arrangements

8.19 사관은 1/2차 Cargo Tank Venting 시스템에 대해 인지하고 있으며 시스템 기능은 정상적인가?

P/V valve, mast risers, vent stacks, vapour line, vacuum valve 그리고 flame screen의 상태는 평가되어야 한다.

1차 장치가 고장난 경우에 과압 또는 부압을 방지하기 위하여 증기, 공기 또는 불활성가스 혼합 기체의 완전한 방출을 허용하는 2차 수단이 제공되어야 한다. 그렇지 아니하면 선박의 화물제어실 또는 화물작업이 통상적으로 행하여지는 장소에 있는 감시시스템과 함께 1차 Venting 장치로 보호중인 각 Tank에 압력센서가 부착될 수 있다. 그러한 감시 장치는 Tank 내의 과압 또는 부압의 감지에 의해 작동되는 경보 기능을 제공하여야 한다. (SOLAS II-2/11.6.3.2)

공통 Venting 시스템으로부터 분리된 Cargo Tank 또는 Cargo Tank 그룹에 화물 적하 및 Ballast 주입 또는 배출이 예정된 경우, 그 Cargo Tank 또는 Cargo Tank 그룹은 11.6.3.2규정에 요구된 바와 같이 과압 또는 부압 방지 수단이 장착되어 있어야 한다. (SOLAS II-2 4.5.3.2.3)

또한 2017년 1월 1일 이후 건조된 탱커선이 경우 2차 수단은 4.5.3.2.2 MSC.392(95) 규정에서 요구하는 분리 수단에 손상을 입히거나 부주의로 닫히는 경우 과압 또는 과소압을 방지할 수 있어야 한다.

vapour collection systems을 갖춘 선박은 주 vapour collection 라인에 다음과 같은 압력을 감지하는 압력감지장치가 설비되어야 한다.

1) 화물 이송을 제어하는 장소에 압력지시기는 설치되었는지
2) 다음과 같은 고압 및 저압 경보가 있는가
   a) 화물 이송을 제어하는 장소에 가시가청이 되는가
   b) Cargo Tank Venting 시스템에 설치된 최저 압력 방출 밸브설장치의 90%를 넘지 않는 고 압력에서의 경보
3) 불활성 된 탱커선에 대해 four inches water gauge(0.144psig)보다 작지 않은 저압에서의 경보, 또는 불활성 되지 않은 선박에 대해 최저진공압력 설정에서의 경보(CFR 46 39.20-13)

선급은 ‘Secondary means of full flow relief’를 위한 SOLAS 요구사항을 적용하지 않는 시스템을 승인할 수 있다.

이 같은 경우 질문의 대답은 'No'이어야 하며, 적합 여부에 대한 평가가 가능하도록 적합하게 시스템에 대한 전체 상세를 관찰사항으로 작성해야 한다.

선박의 IOPPC Form B 1.11.4에 Crude oil/Productcarrier and carries crude and products simultaneously라고 설명되어 있다면 IG/Vent 분리밸브는 증기가 넘어가는 것을 방지하기 위하여 의도적으로 잠겨 있어야 한다. 이 같은 경우 Cargo Tank IG/Vent 분리밸브의 Cargo Tank 쪽에 1, 2차 보호 모두 제공되어야 한다.

불활성화된 선박의 경우 압력센서가 갖춰진다면 과압 설정은 압력 흐름표에서 측정한 밸브가 Tank의 최대 부하 속도를 충족하는 압력보다 약간 높거나, 압력 밸브의 정상 작동 압력보다 10% 정도 높게 설정되어야 한다. 진공 설정은 진공 흐름표에서 측정한 진공밸브가 Tank의 최대 방출 속도를 충족하는 진공보다 약간 더 높거나 진공 밸브의 정상 작동 설정보다 10% 이상 높아야 한다. 압력 센서의 설정이 화물 Tank의 안전 설계 압력을 초과해서는 안 된다.

모든 상황에서, 2차 Venting 장치, 특히 IG/vent로 가는 주 흡입 밸브가 닫혔을 때, Vent 또는 압력/진공 센서 시스템이 각 Cargo Tank에 이용 가능한지에 대한 설명이 제공되어야 한다. 전자식 압력/진공 센서가 제공되는 경우 경보가 올바른 값 또는 다른 값으로 작동하도록 설정되어 있는지 여부를 식별하고 기록해야 한다.

이와 같은 상황이면 질의는 'NO'로 답이 되어야 한다. 설비되어 있는 시스템의 상세는 적합성을 평가를 할 수 있게 하기 위해 지적사항으로 만들어야 한다.

8.20 정지 밸브가 설치되어 있다면 공동 Venting 시스템으로부터 각 화물 Tank의 분리를 허용하고 확실한 잠금 장치가 제공되며, 열쇠가 화물 이송에 전반적인 책임이 있는 사람의 관리 하에 있는가?

통풍장치가 다른 Cargo Tank와 결합되는 경우에는 각 Cargo Tank를 분리하기 위하여 정지밸브 또는 다른 적절한 장치를 설치하여야 한다. 정지밸브를 부착할 경우에는 책임 사관이 관리하는 자물쇠 장치를 하여야 한다. 밸브 또는 기타 적합한 수단의 작동상태를 시각적으로 명확히 나타낼 수 있어야 한다. Tank가 서로 격리되어 있는 경우 해당 Tank에서의 화물적하, Ballast 주입 또는 배출 작업이 개시되기 전에 그 분리밸브들이 개방되어 있는지 확인하여야 한다. 모든 분리는 제11.6.1.1규칙에 따라 Cargo Tank 내의 온도변화로 인하여 발생하는 기체의 흐름을 계속적으로 가능하게 하여야 한다. (SOLAS II-2/4.5.3.2.2)

장치가 다른 Cargo Tank와 결합되는 경우에는 각 화물 Tank를 분리하기 위해 정지밸브 또는 다른 적절한 장치를 설치하여야 한다. 정지 밸브를 장착할 경우에는 책임 사관의 통제하에 잠금 장치를 해야 한다. 밸브 또는 기타 적합한 수단의 작동상태를 시각적으로 명확히 나타낼 수 있어야 한다. Tank가 격리되어 있는 경우 해당 Tank에서의 화물 적하, Ballast 주입 또는 배출 작업이 시작되기 전에 분리 밸브들이 개방되어 있는지 확인하여야 한다. 모든 분리는 11.6.1.1 규정에 따라 화물 Tank 내의 온도 변화로 인하여 발생하는 기체가 계속 흐를 수 있도록 해야 한다. (SOLAS II-2/4.5.3.2.2)

또한 2017년 1월 1일 이후 건조된 탱커선에서 규정 4.5.3.2.2 MSC.392(95)에 필요한 분리 수단에 손상을 입히거나 실수로 폐쇄된 경우 2차 수단으로 과압 또는 저압을 방지할 수 있어야 한다.

8.21 P/V valve의 상태는 양호하며, 정기적인 계획 정비에 따라 점검하고 소재되었으며 이를 입증할 기록이 있는가?

참고 : 특히 선적 시 high jet cones과 flaps이 열려져 있어서는 안 된다.

설치된 경우, P/V 밸브가 밀폐되어 있고 정상 작동하는지 확인해야 하고, Venting 시스템은 SOLAS에 따라 설계되고 작동되어야 한다.

고속 vent는 Flame screen이 장착되지 않고, 올바른 작동은 구획 내 압력 증감에 따라 달라진다. 이는 사전 결정된 수준에서 밸브를 열고, 최소 초속 30미터의 가스 배출 속도를 낸다. 이는 flame의 통과로부터 보호 속도는 초속 7.5 m/sec 정도이다.

안전에 일관되고, 작업에 방해하지 않으며, venting 장비 설계가 적절하다면 p/v 밸브를 수동으로 조작하여 들어 올리도록하여 만족스럽게 작동하는지 확인한다.

P/V 밸브는 각각의 화물작업 시작 전에 선박과 육상과의 안전 checklist 질문 31번의 요구에 따라 작동상태를 점검해야 한다.

Inert Gas System

2016년 1월 1일 이전에 건조된 20,000톤 이상 중량의 유조선과 2016년 1월 1일 이후 건설된 8000톤 이상 중량의 유조선에는 고정 불활성 가스 시스템에 의해 Cargo Tank의 보호가 이루어져야 한다. 선박에 불활성 가스 시스템 장착되지 않은 경우 질문 8.22 - 8.31 질문에 답할 필요가 없다. 선박에 불활성 가스 시스템이 장착되지 않은 경우 검사관의 프로그램 소프트웨어 내에서 질문 8.22 - 8.31이 제거된다.

8.22 불활성 가스 시스템이 사용 중에 있었고 검사 당시 만족스럽게 작동 했는가?

SOLAS II-2 / 4.5.5 및 II-2 / 16.3.3의 새로운 개정안은 용골 거치일 2016 년 1 월 1 일 이후 의 8000 DWT 이상의 유조선 및 케미컬 탱커 신조선에 불활성 가스 시스템을 설치할 것을 요구했다. 60° C 미만의 인화점이 낮은 화물을 운송할 시 운용되어야 하는 이 시스템은 Cargo Tank가 가스프리가 필요한 경우를 제외하고 항구 및 해상에서 산소 함량이 부피비 8%를 초과하지 않고 항상 양압으로 Cargo Tank의 어디에서든 대기 상태를 유지할 수 있어야한다. (FSS 코드 15.2.1.3.2)

시스템은 불활성 가스 공급 메인에서 산소 함량이 5% 이하의 불활성 가스를 Cargo Tank에 공급 할 수 있어야 한다. (FSS 코드 15.2.2.1.3)

공급 일자와 상관없이 혹은 Cargo Tank 내 불활성 가스의 산소 비율이 8% 이상인 경우에 산소 공급이 5% 이상이거나 고산소 경보가 설치되지 않다면 지적사항으로 기록한다.

8.23 역류 방지 밸브의 검사를 포함한 불활성 가스 시스템의 정기적인 보수 점검이 수행되었다는 증거가 있는가?

모든 선박의 트림(trim), 리스트(list) 및 선박의 움직임 상황에서도 탄화수소 증기가 기관 장소의 활용 장치 또는 가스 안전 구역으로 되돌아가는 것을 방지하기 위해 하나는 Water 씰이어야 하는 최소 두 개의 역류 방지 장치는 불활성 가스 공급 장치 메인에 설치되어 있어야 한다. 그것들은 2.3.1.3.1절 (FSS의 15 장)에서 요구되는 자동 밸브와 Cargo Tank 또는 화물 파이프 라인에 대한 연결 사이에 위치해야 한다.

2.3.1.4.1절에 언급 된 장치는 갑판의 화물 구역에 위치해야 한다.

두 번째 장치는 증기 또는 액체의 반환을 방지 할 수 있는 역류 방지 밸브 또는 이와 동등한 것이어야하며 2.3.1.4.1절에서 요구되는 갑판 Water 씰의 앞쪽에 장착 할 수 있어야 한다. 이는 확실한 폐쇄 수단이 제공되어야 한다. 폐쇄 수단에 대한 대안으로, 그러한 폐쇄 수단을 갖는 추가 밸브가 역류 방지 밸브의 전방에 설치되어 불활성 가스 메인으로부터 Cargo Tank 까지의 갑판 water 씰을 분리시킬 수 있다.

갑판 메인에서 탄화수소 액체 또는 증기가 누설 될 가능성을 방지하기 위한 추가 수단으로 2.3.1.4.3절에 언급 된 정상적인 폐쇄 수단을 가진 밸브와 밸브 사이의 라인 섹션을 허용하는 수단이 제공되어야 한다. 2.3.1.3 절에서 언급 된 밸브가 첫 번째 밸브가 닫혀있을 때 안전한 방식으로 배출되어야 한다. (FSS 15.2.3.1.4)

검사관은 정기적인 기름 제거 및 검사를 포함하여 PMS에 따른 유지 보수 기록을 확인해야 한다.

8.24 갑판 사관은 불활성 가스가 고장난 경우 필요한 조치를 인지하고 있고 모든 Cargo Tank는 전체적으로 양압을 유지하고 있는가?

불활성 가스 시스템이 규정의 작동 요건을 충족시킬 수 없고 수리에 영향을 미칠 수 없다고 평가된 경우 불활성 가스 시스템에 관한 IMO 지침에 나와 있는 비상 상태가 진정될 때만 화물의 양하, deballasting 및 필요한 Tank 소제가 재개될 수 있다. 즉 지침은 다음과 같다.

1) 원유 운반선의 경우 발화성 철 황화물 점화의 위험을 피하기 위해 Tank를 불활성 상태로 유지하는 것이 필수적이다. 불활성 가스 시스템을 수리하기 전에 Tank를 불활성 상태로 유지할 수 없다고 판단되면 외부 불활성 가스 공급 장치를 시스템에 연결하여 공기가 화물 Tank로 유입되지 않도록 해야 한다. (IMO 불활성 가스 시스템 8.2)

2) 제품 운반선의 경우, 불활성 가스 시스템의 수리를 완전히 실행할 수 없는 경우, 외부의 불활성 가스 공급 장치가 연결되어 있을 때만 화물 양하를 재개 할 수 있으며, 다음과 같은 예방 조치가 취해진다.

- 화염이 Cargo Tank로 들어가는 것을 방지하기 위해 승인된 장치 또는 flame screen을 설치하고 점검하여 양호한 상태인지 확인한다.
- mast riser의 밸브를 연다.
- 물이나 slop의 자유 낙하는 허용되지 않는다.
- 불활성 가스의 주입이 중단된 후 5시간까지 dipping, ullaging, sampling 또는 기타 장비를 Tank에 넣어서는 안 된다. 작업의 안전을 위해 필요할 경우 30분이 경과한 후에만 작업을 수행되어야 하고, 모든 금속 부품이 단단히 접지되어야 한다. (IMO 불활성 가스 시스템 8.3)

8.25 계기, 알람, 트립, 압력 및 산소 기록기를 포함한 불활성 가스 시스템은 양호한가?

8.26 불활성 가스 시스템을 사용하기 직전에 고정식 산소 분석기를 검교정했고, 현장 및 원격 산소 및 압력 기록계는 일치한가?

산소 분석기는 불활성 가스 시스템을 운전하기 24시간 전에 검교정해야 한다.

계기는 불활성 가스가 공급 될 때 지속적으로 나타내고 영구적으로 기록 할 수 있도록 설치되어야 한다.

- 역류 방지 장치 앞의 불활성 가스 공급 장치의 압력
- 불활성 가스의 산소 함량. (FSS Code 15.2.2.4.2.1)

지시 및 기록 장치는 화물 통제실에 설치되어야 하나 화물 통제실이 없는 곳에서는 책임 사관이 쉽게 접근 할 수 있는 위치에 위치되어야 한다. (FSS 코드 15.2.2.4.3)

또한 다음의 기록계가 설치되어야 한다.

- 선교에서 불활성 가스 장치의 역류 방지 장치 앞의 압력을 표시
- 기관 통제실 또는 기관 구역에서 가스 블로어의 배출 측의 불활성 가스 공급 주관에서 불활성 가스의 산소 함량을 나타낸다. (FSS 코드 15.2.2.4.4)

8.27 데크 씰의 액체 레벨이 정확한 레벨에 있고, 명확하게 눈에 보이며 사관은 레벨을 주기적으로 점검하기 위한 요건을 인지하고 있는가?

불활성 가스 데크 씰에 관한 OCIMF 문서는 건식 데크 씰이 다른 유형의 것으로 대체 될 것을 권고한다.

건식 데크 씰이 설치된 경우 지적사항으로 기록한다.

8.28 P/V 차단기가 정상적으로 작동하는가?

물이 채워진 압력 / 진공 차단기는 부동액으로 적절한 수준으로 채워져야 한다. (ISGOTT 7.1.11.3)

P/V 차단기는 2차 배출 시스템보다 낮은 압력으로 설정하면 안 된다. 모든 경우에 P/V 차단기는 Tank 구조의 안전한 매개 변수 내에서 설정되어야 한다.

8.29 선박에 Nitrogen generator/bottle Manifold 시스템이 설치된 경우 사관과 선원은 질소 가스와 관련된 특정 위험을 인지하고 있는가?

질소는 경고성이 없는 무색/무취이며 가스 테스트 장비를 통해서만 탐지 할 수 있다.

선원은 질소와 관련된 잠재적 위험 및 특히 산소가 고갈될 수 있는 Tank 통풍구 또는 배출구를 통해 밀폐된 공간이나 구역으로 들어가는 것과 관련된 위험을 인식해야 한다. 산소 농도를 낮추기 위해 충분한 공기를 배출 할 수 있기 때문에 높은 농도의 질소는 특히 위험하다. 구역에 진입하는 사람들은 질식으로 인해 의식을 잃을 수 있다. Flue gas를 경험하지 못한 문제는 인간의 감각으로는 질소를 감지 할 수 없으므로 냄새를 맡을 수 없고, 선원이 예방 조치를 취할 시 과다 노출의 신체적 또는 정신적 증상을 인식하지 못할 수 있다. (ISGOTT 11.1.15.8)

8.30 사관과 부원은 불활성 가스실에 대한 안전한 출입 요구 사항을 인지하고 있으며, 절차를 따르고 있는가? 적용한 경우 고정식 산소 감지 장치가 제공되는가?

2016년 1월 1일 또는 그 이후에 인도된 선박은 두 개의 산소 센서가 불활성 가스 시스템이 있는 공간 또는 적절한 위치에 배치되어야 한다. 산소 수준이 19% 아래로 떨어지면 이 센서는 해당 공간 안팎에서 가시 가청 경보를 발령하고 책임자가 즉시 인지할 수 있는 곳에 위치해야 한다. (FSS 15 장 2.2.4.5.4)

Nitrogen generator를 위한 별도의 구획이 제공되는 경우 구획은 시간당 6회의 공기 치환을 제공하는 독립적인 기계적 추출 환기 시스템을 갖추어야 한다. (FSS 15 장 2.4.1.3)

Nitrogen receiver 또는 buffer tank가 설치되는 경우 지정된 구획, 공기 압축기 및 발전기를 포함하는 별도의 구획, 기관실 및 화물 구역에 설치할 수 있다.

밀폐된 공간에 Nitrogen receiver 또는 buffer tank가 설치된 경우 출입구는 개방 갑판에서만 배치되어야 하며 출입문은 바깥쪽으로 열어야 한다. 그러한 구획에는 적절하고, 독립적인 추출 방식의 기계적 환기 장치가 제공되어야 한다. (FSS 15장 2.4.1.4)

질소 시스템을 포함한 공간에는 질식 위험성을 경고하는 위험 표시가 명확하게 표시되어야 한다.

8.31 사관은 Cargo Tank의 과도한 가압과 관련된 위험에 익숙하며, 퍼징, 블로잉 및 피깅으로 인해 과도한 압력을 피하기 위한 절차가 이행 되는가?

예를 들어 purging tank, padding cargo 또는 clearing lines과 같이 육상에 공급되는 질소를 사용해야 하는 경우 선박은 고압(최대 10 bar) 및 높은 유속에 있을 수 있으며 그것들은 화물 Tank의 과도한 가압의 위험 때문에 잠재적인 위험요인이 될 수 있음을 인지해야 한다. 적절한 위험 대응이 이루어지고 운영되는 경우에 위험 평가가 수행되고 작업이 진행되어야 한다.

육상으로부터 질소를 공급받는 선박의 경우 과압의 위험을 줄이는 한 가지 방법은 Tank가 과압될 수 없도록 Tank가 입구보다 큰 유속 용량을 갖는 Vent를 확보하는 것이다. 폐쇄된 작업이 요구되는 경우 유입되는 질소의 흐름은 증기 회수관을 통해 가능한 최대 증기 흐름과 같거나 그 이하로 제한되어야 한다. 이를 보장하기 위한 긍정적인 조치가 협의되어야 한다. Manifold 이전의 소형 호스 또는 reducer를 사용하여 유속을 제한할 수 있지만 압력은 터미널에 의해 제어되어야 한다. 게이지를 통해 선박에서 압력을 감시한다.

액체 흐름을 제어하도록 설계된 선박의 Manifold 밸브를 사용하여 가스 유량을 조절하는 것은 적절하지 않다. (ISGOTT 11.1.15.8)

공급 된 질소의 유속은 선박 PV 밸브 또는 육상 증기 회수 시스템의 최대 배출 용량을 초과해서는 안 된다. 질소는 압축 공기가 아닌 퍼징, 피깅 등에 사용되어야 한다.

Crude Oil Washing

선박에 원유 세정 시스템이 장착되었다면 질문 8.32 ~ 8.36은 답변할 필요가 없지만, 선박에 원유 세정 시스템이 있지만 검사 시점에 사용 중이 아니라면 질문 8.32 ~ 8.36은 답변해야 한다.

8.32 원유세정시스템은 승인되었으며, 사관은 COW 매뉴얼 상 요구사항을 인지하고 있는가?

모든 20,000톤 이상의 신조 유조선은 원유세정을 이용하는 Tank 세정시스템을 설치해야 한다. (MARPOL Annex I/33.1))

8.33 원유세정에 대한 IMO 요구사항을 인지하고 준수하고 있는가?

Cargo Tank로의 Ballast 적재 관련, 탱커의 운항형태 및 예상되는 기상 상태를 고려하여, 선박Ballast가 원유세정된 Cargo Tank에만 적재되도록 하기 위해 각 Ballast 항해에 앞서 충분한 Cargo Tank를 원유세정해야 한다. (MARPOL Annex 1 35.2)

Ballast 항해 출항 전

- Ballast는 원유세정된 Cargo Tank에만 선적한다. 대략 1/4의 Tank들이 작업 및 장비 매뉴얼에 명시된 절차에 따라 순환 기반의 sludge 관리 목적을 위해서 원유세정되어야 한다 하지만 이들 목적을 위해서 Cargo Tank는 매 4개월에 1번 이상 원유세정은 필요치 않다.
- 만약 Ballast 항해 중, 추가적인 Ballast가 Cargo Tank 또는 Tank에 요구되는 것이 고려된다면 그 Tank 또는 Tank들은 이 Ballast를 위하여 작업 및 장비 매뉴얼의 절차에 따라 원유세정된 것이 사용된다.
- Ballast는 원유 세정되지 않은 Cargo Tank에 선적되어서는 안 된다.

(IMO Res. 446(XI) 6.1 and amendments A.496(XII) and A.897(21)

참고 : 원유 세정작업 및 장비 매뉴얼에 원유세정을 위해 적합하지 않은 것으로 등재된 원유를 운송하였다면 질문은 N/A로 답해야 한다.

8.34 선박이 원유세정작업 중인 경우, 원유세정시스템의 온전함 여부를 테스트하고, 적절하게 점검이 완료되고 모든 관련 COW 장비가 정상 작동되는가?

원유세정이 계획되어 있는 항구 입항 전 Tank 세정시스템은 보통 작업압력으로 압력 시험되고 누출을 검사해야 한다.

시스템은 온도팽창으로 인한 누출의 위험을 피하기 위하여 시험 후 배출되어야 한다. 확인된 모든 누출이 정비 된 이후 시스템은 재시험되고 누출이 없음을 증명해야 한다. 원유세정 중 시스템은 지속적인 관찰 하에 있어야만 하고 어떠한 누출이라도 즉시 발견될 수 있어야 하며 조치가 취해져야 한다. 원유세정을 위한 창이 변경되었을 때 압력 맥동으로 인한 잠재적인 손상을 최소화하기 위하여 시스템상의 모든 밸브들을 열고 닫기 전 COW 배관의 압력을 최소로 줄여야 한다. (ISGOTT 11.5.5) 원유세정작업 전 원유세정을 위한 각 Tank의 산소 농도는 휴대용검지기를 통해 테스트되어야 하고 그 결과를 갑판 및 화물 일지에 기록해야 한다.

8.35 Tank 세정 히터가 설치되었다면 원유세정관으로부터 효과적으로 분리되어 있고 원유세정관 상의 모든 소화전 형태의 연결은 완전히 봉인되었는가?

Blanks 또는 뚜껑이 있는 밸브가 설치되어야 한다.

8.36 이전 원유세정작업 기록은 유지되고 있는가?

Tank 세정, 사용한 기기의 수, 세정 시작과 완료시간, 사용된 세정방식, 세정관 압력 그리고 Tank 건조를 보장하기 위해 사용된 방법을 포함한 모든 원유세정작업의 기록이 유지되어야 한다.

Static Electricity Precautions

참고 : ISGOTT 3장은 정전기와 관련된 위험을 다룬다. ISGOTT 11장에서는 Static accumulator 화물을 취급할 때 반드시 취해야 할 주의사항을 보다 상세히 설명한다. Static non-accumulator 화물을 취급하고 있거나 Tank 대기에 불연성이 보장될 수 있을 때 Tank가 불활성 상태로 유지되는 경우에는 정전기 방지 주의사항이 필요하지 않다.

질문 8.37 - 8.40은 비침투 Tank에서 Static accumulator 화물을 운반하는 선박에 적용된다. 화물이 Static accumulator가 아니거나 Tank가 적절히 불활성화된 경우 이러한 질문은 검사관의 프로그램 소프트웨어에서 제거될 것이다.

Static accumulator 화물은 정전기 방지 첨가제, 비중이 큰 검은색 연료유 오일, 전도성 원유, 비투멘, 알코올 및 케톤을 포함한 연료를 제외한 모든 화물이다. (ISGOTT Table 3.1 참조)

8.37 사관은 비 불활성 Tank에서 인화성 화물의 최대 유속 및 안정화 기간을 포함하여 정전기 방전을 피하기 위해 필요한 예방 조치를 인지하고 있는가?

선적 초기단계에서 정전기 발생을 통제하기 위해 일반적으로 행해지는 방법은 Tank 주입구를 덮고 Tank 내 모든 Splashing과 surface turbulence가 정지할 때까지 초당 1미터로 화물이 들어오는 속도를 제한하는 것이다. 초당 1미터의 속도제한은 각 개별 Cargo Tank의 브랜치 라인에 적용되고, Cargo Tank의 로딩 입구 전에 마지막 부분에 밸브 또는 기타 배관의 제한사항을 포함하여 가장 작은 횡단면의 구획에서 결정되어야 한다. (ISGOTT 11.1.7.3)

이러한 작업을 시행하기 전에 각 Tank의 선적 작업 종료 후 30분(설정 시간) 대기해야 한다. (금속 장비로 dipping, ullaging 또는 sampling과 같은 작업) 이것은 액체 속에 가스 거품, 물이나 액체속의 입자 물질 및 전기 potential을 분산하기 위해서다. (ISGOTT 11.8.2.3)

선박에 고정식 Tank 레벨 gauging 시스템이 장착되어 있으나, IG와 full depth sounding pipe가 장착되어 있지 않다면 최우선적인 고정식 gauging 시스템이 고장 났을 경우 취해져야 조치와 관련된 회사의 방침은 검토 되어져야 한다.

8.38 사관은 선박에 Full depth sounding pipe가 설치되어 있는지를 인지하고 있고, 이 정보는 명확하게 표시되어 있으며, full depth pipe가 없는 Cargo Tank와 관련된 추가 주의사항을 알고 있는가?

정확하게 설계되고 설치된 sounding pipe내의 액체 표면에는 많은 양의 정전기가 축적되는 것이 불가능하기 때문에 sounding pipe를 통해 실시된 사운딩은 어느 시기라도 허용된다. sounding pipe는 Tank 내에 바닥까지 확장되는 파이프이며 그 끝단은 Tank에 효과적으로 접합되고 접지되고 있는 것으로 정의한다. 파이프 안쪽과 Tank와 사이에 서로 다른 압력이 생기는 것을 방지하고 실제 정확한 레벨 지시값을 얻는 것을 보장하기 위해 파이프는 구멍이 있어야 한다. (ISGOTT 11.8.2.3)

8.39 금속 테이프, gauging 또는 sampling 장치 및 이동식 Cargo Tank 세정 기기(적용 가능 시)를 Tank 안으로 넣기 전의 주의 사항들은 준수되었는가?

UTI 테이프는 Tank 주입 전에 접지되어야 한다. Vapour lock 연결구에 빠른 coupling으로 연결하는 UTI 테이프는 접지선이 요구되지 않는다. 그러나 장비의 내부 접지 설비는 6개월에 한번 제조사의 요구 사항에 따라 점검되어야 한다.

(비 불활성 상태에서 세척 할 때) Tank에서 '점화원'을 제어한다. 일반적으로 완전히 비금속 재료로 만들어진 장비가 사용되고, 예를 들면 나무로 된 sounding rod는 접지가 없는 천연 섬유 로프에 매달려있을 수 있다. (ISGOTT 11.3.5.2 sub-para (g))

접지 와이어는 절연을 위해 모든 휴대용 Tank 세정호스에 삽입되어 있어야 한다. coupling은 효과적인 bonding이 되도록 연결하여야 한다. 호스는 식별이 가능하도록 지워지지 않게 표시를 해야 한다. 절연 테스트를 한 날짜와 결과를 기록해야 한다. (ISGOTT 11.3.6.2)

모든 Tank 세정호스는 사용하기 전 건조 상태에서 절연 테스트를 해야 하며, 미터당 6옴을 초과해서는 안 된다. (ISGOTT 11.3.6.3)

8.40 사관은 휘발성 제품 운반 후 Cargo Tank 세정과 관련된 위험 및 Tank로의 액체 낙하를 피하기 위한 필요성을 인지하고 있는가?

ISGOTT 11.3장에 포함된 Tank 세정 권고사항은 엄격히 준수되어야 한다. 상단(전체)으로부터 적재 또는 ballasting은 작은 물방울로 쪼개져 Tank로 튀어 나오는 방식으로 Tank로 전달한다. 이것은 Tank 안의 석유 가스 농도의 증가뿐만 아니라 충전된 mist를 생성 할 수 있다. 전체 적재 또는 Ballast에 대한 제한은 ISGOTT 11.1.12 절에 나와 있다. (ISGOTT 3.3.3)

Manifold Arrangements

8.41 Manifold 및 관련 밸브의 상태는 양호하고 파이프라인 및 압력 게이지와 동등한 등급의 blank를 Manifold 밸브의 바깥 양쪽에 단단히 고정하고 노출을 모니터링하고 있는가?

Manifold 압력게이지는 Manifold의 바깥쪽 spool piece/reducer에 설치되어야 하며 valve와 cock가 설치된다. 압력게이지는 Manifold의 육상쪽에 설치되어 Manifold 밸브 누출 점검을 위해 화물 이송 중에 정기적으로 점검되어야 한다. (ISGOTT 24.6.3)

일반적으로 blank는 그것이 달린 플랜지와 같은 두께의 것일 때 인정되고 관련 파이프 배관의 것과 같은 압력일 필요는 없다.

blank의 압력 등급은 중요하며, 티타늄과 같은 고강도의 재질로 만들어진 blank는 같은 압력의 일반 철로 된 blank보다 두께가 얇다. 만약 이러한 blank가 설치되어 있으면 압력 등급에 충족할 수 있는 증명할 서류를 갖추어야 한다.

Manifold 구성에 대한 치수는 OCIMF / CDI 간행물 "유조선 및 케미컬 탱커 Manifold 및 관련 장비에 대한 권고사항, First Edition 2017"에서 확인할 수 있다.

8.42 선박이 증기 회수 Manifold가 있다면 적절하게 SBM 사용을 위한 Manifold를 포함하여 상태가 양호한가?

선박의 증기 Manifold가 터미널 liquid loading line과 잘못 연결될 가능성으로부터 보호하기 위해, vapour 연결부는 선외 1미터 구역에 황색 및 적색띠로 칠하여 명확히 식별하여야 하고, 'VAPOUR'라고 검은 글씨로 스텐실한다.

게다가 원통형 stud는 플랜지 볼트 원의 12시 위치에 각 현재 플랜지 면에 영구적으로 부착해야 한다. Stud는 표준 액체이송호스의 연결을 방지하기 위하여 플랜지 면에 수직으로 25.4 mm(1인치) 돌출되고 직경이 12.7 mm(1/2인치)여야 한다. blank, reducer의 내부 끝 및 vapour line용 호스에는 현재 플랜지의 Stud를 수용하기 위한 추가 구멍이 있어야 한다.

Vapour Manifold 배치의 상세, 재료 및 부속품에 대한 자세한 내용은 OCIMF 출판물 '유조선 및 케미컬 탱커 Manifold 및 관련 장비에 대한 권고사항'에 포함되어 있다. (ISGOTT 11.1.13.2)

단 부표 계류에서 사용을 위해 설계된 증기 회수 시스템 Manifolds(VRSM).

- 화물 Manifold와 같이 같은 강도로 지지되어야 한다.
- 선박 측면의 호스 레일은 전체 길이와 동일한 강도와 구조를 가져야 하며, 단 부표 계류에서 사용할 수 있도록 확장되고 호스 레일의 전/후 끝단에 stopper plate를 설치해야 한다.
- VRSM과 일치하여 선박 측에 폐쇄된 Chock가 설치되어야 한다.
- 십자형 볼라드는 VRS 호스 hang-off 체인을 고박할 수 있도록 VRSM과 일치하여 설치되어야 한다.
- 16" floating 호스를 고박하기 위해 충분한 크기의 2개의 deck pad-eye가 제공되어야 하며, 폐쇄된 chock에서 VRSM까지의 라인의 한쪽에 있어야 한다.
- floating 호스로의 액 이송의 위험성을 피하기 위해 VRS 라인의 가장 낮은 지점에 VRSM을 완전히 배출하는 수단을 제공해야 한다.

8.43 선박에 화물, 연료유, Ballast 시스템 상호간에 허가되지 않은 연결관은 없는가?

Pump Rooms

이 섹션은 Cargo Pump Room, Ballast Pump Room 및 연료유 이송 Pump Room을 포함한 모든 Pump Room에 적용된다. 질문 8.44 ~ 8.48은 Cargo Pump Room이 장착된 선박에 적용된다. 선박에 Cargo Pump Room이 없는 경우, 이러한 질문은 검사관의 프로그램 소프트웨어에서 제거된다.

8.44 Pump Room 및 트렁크 공간이 있는 선박은 각종 기기, 배관, 밸브 그랜드 및 기계장치에서 상당한 누수가 없으며, 빌지는 깨끗한가?

8.45 격벽 씰이 gas tight되고 필요시 윤활유가 공급되었는가?

해당 된다면 격벽 씰의 관리가 제조사 지침에 따라 시행되었는지를 확인한다. 자동배출시스템(AUS, automatic unloading system)이 설비된 경우 AUS pump가 바로 Pump Room 격벽에 설치되었다면 씰 누설의 육안 증거를 확인한다. AUS pump가 선박의 거주구역에 설비된 경우 Comment로 기록한다.

8.46 Cargo Pump Room 가스 모니터링 시스템은 잘 작동하고 정기적으로 점검되고, 사관들이 경보설정을 인지하고 있는가?

처음 입거일 기준 2002년 7월 1일부터 2005년 7월 1일 전까지의 모든 탱커는 탄화수소의 농도를 계속적으로 모니터링할 수 있는 장치를 첫 설치하여야 한다. 표본채취 위치 또는 탐지기의 해드는 잠재적으로 위험한 누설을 쉽게 탐지할 수 있는 적절한 곳에 위치하여야 한다. 탄화수소 농도가 최저인화한계의 10%보다 높지 않은 미리 설정된 수준에 도달하면 Pump Room과 화물제어실에 있는 선원에게 잠재 위험에 대한 경각심을 주기 위해 계속적인 가시가청의 경보신호가 자동적으로 작동하여야 한다. (SOLAS 2000 II-2/4.5.10.1.3 and 1.6.7)

2002년 7월 1일 이후에 건조된 선박은 Pump Room, 기관제어실, 화물제어실 및 항해선교에 경보가 자동적으로 작동하여야 한다. (SOLAS 2000 II-2/4.5.10.1.3) 2002년 7월 1일 전에 건조된 선박에 LEL이 30%를 넘지 않도록 미리 지정된 기존 장치도 인정할 수 있다.

질문은 트렁크 공간과 고정 가스 감지 장치가 설치된 Ballast Pump Room에도 적용된다.

8.47 빌지 pump는 작동 상태가 양호하며, Pump Room 외부에서 작동이 가능한가?

Cargo Pump Room에 제공되는 빌지 시스템은 Cargo Pump Room 외부에서 작동될 수 있어야 한다.

8.48 Pump Room 또는 트렁크 공간의 조명은 작동하고 밝기가 적절한가?

저전력 전구 대신 동일한 조명을 사용하는 전구를 사용하려면 밀폐 구역의 조명 범위를 줄일 수 있어 주의해야 한다.

Cargo Hoses

8.49 선박이 본선 화물호스를 사용하고 있다면 상태는 양호하고, 매년 압력 시험을 하고 있으며, 모든 호스의 점검 및 정비 기록이 있는가?

각 호스는 시험 날짜와 압력, 최대 작업 압력과 구분의 목적으로 개개의 번호가 표시되어야 한다.

사용 중인 화물 호스는 지속적인 사용을 위한 적합성을 확인하기 위해 적어도 매년 문서화된 검사를 해야 한다. 다음 사항이 포함되어야 한다.

- 열화 / 손상에 대한 육안 검사
- End Fitting의 누설 또는 움직임을 점검하기 위해 정격 사용 압력(RWP) 의 1.5 배까지 압력 테스트(RWP에서의 임시 elongation은 중간 단계로 측정되어야 한다.)
- 전기 연속성 시험(ISGOTT 18.2.6.1)

휴대용 Cargo Pump 호스는 제조사 지침에 따라 테스트하고 유지해야 한다.

Cargo Lifting Equipment

8.50 모든 크레인 및 기타 리프팅장비가 적절하게 표시되고 정기적으로 점검 및 테스트되며 선원은 유지 보수 요건을 알고 있는가?

화물 리프팅 장비는 매 5년마다 하중시험을 실시해야 하고 적격한 자에 의해 매년 철저한 검사를 해야 한다. 그 밖에 리프팅 장비는 선급에서 대개 필수적으로 규제하지 않지만 유사한 관리 체계로 테스트 및 검사를 해야 한다. 이러한 테스트는 최소 안전 하중 1톤이 요구된다.

Chain regsiter는 요구되지는 않지만 선박의 리프팅 장비에 대한 Tagging/Labeling, 점검 및 유지보수, 서류/증서를 위한 OCIMF 출판물 권고사항에 따른 검사, 시험 및 보수를 보조할 문서를 유지하여야 한다.

단일 호스 크레인이 있는 선박의 경우 유압 호스에 고장이 발생하였다면 결함 호스를 예비 호스로 교체할 수 있어야 한다. 화물 호스 크레인이 모든 면에서 동일한 호스 2개가 있다면 이들 동일한 호스의 50%만 예비용으로 가지고 있으면 된다.

크레인 slew bearing 마모에 대한 모니터링은 크랭크 축/크랭크 축 베어링 제조사의 권고 사항에 따라 수행해야 한다. 일반적으로 권장되는 방법은 두 가지가 있다.

- 그리스 샘플링 – 그리스에서 발견되는 금속 성분을 측정하여 마모의 징후 측정
- 흔들림 테스트 – 이 테스트는 내, 외측 베어링 레이스 사이의 유격을 측정하여 마모가 발생여부를 판단

Ship to Ship Transfer Operations – Petroleum

질문 8.51-8.55는 선박이 연안 STS용으로 고려될 수 있는지 여부를 결정하기 위한 기본 정보를 묻는다. 선박에 펜더, 호스 등 정기적인 선박 간 이송 작업을 위한 전문 장비가 장착된 경우 그 사실을 추가 Comment에 기록해야 한다.

8.51 사관과 부원은 선박 간 이송 작업(STS) 동안의 요건 및 위험성에 친숙한가?

STS 작업을 하는 150 GT 이상의 유조선은 STS 작업 이행 방법을 서술한 계획서(STS 작업 계획서)를 선내에 보관해야하고, 주관청의 승인을 받아야 한다. STS 작업 계획서는 선박의 공용어로 작성되어야 한다. (MARPOL Annex I Reg 41.1)

참고 : FPSO로부터 리프팅 작업 시 또는 FSO로부터 벙커작업 시 STS 작업 계획서가 요구되지 않는다. (MARPOL Annex I, Reg 40 상세 참조) 작업 계획서는 다음 정보에 포함된 내용을 고려하여 개발되어야 한다; IMO's "Manual on Oil Pollution, Section 1, Prevention ICS/OCIMF/SIGTTO/CDI "Ship to Ship Transfer Guide, for Petroleum, Chemicals and Liquefied Gases" First Edition 2013.

위험성 평가는 STS 이송 장소의 적합성을 고려할 때 수행되어야 한다. STS 작업에 대한 추가적인 위험성 평가도 이루어져야 한다. (STS Guide 1.4)

모든 이송 작업은 관계 선박 선장 중 한 사람, STS 감독, POAC 중 1명의 조정 및 자문 통제하에 시행되어야 한다. 연장 작업 중 피로를 방지하기 위해 업무는 다른 적격한 인원에게 공식적으로 인계되어야 한다. (STS Guide 1.5.1).

선박이 영구 펜더 및 호스가 있는 경우 제조사의 지침에 따라 이러한 기기의 상태가 감시되고 평가되는 절차가 수립되어 있어야 한다.

8.52 POAC에 필요한 자격 및 경험이 있으며, 사관은 이러한 요건을 인지하고 있는가?

MARPOL Annex I 화물과 관련된 이송의 경우 POAC는 최소한 다음과 같은 자격 또는 경험 수준을 가져야 한다.

- STCW와 같은 국제 자격 기준에 부합한 적절한 관리 수준의 갑판 자격증/증명(reference 9)과 STS 작업에 종사하는 선박에 적합하고 최신화된 위험화물 자격
- 선박조종 과정 참석
- 동종선 및 상황에 계류/이안 작업을 시행한 경험
- 유조선 선적/하역작업 경험

- 이송 지역 및 주변에 대한 철저한 지식
- 비상 계획시 장비 및 자원에 대한 친숙화를 포함한 오염 정화 기술에 대한 지식
- STS 작업 계획서 지식(appendix A1.5 참조) 및 관계된 합동 작업 계획서(section 5.2 참조)

MARPOL Annex I 화물 이외의 화물과 관련된 이송 작업의 경우 STS 감독은 이송되는 화물의 형태와 관련하여 위에서 설명한 유사한 자격 및 경험 수준을 갖추는 것을 권고한다. (STS Guide 1.7)

8.53 폐쇄형 fairlead 및 계류 bitt가 제공되는가?

STS 이송작업 중에 사용되는 모든 fairlead는 enclosed 형태의 것이 권고된다. 이 같은 fairlead는 예상되는 mooring 부하를 견딜 수 있는 충분한 강도여야 하고 mooring line (soft rope와 tackle을 추가한)이 완전히 통과할 수 있도록 충분히 커야 한다. (STS Guide 9.3)

Spring line을 위한 충분한 강도의 enclosed fairlead와 bitt가 화물 Manifold에서 전/후방으로 35미터를 넘지 않도록 위치하는 것이 필요하다는 것을 알아야 한다. (STS Guide 9.3)

모든 탱커는 선박의 양현에 충분한 강도의 mooring bitt의 배치가 설치되는 것이 권고된다. (STS Guide 9.3)

추가하여 fender lines 고정을 위해 만들어진 설비도 권고된다. (STS Guide 9.3)

8.54 사관은 선박 간 이송 checklist의 요건을 인지하고 있으며, 이러한 STS 작업 기록이 유지되고 있는가?

checklist는 이송 시점뿐만 아니라 작업이 계획 중일때도 이용되어야 한다. 점검 절차를 준수하면 작업의 가장 중요한 측면을 포함할 수 있으며, 점검 목록은 다음과 같다.

1) 준비물 정보

2) 작업 시작 전

3) 계류 및 진입 전

4) 화물 이송 전

5) 이안 전(STS Guide 3.4 and Appendix E)

참고 : STS 기록은 다음을 포함하지만 이에 국한되지 않는다.

1) 최신 ICS/OCIMF/SIGTTO/CDI 가이드라인 개정판 2013에 따른 STS checklist

2) 서비스 제공업체가 제공한 JPO (Joint Plan of operations)

3) 서비스 제공업체가 제출한 위험성 평가

4) 참여 선박의 상세 계류 계획

5) 펜더 및 호스 증서 사본

6) 해안당국에 통지

7) 특정 STS 작업과 관련된 훈련 세부사항

8) 선장의 선원 경험 사후 피드백/평가 기록

선박이 지난 12개월 내 STS 작업을 했다면 준수여부를 확인하기 위해 기록을 부분적으로 확인해야 한다.

8.55 선박간 이송이 검사 중 진행되었다면 그것은 OCIMF/ICS STS 이송 지침의 권고에 따라 수행되었는가?

연결을 위해 호스 스트링을 제공할 때 두 선박 사이의 증가하는 아크 발생 가능성을 제거하기 위해 다음 중 하나의 설비를 사용해야 한다.

- 선박의 Manifold 또는 각 호스 스트링과 스트링의 모든 호스에 전기적으로 연속된 단일 절연 플랜지
- 각 호스 스트링에 설치된 단일 길이의 전기 전기적 불연속 호스
- 정전기 축적을 방지하고 전기 전도를 본질적 안전 수준으로 제한하기 위해 특별히 제작된 호스

절연 플랜지가 사용되는 경우 스파크를 일으킬 수 있기 때문에 절연 플랜지 외부의 전도성 호스 외부가 절연 플래지가 장착된 선박과 접촉하지 않아야 한다. 예를 들어 비절연 호스 안장을 사용하는 등이 있다. (STS Guide 3.10.4)

선측의 fairlead를 통해 지나가는 합성계류삭은 선박의 움직임으로 인해 정기적 하중에 의한 마찰이 발생할 수 있어 적절한 보호덮개로 라인을 보호해야 한다. 덮개의 손상 가능성을 최소화하기 위해 덮개에 윤활유를 바르고, 필요 시 라인이 끊어진 경우 추가적인 라인을 바로 사용할 수 있어야 한다. (STS Guide 6.6.2)

Combination Carriers

참고 : 정상적인 상황에서는 선박이 'wet' 모드로 운항 중일 때만 콤비네이션 캐리어를 검사해야 한다.

8.56 운항사의 절차서는 제공되었으며, wet과 dry 모드 사이의 교대를 위한 기록은 유지되어 있는가?

참고 : 기록에는 방출 장비로 인한 손상에 대해 건조 화물을 운송한 후 필요한 경우 tank 검사 및 시정 조치에 대한 세부 사항이 포함되어야 한다.

8.57 상급 사관은 적어도 1년의 wet 운영 경험이 있는가?

8.58 이중 씰 형태의 Hatch cover이고, 그것들은 정확하게 놓이고, 봉인되고 가스가 타이트 되었는가?

참고 : Combination 운송선에서 hatch에 관련된 안내는 ISGOTT 14.1.8에 포함되어 있다. 적어도 500 mm의 Tank 증기압 상태로 OBO가 터미널에 접안하는 것이 권고되는 형태이다. "벌크선 점검 요건"을 참조한다.

8.59 Hatch cover는 육안으로 보이는 손상의 흔적이 없고, Hatch coaming의 구석과 상갑판 부근에 육안으로 보이는 Crack이 없는가?

8.60 기록상 파이프 터널이 깨끗하고 누출의 흔적이 없는 것으로 나타났는가?

8.61 선수구역 빌지pump시스템은 정상 작동하는가?

충돌격벽 앞쪽에 위치한 Ballast Tank 및 Cargo Hold의 전방으로 확장되는 dry space의 빌지를 drain하고 펌핑하는 수단이 쉽게 접근할 수 있는 밀폐구역에서 작동이 가능해야 하고, 그 위치는 노출된 건현 혹은 상부구조 갑판에 통과하지 않고 선교 혹은 추진기 제어에서 접근할 수 있어야 한다. (SOLAS 2002 XII/13.1)

8.62 선박은 선수구역 및 홀드에 빌지 알람이 설치되어 있는가?

벌크선은 수위 탐지기를 설치해야 한다.

- 각 Cargo Tank에 Hold 내 내저판으로부터 수위가 0.5 m에 도달하였을 때, 가시 가청 경보를 제공하는 수위탐지기가 1개 설치되고, Cargo Tank 깊이의 15%이상에 상기 경보를 제공하는 수위탐지기 추가 1개를 설치하여야 한다.
- 모든 충돌격벽 앞쪽 Ballast Tank에 액체가 Tank용량의 10%를 초과하지 않는 수위에 도달하였을 때 가시가청 경보를 제공하는 수위탐지기를 설치하여야 한다.
- 최전방 Cargo Hold보다 앞쪽에 위치하는 체인로커를 제외한 dry space 또는 void space내에는 갑판 위 0.1 m의 수위에 도달하는 경우에 가시가청 경보를 제공하는 수위탐지기를 설치하여야 한다. 이 경보는 선체의 최대배수용적의 0.1%를 초과하지 않는 용적을 가진 밀폐구역에서 제공될 필요는 없다. (SOLAS 2002 XII/12.1)

이 가시가청경보는 선교에 위치하여야 한다. (SOLAS 2002 XII/12.2)

2004년 7월 1일 이전에 건조된 벌크선은 2004년 7월 1일 이후 시행되는 연차, 중간 및 갱신검사 중 먼저 도래하는 일자까지 동 규칙을 만족해야 한다. (SOLAS 2002 XII/12.3)

8.63 선박이 원유세정용 휴대용 호스를 이용한다면 그것들의 상태가 양호하며, 정기적으로 점검되었다는 것을 증명할 기록이 있는가?

참고 : 휴대용 호스는 연속성, 물리적 손상 및 압력을 정기적으로 점검해야 한다.

Shuttle Tankers

참고 : 이 질문은 deep water 터미널 및 FPSO에서의 작동을 위한 전문 장비와 함께 제공되는 탱커와 관련된 문제를 다룬다. 이 섹션은 선박에 그러한 장비가 있는 경우에만 작성되어야 한다. 검사가 Offshore 시설에서 수행되지 않는 한 검사관은 이러한 선박과 관련된 상세한 응답을 제공하거나 일부 질문에 답변할 수 없을 수 있다. 검사관의 소프트웨어 내에서 검사관은 "Offshore 적재 유전에서 검사" 또는 "배출 터미널에서 검사"의 두 가지 검사 옵션을 선택할 수 있다.

"해상 적재 터미널에서 검사"의 경우 8.64부터 8.127까지의 모든 질문이 다뤄질 것이다.

"방출 터미널에서 검사"의 경우 8.65부터 8.127까지 8.86, 8.89, 8.99, 8.99, 8.91, 8.91, 8.105, 8.105, 8.108, 8.109, 8.110, 8.11, 8.11, 8.11,8을 제외하고 다뤄질 것이다.

Personnel Management

8.64 DP(Dynamic Positioning, 동적 위치 제어) 작업에 종사하는 선박의 주요 선원은 경력과 교육을 위한 IMCA와 UKOOA의 최소 요건을 준수하는가?

참고 : DP증서와 로그북으로부터의 경력을 확인한다. 기관사와 ETO가 DP 모드에서 어떻게 운영 및 관리되는지에 대한 적합한 교육/지도를 받았는지 확인해야 한다. (IMCA M 117 Rev 1- The training and Experience of key DP personnel UKOAA Tandem Loading Guidelines)

8.65 DP는 평가된 보충교육을 받았는가? 예. DP CAP

8.66 DP 관리 사항을 기록한다.

8.67 셔틀탱커 작업 시 기관실 인원 배치를 기록

참고 : 기관실 인원 배치 등급 기록

8.68 DP 시스템 유지보수에 관한 승인된 교육을 받은 전기사가 승선해 있는가?

참고 : IMCA M 117 Rev 1- 핵심 DP 인원의 교육 및 경험

8.69 사관과 부원은 헬리콥터 작업에 관해 육상 교육을 받았는가?

Dynamic Positioning and Navigation Equipment

8.70 선박은 가장 최근의 FME(C)A(Failure mode effective analysis)의 사본을 선내에 보유하고 있는가?

참고 : 보고서와 심사 날짜를 기록한다. DP시스템의 선급을 표기하여 기록한다.

8.71 고장 모드는 IMO MSC circ.645의 'fail as set, or fail to zero'에 만족하는가?

참고 : 고장 모드 설명

8.72 DP 증명시험의 기록이 있는가?

8.73 DP 증명시험으로부터 권고사항이 있는가?

8.74 선박은 가장 최근의 연간 DP 시험 보고서의 사본을 선내에 보유하고 있는가?

참고 : 시험 보고서의 작성자를 기록한다.

8.75 DP 연간 시험보고서 및 종결사항에 요구되는 권고사항이 있는가?

8.76 DP 작업과 관련된 모든 선원은 FME(C)A에 친숙한가?

참고 : FME(C)A가 DPO, ETO, 기관사와 전기기사를 위하여 적절한 언어로 작성되었는지 확인한다.

8.77 개정 사항이 있었다면 FME(C)A가 최신화되고, 점검에 의해 개정이 증명되었는가?

참고 : 추진, 발전/공급, DP 제어 시스템, 위치 참조에 대한 개정 사항을 기록한다.

Dynamic Positioning(DP) Operations

8.78 지난 12개월 내 DP 작업 관련 사고가 없는가?

참고 : 'No'라면, 사고 상세를 기록한다.

8.79 선박은 DP 사건보고시스템을 가지고 있는가?

참고 : 이는 선박의 ISM 시스템에 따르거나 IMCA M 103 Rev1, Appendix1의 이용에 의한 것일 수 있다.

8.80 선박은 DP작업 전 셔틀 탱커 작업을 위한 위험성 평가를 검토하는가?

참고 : 검토는 작업 장소, 위치 참조 센서 및 합동 작업 매뉴얼(적용 시)에서 변경사항을 반영한다.

8.81 DPO가 제어, 외부 환경 및 선박의 작업을 관찰할 수 있도록 DP 제어 콘솔이 있는가?

참고 : 'No'라고 하는 경우 CCTV가 사용되는지 여부를 명시한다. IMCA M 103 Rev 1- 1.6.5 위치 조정 IMCA M 103 Rev 1- 1.2 Dynamic Positioning 범위

8.82 수동 조작 및 비상정지 장치는 쉽게 닿는 거리에 위치하는가?

참고 : 의도하지 않은 작동으로부터 보호하고, 라인 절단 시 경보가 발생된다. Thrust 장치는 비상정지의 지난 테스트 날짜를 명시한다. 각 Thruster는 독립적인 비상정지 장치를 가지고 있으며, 의도하지 않은 작동으로부터 잘 보호되는가? 비상정지 장치 고장 시 알람이 발생하는가?

8.83 후진 시 주 프로펠러로부터 어떤 수준의 동력/추진력을 얻을 수 있는가?

참고 : 역 추진 용량은 일반적으로 감소하며, 동력/추진력 수준을 보통 전진 추진력의 백분율로 기록한다.

8.84 위치 참조시스템을 위한 통제는 DP 통제 위치에서 쉽게 도달하는 거리에서 이용할 수 있는가?

8.85 선박은 전체적인 DP 작업 매뉴얼을 선내에 보유하고 있는가?

참고 : IMO Resolution 645 Operational Requirement. 해당 매뉴얼은 DP 운용자를 위해 적절한 언어로 작성되었는지를 확인한다. 매뉴얼이 선급에 의해 검토되었는지 여부를 명시해야 한다.

8.86 DP 작업에 종사하는 모든 선원이 본 매뉴얼에 친숙하고 내용에 대해 이해하고 있음을 증명할 수 있는가?

8.87 Checklist는 DP 작업 전 선교, 기관실 및 전기시스템을 포함하는가?

8.88 DP capability plots은 일반 작업과 예상되는 작업을 포함하는가?

Dynamic Positioning Equipment

8.89 모든 thruster는 정상 작동하는가?

참고 : thruster의 검교정을 위한 일반사항은 연간 DP 시험 혹은 PMS의 포함되어야 한다.

8.90 선내 DP 장비는 정상 작동하는가?

참고 : 마지막 방문 정비 일자를 기록하고 보고서를 검토한다. 모든 권고사항/지적사항을 주의한다.

8.91 모든 위치 참조시스템은 정상 작동하는가?

8.92 offset은 적절하게 보관되는가?

참고 : DPO에서 파일이 쉽게 이용가능한지 확인한다.

8.93 선박은 모든 DP 매개변수를 기록하는 기록저장장치가 있는가?

참고 : IMCA M 103 Rev 1- 1.5 작업, 훈련 및 서류. DP 작업에 종사하는 선박에 대한 모범 사례. 기록저장장치가 설치되어 있지 않다면, DP 사건 발생 시 관련 데이터들을 확보하기 위한 절차가 있는 지 확인한다.

8.94 DP 작업 전 안전한 전원공급시스템을 점검하는 절차가 있는가?

8.95 선박이 DP class 2(또는 동등한)라면 DP 시스템에는 추진력 및 동력 측면에서 최악의 고장 후에도 선박이 위치를 유지할 수 있는지 점검하는 연속적인 분석 기능이 있는가?

참고 : IMCA M 103 Rev 1- 1.6. 1994년 이후에 건조된 선박을 위한 권고

8.96 다른 전력부하로 작동되는 발전기의 개수에 관한 지침이 작업 절차에 포함되어 있고, DPO와 엔지니어가 이러한 작업 절차에 친숙한가?

참고 : 지침에는 온라인 상태가 될 발전기 수에 관한 지시와 권장되는 'spinning reserve'이 포함되어야 한다. 대기중인 발전기에 대한 방침이 있는가?

8.97 결과분석 경보는 긴급 매트릭스에 입력하는 것으로 사용되는가?

8.98 DP 시스템은 계획정비시스템(PMS)에 포함되어 있는가?

참고 : 모든 위치 참조 시스템, UPS 및 센서를 포함한다.

Cargo Operations

8.99 선박이 운항하는 각 offshore터미널을 위한 적절한 선적터미널 절차매뉴얼이 있는가?

참고 : 공동작업 매뉴얼은 이용가능 해야 하고 다음의 정보를 포함해야 한다.

- stern offtake 배열의 도면, 그리고 적절한 사진을 포함한 대략적인 필드위치 및 필드배치 그리고 FPSO 정보
- 작업 및 비상시 사용 모두를 위한 연락처, 호출부호 및 통신채널
- offloading 장비의 상세 및 특히 FPSO에 있는 OCEs 상세
- 화물유 송유, 라인 플러싱 등을 포함한 표준 및 수시 공동작업에 대한 설명
- Field에서 정기적인 offtake를 위한 모든 탱커의 승인 데이터 시트(data sheets)
- NOR 제공 및 승인, 그리고 화물 품질, Bills of Lading 그리고 화물계산을 위한 모든 특별요건
- Facility / FPSO 접근에 대한 속도 저하 순서 및 제한은 보통 다음과 같이 감소되어야 한다
  - Facility / FPSO로부터 10해리에서 12 knots 미만
  - Facility / FPSO로부터 3해리에서 5 knots 미만
  - Facility / FPSO로부터 1000 미터에서 0.5 knots 미만
- 작업 한계와 한계 초과시 시행될 조치
- ESD 시스템과 각 ESD 수준에서 시행될 조치(FPSO ESD 시스템과 공동 “Offtake ESD” 시스템 모두를 위함)
- offtake 이전의 각 단계를 포함하는 FPSO를 위한 상세 점검 항목들; 접근, offtake, 분리 및 하드웨어를 점검하는 다음 offtake
- 탱커 자체의 세부 checklist에 포함되지 않은 필드별 조치 및 요구 사항을 포함하는 각 탱커 유형에 대한 세부 점검 목록
- 모든 예인 보조선박을 위한 직무와 요건

- 비상 책임과 절차. 참고. 공동 작업 매뉴얼의 본 섹션은 설치를 담당할 책임이 있는 관리 팀과 overlap 또는 gap이 없는 것을 확인할 탱커관리회사 간에 공동으로 준비되어야 함.(일부 책임자들은 분리된 연결서류 또는 비상대응매뉴얼로 본 주제가 포함되는 것을 선호한다.)
- 많은 탱커들이 COA를 근거로 많은 다른 필드를 각 공동 작업 offtake 매뉴얼이 포함하는 다른 절차로 운항하는 것을 명심해야 한다.

주요 요건과 매뉴얼 내 각 주제에 관해 더욱 상세한 정보를 찾을 곳을 설명한 짧은 개요. (예시. 선장이 모든 매뉴얼을 무작정 찾지 않고 주요 사실을 얻어 신속히 사용 가능한 개요)

- 주요 운영 및 스테이션 유지 한도와 주요 통신을 제공하는 스테이션 유지 섹터 제한 다이어그램. (예시, 즉시 사용을 위한 선교에 1장으로 게시될 수 있는 주요 정보)

8.100 사관은 선내에 있는 각 offshore 터미널을 위한 적절한 터미널 절차 매뉴얼에 친숙한가?

8.101 기상도를 수신하고 있고, offshore 작업 시작 전 평가되었는가?

8.102 정기적인 설비의 통신 점검한 기록을 유지하고 있는가?

8.103 선교 또는 선수 제어장소에 계기장비가 있고 제어시스템을 위한 checklist가 있으며, 올바르게 작성되었는가?

8.104 기관실 기계를 위한 checklist가 있고, 올바르게 작성되었는가?

8.105 선박은 offshore 터미널로부터 선적 시, onshore 터미널을 위한 것과 같은 실행을 적용하는가?

참고 : 선박이 작업하는 각각의 터미널을 위한 특별한 절차가 제공되어야 한다.

8.106 Green line 잠금장치는 잘 작동하는가?

8.107 Tension load cell을 위한 점검보고서는 이용가능한가?

참고 : 점검일자가 나타나야 한다.

8.108 Deluge 시스템은 양호하고 선적하는 동안 압력이 차있는가?

참고 : 최근 점검 일자를 기록한다.

8.109 비상정지시스템은 정상 작동하고 정기적으로 점검되었는가?

참고 : 최근 점검 일자를 기록한다.

8.110 원격 측정시스템이 정상 작동 중인가?

Bow Loading Systems(BLS) and Submerged Turret Loading(STL) Operations

8.111 BLS는 FME(C)A 절차에 따르는가?

8.112 BLS 및/그리고 STL 시스템은 잘 작동하는가?

8.113 BLS 그리고/또는 STL 시스템의 작동을 위한 checklist가 이용가능하고 일관된 사용의 증거가 있는가?

8.114 STL buoy 해치는 수밀되어 있고, STL room 수밀문은 잘 작동되는가?

8.115 STL room 수밀문을 위한 경보는 잘 작동하고 정기적으로 점검되는가?

참고 : 최근 점검 일자를 기록한다.

8.116 잠금장치 지시기는 정상 작동 중인가?

참고 : 최근 점검 일자를 기록한다.

8.117 BLS 및/또는 STL 구역에 감지/소화시스템이 설치되어 있고 잘 작동하는가?

참고 : BLS 및/또는 STL 구역에 탐지/소화시스템이 설치되어 있고 잘 작동하는가?

Safety Management at Offshore Installations

8.118 통신수단이 구축되고 보조통신 시스템은 있는가?

참고 : 만약 선박이 offshore 위치에서 점검된 것이 아니라면 이 질문은 NA로 답해야 함.

8.119 통신수단이 field 대기 선박과 설정되어 있는가?

참고 : 만약 선박이 offshore 위치에서 점검된 것이 아니라면 이 질문은 NA로 답해야 한다.

8.120 Offshore 선적을 위한 문서화된 비상절차가 제공되었는가?

참고 : 절차와 훈련 기록을 확인한다.

8.121 절차에 있는 훈련은 정기적으로 시행되는가?

참고 : 절차와 훈련 기록을 확인한다.

8.122 비상예인절차는 있는가?

8.123 비상예인시험은 시행 되었는가?

참고 : 시험의 주기와 마지막 훈련, 그리고 모든 교육의 상세를 기록한다.

Pollution Prevention Specific to Offshore Installations

8.124 SOPEP은 셔틀탱커 작업을 위한 절차를 다루는가?

8.125 BLS 및/또는 STL 구역은 기름이 없는가?

8.126 STL 공간에 기름 배출 모니터가 설치되어 있다면 이는 양호한 상태인가?

8.127 선박이 BLS 및/또는 STL 구역을 drain하기 위한 적절한 시스템을 갖추었는가?

Additional Comments :

만약 검사관이 이 장의 특정 질문의 답변에 대하여 이 장에서 다루어지는 주제와 연관되는 추가 Comment가 있다면 검사관은 이 부분에 그러한 추가 Comment를 기록한다.

CHAPTER 8-2 Cargo and Ballast Systems – Chemical

참고 : 이 장은 유해 액체 물질 운송에 대한 국제오염방제증서 또는 위험화학제품산적운송에 대한 적합증서를 비치한 선박에 대하여만 적용된다. (NLS)

만약 선박이 케미컬 탱커로서 Annex I 화물을 가끔 운송하도록 증서를 가지고 있다면 선박은 검사 당시에 선적된 화물에 관계없이 케미컬 탱커로서 검사를 받아야 한다. 그러나 본선 서류에 유류화물만을 운송하고 있음을 보여주고 있다면 본선은 유조선으로 검사를 받아야 한다.

아래의 질문에 답변할 때 1986년 7월1일 이후에 건조된 선박들에 IBC 코드를 적용한다.

1972년 4월 12일 이후에 건조된 선박에 BCH 코드를 적용한다. BCH 1.7.3(a)에서 (f)까지의 건조 조항을 적용 받지 않는 이 날짜 이전에 건조된 선박도 적용한다.

2007년 1월 1일 발효된 MARPOL Annex II는 X, Y, Z와 OS로 화물을 재분류하여 개정하였다. 모든 케미컬의 운송 요건과 오염 위험요소는 재평가되었다. 등급 X, Y와 Z 운송요건은 IBC 17장에 규정되었다. 또한 카테고리 Z 화물은 OS 화물과 함께 IBC 제18장에 규정되었다. X, Y와 Z를 운송하는 선박에 대한 P&A 매뉴얼은 2007년 1월 1일전에 재승인 되어야 한다.

MEPC.2 Circular는 액체물질의 임시 분류를 제공하고 매년 12월에 발행된다. 현행 Circular는 MEPC.2/Circ.12 이다. 제17장과 18장의 정상조건하에 IBC 코드가 MEPC.2/ Circ.의 List 1보다 우선한다면, 이러한 예외적인 경우에서 Annex 1 list 1: 모든 국가에 적용되며 유효기간이 없고 기술적으로 순제품은 IBC 코드 제품보다 우선한다.

Policies, Procedures and Documentation

8.1 사관은 안전한 화물 작업과 관련하여 최대 적재 속도 및 배출 용량에 관한 정보를 포함하여 운항사의 방침 내용, 지침 및 절차를 인지하고 있는가?

선장은 각 화물 및 Ballast Tank의 최대 허용 가능 Loading rate에 관한 정보를 제공 받아야 하고 혼합 Venting 시스템을 갖춘 Tank의 경우 화물 혹은 Ballast Tank의 각 그룹의 최대 허용 Loading rate에 관한 정보를 제공 받아야 한다. 이 요구사항은 설치된 2차 배출 장치를 포함하여 배출 시스템의 용량을 초과하여 Tank가 과압 또는 과소압이 되지 않도록 보장하기 위한 것이다.

기름 탱커의 최대 Loading rate를 결정할 때는 다른 고려 사항도 고려해야 한다. 정전기 위험 및 파이프 라인 침식에 대한 예방 조치는 ISGOTT Section 7.3.3.2에 설명되어 있다. (ISGOTT 7.3.3)

참고 : 이 정보는 화물제어 장소에 게시되어야 한다.

8.2 Cargo, Inert gas 그리고 Venting system의 읽기 쉽고 최신화된 파이프 라인 및/또는 도식화된 도표가 Pump Room 및 화물 제어실에서 이용 가능하고 사관은 시스템에 친숙한가?

검사관은 당직중인 갑판사관이 진행 중인 화물작업 및 당직 중 계획된 순서에 익숙한지 확인해야 한다.

8.3 Cargo Pump 성능 곡선을 이용할 수 있고, 갑판 사관은 시스템상 화물, 증기 및 불활성 가스 라인의 테스트 요건을 인지하고 있는가?

파이프 라인을 육안으로 검사하고 일상적인 압력 테스트를 실시하여 상태를 확인해야 한다. 초음파 두께 측정과 같은 비파괴 검사 또는 검사의 다른 수단이 적절하다고 생각될 수 있지만 항상 육안 검사로 보완되어야 한다. (ISGOTT 10.11.3)

참고 : 선박의 '화물 이송 시스템'은 적어도 매년 정격 작동 압력(때때로 최대 허용 작동 압력 - MAWP라고 함)의 100%까지 시험해야 한다. '화물 이송 시스템'은 5년 내 적어도 두 번 정격 작동 압력의 1.5 배까지 테스트해야 한다. 파이프 라인은 테스트 날짜와 테스트 압력으로 표시되어야 한다. 선박의 '화물 이송 시스템'에는 비금속 호스를 제외하고 pump와 선박 manifold 사이의 배출 pump와 배관이 포함된다.
이 경우 MAWP는 이송 파이프 릴리프 밸브가 설정된 압력 또는 릴리프 밸브가 설치되지 않은 경우 선박의 pump에 의해 발생할 수 있는 최대 배출 압력 중 하나라고 가정 할 수 있다. 원심 pump의 경우는 Zero flow 조건에서 pump에 의해 생성된 압력이다.. 압력 테스트는 수압 테스트 이어야하며, 압축 공기 또는 불활성 가스를 사용하는 압력 테스트는 허용되지 않는다.

참고 : 여기에는 dresser coupling의 볼트 및 플랜지 부식이 포함된다.

모든 tank의 화물 배출 파이프는 적어도 최대 작동 압력에서 매년 1회 이상 견고함을 테스트해야 한다. (46 CFR 35.35-70)
각 금속 호스를 포함한 각 로딩 암 및 이송 파이프 시스템은 정격 액체 압력 하에서 허용되는 최대 작동 압력의 1/2배로 누출되지 않아야 한다. 이 절에서 요구하는 검사 및 검사 주기는 매년 또는 격년 및 중간검사의 기간 중이어야 한다. (33 CFR 156.170)

8.4 절차 및 준비 매뉴얼에 수록된 정보에 대해 사관이 친숙하며, 매뉴얼을 선내에서도 접할 수 있는가?

범주 X, Y 또는 Z 물질을 운송하도록 승인된 모든 선박은 주관청이 승인한 매뉴얼이 있어야 한다. 매뉴얼은 이 부록의 IV에 따른 표준 형식을 가져야 한다.

- 선박 장비 및 배치에 대한 설명
- 화물 하역 절차 및 tank 스트리핑
- Cargo Tank의 세정, 잔류물의 배출, Ballast 및 Ballasst 배출에 관한 절차
- 정보 및 절차

사용된 언어가 영어, 불어 또는 스페인어가 아닌 국제 항해에 종사하는 선박의 경우 본문은 이들 언어 중 하나에 대한 번역을 포함해야한다. (MARPOL Annex 2 Reg 14.1)

본 매뉴얼의 주요 목적은 화물 핸들링, tank 세척, slope 핸들링 및 cargo tank Ballast 및 Ballast 배출에 관한 물리적 배치 및 모든 운영 절차를 선박 사관에게 알아보게 하는 것이다. (MARPOL 부속서 2 Reg 14.2.)

스트리핑 효율 시험 결과는 P&A 매뉴얼에 기록되어야 한다.

참고 : 선적 가능한 화물의 목록이 국제적합증서에 첨부되어야 하며, 화물 목록이 P&A manual에 첨부되는 것은 요건이 아니다.

8.5 화물기록부가 올바르게 작성되고 최신화 되었는가?

이 부속서가 적용되는 모든 선박은 선박의 항해일지의 부분 또는 다른 방법으로 이 부속서의 부록 II에 명시된 형식의 화물 기록부를 비치해야 한다.

(MARPOLAnnex2Reg15.1)

적합 증서 또는 NLS 증서에 등재된 케미컬을 운송할 때 화물기록부가 필요하다. 발생 시에 지체 없이 기록해야 한다.

8.6 사관은 가연성 그리고/또는 유독성 제품이 운송된 Tank 세정의 위험성, 화학 물질 및 용매의 통제된 사용, Cargo Tank의 Gas Free 및 steaming 대해 인지하고 있는가?

참고 : 모든 유형의 Tank 세정 작업을 포함하는 포괄적인 지침이 필요하다. 만약 운항사가 세정에 관한 자체 가이드라인이 없다면 인가된 전문 업체의 간행물을 선내에 보유하여야 한다.

MEPC.2/Circ.19상의 Cago Tank 세정 첨가제는 MEPC.1/Circ 590에 따라야 하며 Annex II 13.5.2 를 따라야 한다.

Steaming은 활성화되거나 물로 세척되고 가스가 제거된 Tank에서만 수행 될 수 있다. 가연성 가스의 농도는 steaming 전 LFL의 10 %를 초과해서는 안 된다. Tank 내부의 스팀 압력의 축적을 피하기 위해 예방 조치를 취해야 한다. (ISGOTT 11.3.6.8).

Tank 세정 화학 약품을 사용하는 경우 특정 제품이 독성 또는 인화성 위험을 초래할 수 있음을 인식하는 것이 중요하다. 작업자는 제품의 임계값(TLV)을 알고 있어야 한다. 탐지기 튜브는 Tank의 특정 가스 및 증기의 존재를 탐지하는데 특히 유용하다. 가연성 대기를 생성할 수 있는 Tank 세정 약품은 일반적으로 Tank가 불활성화되었을 때만 사용해야 한다. (ISGOTT 11.3.6.8)

제조사의 Tank 코팅 가이드라인은 온도 및 기타 코팅 제한을 초과하지 않는지 확인하기 위해 상의되어야 한다. 검사관은 갑판 사관이 가능하다면 이러한 제한 사항에 대해 잘 알고 있는지 확인해야 한다.

Stability and Cargo Loading Limitations

선장에게 화물적재 및 복원성 정보 책자는 반드시 제공되어야 한다. 이 책자에는 대표적인 적하 및 Ballast 상태의 상세, 적하 상태를 평가할 수 있는 방법 및 선박의 생존 능력이 요약된 것이 포함되어야 한다. 추가로 이 자료에는 선장이 안정성 및 감항성을 유지하도록 선적하고 또한 선박을 운항하는데 있어 충분한 정보를 포함하여야 한다. (IBC 2.2.5)

8.7 Loading computer나 프로그램이 사용 중이라면 선급에 승인되었으며, 주기적으로 점검하고 사관들이 손상복원성을 포함한 테스트 요건을 이해하고 있는가?

전장 65미터 이상의 선박은 굽힘 모멘트 및 전단력, 굽힘 모멘트 계산 결과, 전단력 및 해당 시 비틀림으로 인한 한계 횡하중과 구조물에 허용되는 국부 하중(갑판, 이중저 등)을 포함하는 로딩 매뉴얼을 제공하는 것이 선급에 의해 요구된다.

전장 100미터 이상의 선박은 승인된 Loading instrument가 선급에 의해서 요구된다. Loading instrument에 대한 작동 설명서는 항상 제공되어야 한다.

Loading instrument는 어떤 적하 상태에서 특정 지점의 전단력과 굽힘 모멘트를 계산할 수 있어야 하고 허용치를 표시하여야 한다. 화물과 Ballast의 적하상태가 변화가 제한된 선박 그리고 규칙적이고 고정된 운항 항로를 가진 선박들은 이 요구사항에서 제외될 수 있다.

Loading instrument의 선급 승인은 형식 승인(Type approval) 절차에 따른다. 형식 승인 증서는 일반적으로 5년을 넘지 않는 기간 동안 유효하다. MSC Circular 1221에 형식 승인 증서 자체의 유효성은 선상에서 승인 및 설치된 제품의 작동 유효성에 영향을 미치지 않으며, 관련 형식 승인 증서의 유효기간 동안 제조된 제품은 이러한 형식 증서 유효기간 때문에 갱신하거나 교체할 필요가 없다.

연차 및 정기검사 시 선상에서 이용 가능한 승인된 Loading guidance information을 통해서 확인하여 Load computer의 정확도를 점검하여야 한다. 선급 승인된 데이터를 사용하여야 하고 테스트는 연차검사 시 참석한 검사관의 참관하에 시행되어야 한다. 주기적으로 선박에서 점검을 시행하여야 하고 테스트 기록을 유지하여야 한다. 점검은 컴퓨터에 각 Tank에 대한 정보를 주입하는 것과 그 결과를 확인하는 것을 포함하여야 한다. 단순히 컴퓨터에서 저장된 테스트 조건을 다시 불러와서 공식적인 조건과 비교하는 것을 허용하지 않는다.

2016년 1월 1일 이후 건조된 선박, 그리고 2016년 1일 1일 이전에 건조된 선박 (2016년 1월 1일 이후, 2021년 1월 1일 이전 첫번째 갱신 검사까지)은 비손상 및 손상 복원성을 점검할 수 있는 Stability instrument가 설치되어야 한다. 공인된 기관에서 이미 승인하고 인증한, 그리고 주관청이 인정하는 기준의 비손상 그리고 손상 복원성을 둘다 확인할 수 있는 기기를 갖춘 선박은 그러한 기기를 계속 사용할 수 있다.

기국 관청에서 요구사항을 면제하기 위해 다음 사항이 제공된다.

- 모든 형태의 예상 가능한 적하 조건이 본선에 제공되는 승인된 복원성 자료에 포함되어 전용 서비스를 제공하는 선박
- 주관청이 승인한 방법으로 원격에서 복원성 검증이 가능한 선박
- 신직 조건이 승인된 범위 안에서 선적되는 선박
- MEPC.248(66) / IGC Ch 2.2.6 / IBC Ch 2.2.2.6의 모든 적용 가능한 손상 및 비손상 복원성 요건을 충족하는 승인된 제한 KG/GM 곡선을 조건으로 2016년 1월 1일 이전에 건조된 선박

* 2016년 7월 1일 및 2021년 7월 1일 가스선

만약 선급에 의해 승인된 Loading computer가 없다면 어떻게 응력 및 복원성을 계산하는지 기록해야 한다.

8.8 화물 계획을 작성하였고 화물 및 Ballast 이송의 상세 순서, 응력(stress), 비손상 및 손상 복원성을 포함하는가? 해당되는 경우 당직 사관이 제한 사항에 대해 이해하고 있으며 명확히 문서화되었는가?

검사관은 화물작업 전에 화물작업 전/중/후의 응력 및 복원성을 계산하였는지 결정해야 한다. 통상적인 응력 및 복원성에 대한 검토는 설계 시의 제한 범위 내에서 유지되고 있는지 확인하기 위해 화물작업 전반에 걸쳐 시행되어야 한다.

모든 화물작업은 신중하게 계획하고 실행 전에 문서화 해야 한다. 계획의 세부 사항은 선박 및 터미널의 모든 직원과 논의되어야 한다.

육해상의 환경 변화에 따라 계획은 터미널과의 협의 하에 수정 될 수도 있다. 모든 변경 사항은 공식적으로 기록되어야 하며 작업과 관련된 모든 직원의 주의를 환기시켜야 한다. ISGOTT 제 22장은 화물 계획 및 화물에 관한 정보를 포함하고 있다. (ISGOTT 11.1.1)

이 계획은 작업의 모든 단계를 포함하며 최소한 다음 내용을 포함해야 한다.

- 각 화물에 대한 양 및 등급
- 비중, 온도 그리고 다른 관련 특성
- 사용될 펌프와 라인 및 분배 계획
- 화물 이송율 그리고 최대 허용 압력
- 작업의 중요 단계
- 속도 변화의 통보
- 환기 요건
- 복원성 및 응력 정보
- 흘수 및 트림
- Ballast 작업
- 비상 정지 절차
- 비상 유출 절차 및 유출 보관 장치
- 특별 화물의 위해성

그리고 필요에 따라 다음 내용을 포함해야 한다.

- 정전기 발생에 대비한 주의사항
- 초기 시작 Rate
- 화물 가열 장치의 제어
- 화물관 세정
- 원유 세정 절차
- 선저 여유 수심의 제한
- 벙커링
- 특별 작업에 필요한 특별한 조치
- 불활성 가스 작업

화물 계획은 작업 전 책임사관이 작성하고 선장이 확인 및 승인해야 한다. 그것은 포괄적이고 작업의 모든 세부 사항을 포함하고 이해하기 쉬워야 한다. 선박은 화물작업을 시작하기 전에 Venting을 포함한 화물 라인의 독립적인 점검이 수행되었음을 입증 할 수 있어야 한다.

화물 기록(log)에는 주요 화물 및 Ballast 펌프의 운전 및 정지, 작업 중인 Tank 및 기존 계획과의 변경/차이를 포함한 모든 주요 사항에 대한 세부 정보가 포함되어야 한다.

선장과 일항사는 현재 화물에 대한 최악의 손상 상황을 인지하고 있어야 한다.

5,000 DWT이상의 모든 유조선은 전산화된 육상 기반의 손상 복원성 및 잔류 구조 강도 계산 프로그램에 즉시 접속할 수 있어야 한다. (MARPOL 부속서 I 37.4)

선박에 승선한 사관이 이해할 수 있는 언어로 작성된 승인된 복원성 정보 책자(SIB, stability information booklet)가 있어야 하며, 복원성 정보 책자(SIB)는 손해 상황을 포함해야 한다.

항해 조건은 각 Cargo Tank 및 Ballast Tank의 선적이 승인된 상태의 1% 이내의 중량이고 GMF가 승인 된 GMF의 2cm 이내에 있는 경우 승인된 것으로 간주된다.

선급 승인된 복원성 컴퓨터 프로그램에 따른 손상 조건(Damage condition)이 아니고 복원성 책자에 일치하지 않은 상태로 선적이 되었는지 지적사항으로 기록한다.

8.9 선박은 내재된 비손상 복원성 문제로부터 이상이 없는가? 선원은 이러한 문제나 Sloshing에 의한 구조물 손상의 위험, 그리고 불안전한 상태 그리고/또는 Angle of loll에서 요구되는 조치에 대해서 인지하고 있는가?

폭이 넓은 Tank를 가진 선박은 유동수로 인해 비손상 복원성의 감소를 야기할 수 있다. 비록 그러한 선박들이 만재 상태 또는 Ballast 상태에서 IMO 비손상복원성 기준에 부합하여 설계되었다 하더라도 그들은 여러 Tank들이 화물 또는 Ballast 이송작업 중 또는 선적 중간 단계 시 불충분하였을 때 불안정 할 수 있다. Trim & stability 책자는 일반적으로 입/출항 상태만을 다루고 있어 운항사는 화물 운송 중 중간 단계에서 존재 할 수 있는 복원성 문제에 대하여 인지하지 못 한다.

만약 선박이 폭이 넓은 Cargo Tank, "U"자형 Ballast Tank, 또는 수밀 센터라인 격벽이 없는 이중저 Tank를 가지고 있다면 검사관은 일항사에게 선급에서 승인한 loading instrument를 이용하여 최악의 상태(모든 Tank가 불충분하고 유동수가 최대가 되는 상태)에서 비손상 복원성을 보이도록 요청함으로써 선박이 IMO 비손상 복원성 기준에 부합함을 확인하여야 한다.

적합한 loading instrument가 없고 적절한 지침을 이용할 수 없다면 선박이 고유한 비손상 복원성 문제로부터 자유롭다는 충분한 증명이 없는 한 이 질문은 No로 답해야 한다.

검사관은 모든 항해사가 복원성의 우려가 의심되거나 경험한 경우 명확히 조치해야 하는 지침과 작업상 제한에 익숙한지 확인하여야 한다. 만약 미흡하거나 다른 관련 사항이 발생할 경우 "N"으로 응답하고 적절한 Observation으로 기록한다

최대 허용 화물 비중 이외의 중요한 제한사항은 Observation으로 기록해야 한다.

회사의 작업 절차와 안전 관리 시스템에 따라 손상 복원성 요건의 준수 여부를 문서화 해야 한다. 회사 심사관, 검사관 또는 PSCO와 같은 제 3자에게 이 정보를 제공할 수 있도록 적합여부를 확인하는데 사용한 수기 계산 값, 그리고/또는 복원성 인쇄물을 유지하는 방법을 포함해야 한다. 기록들은 차기 SMC 심사 시 확인할 수 있도록 최소 3년동안 보관할 것을 권고한다. (MSC.1/Circ.1461 Part 2 6.1)

만약 잠재하는 복원성 문제를 다루기 위한 특정 절차가 채택되었다면 이들은 지적사항으로 기록되어야 한다.

8.10 모든 사관과 부원은 선박의 특정 화물 및 일반 가스에 대한 비상 절차를 포함한 운송 요건에 대해 인지하고 있으며 긴급 양하 조치를 포함한 화물 시스템에 친숙한가?

사관은 아래에 대한 기본적인 지식이 있음을 보여줘야 한다.

- 선상 작업 및 화물 취급
- 선적, 양하, sampling 종료
- Category X,Y,Z and OS의 의미를 포함한 MARPOL ANNEX II
- 해당 시 IBC와 BCH 코드.
- 해당되는 경우, 해독제의 사용을 포함한 위험 화물에 노출되었을 때 의료 처치법에 대한 요건.
- 케미컬 유출 대응
- 육상과의 통신 절차 및 비상 정지 절차

그리고 요구될 시

- 건조, 패딩 및 불활성화
- 반응 및 자기 반응 화물에 대한 주의사항
- 고밀도 화물 선적시에 제한사항
- 부식성 화물과 관련된 위험성
- 독성과 관련된 위험성
- 정전기 축적과 관련된 위험성
- 질소 취급에 관련된 위험성
- 응고성 및 고점도 화물의 취급
- 예비세정의 요건

각 운송되는 케미컬에 대해 화물계획에 화물의 안전한 운송을 위해 필요한 모든 정보가 포함되어 있는지 확인하기 위하여 운송 요건을 검토해야 한다.

- IBC 코드 17장
- MEPC.2 / (해당되는 경우) Circular 12
- 적합증서
- P&A 매뉴얼
- 물질 안전 보건 자료

8.11 갑판사관은 화물 적합성 차트(상호 반응표)의 사용에 익숙함을 입증할 수 있고, 비호환성 화물과 혼합 위험은 고려되었는가?

만약 USCG 적합성 차트(상호 반응표)가 사용된다면 적화 계획을 준비하는 동안 Appendix 1 (b) 'dangerously reactive exceptions to the compatibility chart'를 참고하여 사용해야 한다. 검사관은 부록 1 (b)에 대한 최신 정보가(www.uscg.mil/hq/nsfweb/foscr/ASTFOSCRSeminar

/References/CHRISManualIntro.pdf) 선내에서 사용되고 있음을 확인해야 한다. 또는 업데이트된 정보는 46 CFR 부록 1을 참조해야 한다. 화물 계획서에는 부적합한 화물간의 혼합을 방지하기 위한 조치 및 어떤 화물이 관여되는지를 식별되어야 한다. Slop tanks, common pipe lines, drip tray등 혼합 가능성이 있는 모든 구역이 고려되어야 한다.

Cargo Operations and Related Safety Management

8.12 사관은 반응 억제제가 있는 화물에 대한 문서 및 취급 요건을 알고 있으며, 반응성 화물을 선적하는 경우 필요한 정보가 제공되었는가?

제17장의 제15.13항의 'o'란에 언급 된 화물은 중합, 분해, 산화 또는 다른 화학적 변화를 방지하기 위한 첨가제가 필요하다.

이와 같은 화물을 운송하는 선박에는 화물에 관하여 제조자로부터 다음의 사항을 명시한 증서를 발급 받아 선내에 비치하여야 한다.

- 첨가제의 명칭 및 양
- 첨가제가 산소 의존 여부
- 제품에 첨가제를 투입한 날짜 및 유효 기간
- 첨가제의 유효기간을 제한하는 온도 규제
- 항해 기간 동안 첨가제의 유효 기간을 넘는 경우에 취하여야 할 조치 사항. (IBC 15.3.3)

8.13 사관들은 휘발성 또는 독성 제품의 운송 후 Tank 세정 및 환기와 관련된 위험을 인지하고 있고 각 작업 전 종합적인 Tank 세정 계획을 수립하고 준수하는가?

계획은 요구되는 세정 방법을 고려하고 Tank 벽면, pump, cofferdams, 배출 Traps, 스트리핑 시스템, cargo 및 vent 라인, cargo 밸브, P/V 밸브, sounding 파이프, stub 파이프, dead ends등 이전 화물에 접촉 된 모든 화물시스템이 세정되고 있음을 보장해야 한다.

계획은 각 세정 단계의 사전 그리고 최종 단계마다 아래와 같이 상세해야 한다.

- 이전 화물과 다음 화물
- 독성 또는 인화성 증기가 존재하고 산소 부족이 의심되는 세정한 Cargo Tank의 상태
- Tank 상태에 관한 필수 주의사항
- butterworthing, 재순환, 헹굼, steaming, 환기, 건조 등의 세정방법
- 해수, 담수, 정수, 탈염수, 화학 물질 또는 용제 등의 세정 수단
- 사용해야 할 세정제의 농도 및 주입, 재순환, 국부적 세정 또는 손으로 닦아 낼 것인지 여부
- 세정 온도 유지
- 필요한 세정 시간
- Slop 처리 요건
- Wall wash 테스트 요건 : 어떤 경우
- 보호 장비 요건을 포함한 연관된 추가 지침
- 비상 시 취해야할 조치

유독성 화물의 Tank 세정 후 Tank 진입 및 특정 조건하에서 일부 무독성 / 비가연성 화물이 높은 수준의 일산화탄소를 생성 할 수 있는 Tank를 닦기 위해 진입 시 특별한 주의가 요구된다. 사관은 그에 따라 Tank를 점검 할 때 이러한 잠재적인 위험을 인지하고 있어야 한다.

8.9 사관은 딥웰 펌프가 설치되어 있을 시 Column/Cofferdam 퍼징 업무를 인지하고 있으며 허용 한계 내에 펌프 누출이 되는가?

코퍼댐의 막힘을 방지하고 누출 감지(유압/화물)를 감시하기 위해 화물 펌프 코퍼댐은 정기적으로 퍼지되어야 한다.

지침처럼 펌프 작동 중 일당 약 0.5리터(및 가벼운 화물의 경우 더 높음)의 소량의 화물 누출율은 정상이다. 수용 할 수 있는 누출율은 화물의 종류에 따라 다르며, 누수가 발생할 경우 코퍼댐에 막힘을 초래할 수 있다.

중요한 화물의 경우 누수율이 일당 약 2리터 이상일 경우, 펌프는 매일 두어 번 청소해야 하며 정비(압력 테스트-수리)를 실시해야 한다.

지침처럼 펌프 작동 중 기계 오일 실(씰) 또는 립 실(lip 씰)에서 코퍼댐으로의 작은 유압 누출 비율은 시간 당 약 10밀리리터(일당 0.25리터)까지 정상이다.

짧은 시간 동안 더 높은 누설 피크가 발생할 수 있다. 검사관은 여기에 제조업체의 권장 사항에 따라야 한다.

8.15 갑판 사관은 스테인레스가 스틸 Cargo Tank의 passivation 및 pickling에 대한 요건에 친숙하며, 필요에 따라 수동 시험이 수행되며 공정에 사용할 수 있는 명확한 절차가 있는가?

Passivation과 pickling은 처리함으로써 양성 크롬 옥사이드 필름을 지속적으로 유지하도록 스테인레스 tank 표면에 적용 하는 것이다. 스테인레스 tank 표면의 양성 필름이 손상되지 않았는지 일반적으로 palladium chloride 테스트를 이용하여 정기적으로 검사한다. 본 테스트의 빈도는 선박의 운항형태에 따르며, 강한 산의 정기적인 운송은 더 빈번한 점검을 요구한다.

작업 완료 후 passivation 또는 pickling 산이 완전히 제거되는 것이 필수이다.

잔여 플루오르화산은 pitting 부식을 야기할 것이다.

적절한 PPE가 작업에 사용되어야 하며, 이는 passivity test 및 passivation 또는 picking 작업을 수행을 위한 회사 절차에 포함되어야 한다.

8.16 선박에 Wall wash 테스트 장비가 제공된 경우 사관은 Wall wash 테스트 절차에 친숙하며 그 절차는 전체적이고 작업 과정의 안전 측면을 고려하였는가?

Wall wash 테스트는 Cargo Tank의 격벽이 화학적으로 깨끗하다는 것에 대한 확신을 주며 오염을 방지하기 위해 Wall wash 샘플을 올바르게 채취하는 것이 중요하다. 따라서

- 모든 Wall wash 장비는 화학적으로 깨끗해야 한다.
- 검사를 받지 않은 격벽은 결코 만져서는 안 된다.
- 테스트를 수행하고 Tank로 들어오는 오염 물질을 막기 위해 깨끗한 PPE (안전 안경, 라텍스 장갑, 부츠 커버)를 착용해야 한다.
- 젖은 격벽은 절대로 wall wash를 하지 않아야 한다.
- 샘플은 여러 위치에서 얻어야 한다.

염, 색상, 화학적 산소 요구량, 메탄올, 비휘발성 물질, 과망간산염 시간 및 물혼화성 테스트을 포함하여 많은 wall wash 테스트가 있으며, 절차 상 필요한 경우 보호 장비의 사용이 포함되어야 한다.

8.17 Cargo sample 보관장소는 주화물 구역에 있으며, 사관과 부원은 안전 취급 절차에 대해 인지하고 있는가?

샘플들은 화물 구역 내에 지정된 장소에 보관되어야 하며 예외적으로 주관청에 의해 승인을 받은 장소에 보관될 수 있다. (IBC 16.5.1)

보관 장소는 다음과 같아야 한다.

1) 항해 중 샘플 용기의 이동을 방지하기 위해 구획의 분할
2) 보관하는 각종 액체에 완전히 견디는 재료로 만든 것일 것
3) 적절한 통풍 장치가 비치되어 있을 것 (IBC 16.5.2)
4) 상호반응을 하는 위험한 샘플끼리 상호 인접하게 보관하여서는 안 된다. (IBC16.5.3)
5) 샘플들은 필요 이상으로 장기간 보관하여서는 안 된다. (IBC 16.5.4)

* 기계식 환기는 불요

가연성 액체 창고는 주관청에 의해 승인된 적합한 소화 장치에 의하여 보호되어야 한다. (SOLAS 1974 II-2/18.7 and SOLAS 2004 II-2/10.6.3.2)

거주구역으로의 출입구가 없는 4㎡ 미만의 바닥 면적을 갖는 창고의 경우 공간의 총 용적 40%에 해당하는 양의 가스를 공급할 수 있는 휴대식 CO_2 소화기가 고정식 소화장치 대신 인정될 수 있다. 창고 안에 넣지 않고 소화기가 방출될 수 있도록 방출구가 창고안에 있어야 한다. 이동식 소화장치는 투입구에 인접하게 비치하여야 한다. 이에 대신하여 소화 주관 물의 사용을 용이하게 하기 위하여 투입구 또는 호스 연결구가 설치될 수 있다. (SOLAS 2004 II-2/10.6.3.3)

SOLAS Reg. II-2 / 10.6.3.2. 및 10.6.3.3은 화물 샘플을 보관하기 위한 화물 서비스 공간은 탱커 내 화물구역에 위치할 시 적용하지 않는 것으로 간주한다. (UI SC.199)

8.18 화물, ballast와 stripping pump, eductors 및 그와 관련된 장비들 그리고 제어는 정상 작동 하고 주기적으로 테스트한 증거는 기록되어 있는가?

요건은 경보를 제공하기 위함이다. 온도를 표시하거나 또는 고온에 의해 작동이 멈추는 장치를 준비하는 요건은 없지만, 시간별로 온도 기록을 유지해야 한다. 화물 pump 베어링에 냉각 장치를 임시로 설치하여서는 안 된다.

8.19 화물 및 Ballast 펌프 베어링, 케이싱 및 shaft gland 온도 감시 센서의 상태가 양호하며, 주기적으로 점검한 기록이 있는가?

요건은 경보를 제공하기 위함이다. 온도가 표시되거나 작동 중 고온 정지 장치에 대한 요건은 없으나, Cargo Pump 베어링은 임시적인 냉각 장치가 있어서는 안 된다.

8.20 사관 및 부원은 Cargo pump 비상 정지 위치를 인지하고 있으며 Cargo pump 비상 정지 시스템의 상태는 양호하며 정기적인 점검을 시행하였다는 기록이 있는가?

설치된 경우, pump 경보 및 트립, 레벨 경보 등이 잘 작동하는지 주기적으로 테스트해야 하며, 테스트 결과는 기록해야 한다.

8.21 화물 및 Ballast 시스템 밸브의 상태는 양호하며, 정기적인 점검을 시행하였다는 기록이 있는가?

동력 작동 밸브가 개방에서 폐쇄로, 폐쇄에서 개방으로 이동하는 데 걸리는 시간을 정상 작동 온도에서 정기적으로 점검해야 한다. (ISGOTT 11.1.3)

최적의 개폐 시간에 대해 제조업체 지침을 따라야 한다.

8.22 화물시스템 Ullage gauges, vapour locks 및 UTI tapes의 상태는 양호하며 주기적인 점검을 시행하였다는 기록이 있는가?

고정식 게이지는 휴대용 테이프에 대해 주기적으로 점검되어야 한다.

8.23 원격과 현장의 온도, 압력센서 및 게이지는 정상 작동하고, 주기적으로 테스트한 기록된 증거가 있는가?

고정 온도 센서는 주기적으로 휴대용 테잎과 비교되어야 한다. 압력센서는 주기적으로 기준 압력 게이지(Reference pressure gauge)에 대해 점검해야 한다.

8.24 Cargo Tank 고수위 및 범람 경보가 정상 작동하며, gauging 장치와 넘침 제어 경보 장치는 서로 독립적이고 주기적인 점검을 하였다는 기록이 있는가?

Cargo Tank는 Cargo Tank내의 액면이 통상 만재상태에 달하는 경우에 지시하는 가시가청의 고 수위 경보 장치를 갖추어야 한다. (IBC 15.19.6)

고 수위 경보 시스템은 넘침 제어시스템과 독립적이어야 하고 gauging 장치와 독립적이어야 한다. (IBC 13.1에 열거되어 있다.) (IBC 15.19.5)

Tank 넘침 제어 시스템은 다음과 같다.

1) 정상적인 Tank 적재 절차에 따라 작업할 경우 통산의 만재상태를 넘는 액면에서 정지시킬 수 없는 경우에 작동한다.
2) 선박의 운항사에게 가시가청 경보를 발한다.

3) 육상의 펌프, 밸브 또는 그 양쪽이나 선박 측의 밸브가 순차적으로 차단된 경우에 규정의 신호를 발한다. 신호는 pump 및 밸브 셧다운뿐만 아니라 운용자의 개입에 따라 달라질 수 있다. 선상 자동 폐쇄 밸브의 사용은 주관청과 해당 항만국 기관으로부터 특정 승인을 받은 경우에만 허용된다. (IBC 15.19.7)

참고 : 고 수위 경보는 적/양하 중에 작동되어야 한다.

15.19.6이 17장의 열 'o'에 표시될시 고 수위 경보가 요구되며 15.19.7이 표시되는 경우 넘침 경보가 필요하다. 고 수위 경보가 장착되지 않은 경우 및 넘침 경보 시스템이 주 gauging 시스템과 독립적이지 않은 경우 지적사항으로 기록한다.

8.25 파이프라인 drain 및 stub pieces는 밸브가 있고 마개가 있으며, drain 후 라인에 액체가 남아 있지 않도록 화물 라인의 drain은 적절히 위치했는가?

적재 및 배출 manifold 연결부의 플랜지에는 화물을 살포할 위험으로부터 보호 할 수 있도록 휴대 가능한 shield가 있어야 하며 갑판으로의 누수를 방지하기 위해 drip tray도 제공되어야 한다. (IBC 15.11.4)

8.26 사관은 온도 및 압력 gauge를 비롯한 주요 화물장비의 검교정 요건을 인지하고 있으며 이행 여부를 확인하기 위한 기록이 있는가?

주기적인 점검 및 장비의 검교정, 특히 Cargo Tank의 온도 및 압력 gauge의 기록이 있어야 한다. 검교정은 30개월이 초과하지 않는 간격으로 시행되는 것이 바람직하다.

운항 중 장비의 검교정이 어렵기 때문에 보통은 수리기간에 시행된다. 하지만 'local'및 remote 온도값의 비교는 실질적인 상호 참조용이다.

8.27 Cargo Tank 히팅 시스템의 상태는 만족스럽고, 정기적으로 테스트되고 observation Tank에 기름 흔적이 없는가?

17장의 표 o열의 15.12, 15.12.1 또는 15.12.3의 제품이 가열되거나 냉각되는 경우, 가열 또는 냉각 매개체는 선박의 다른 작업 또는 기관 구역으로 재순환되기 전에 매개체가 sampling되어 그 화물의 포함 여부를 확인하는 회로에서 작동해야 한다.

sampling 장비는 화물 구역 내에 위치해야하며 가열되거나 냉각되는 유독화물의 존재를 감지 할 수 있어야 한다. 이 방법이 사용되는 경우 코일 리턴은 독성 제품의 가열 또는 냉각 시작 시 뿐만 아니라 가열되지 않거나 냉각되지 않은 독성화물을 운송 한 후 코일이 사용되는 첫 번째 경우에도 시험해야한다. (IBC 7.1.6.3)

대체 가열은 각 Cargo Pump에 열교환기 형태를 취할 수 있다. 이러한 시스템은 액체에 tight되고 가시적인 배관 코팅 상태가 양호함을 확인 하여야 한다.

과열 또는 과냉각으로 인해 위험한 상황이 발생할 수 있는 경우 화물 온도를 모니터링하는 경보 시스템이 제공되어야 한다. (16.6의 운영 요건 참조) (IBC 7.1.5.4)

Ullaging, Sampling and Closed Operations

8.28 고정식 Tank gauge가 장착되어 있지 않다면 작업 중인 각 Tank를 동시에 측정할 충분한 휴대용 테이프가 본선에 있는가?

휴대용 계측장비는 제조사의 권고에 따른 검교정을 실시해야 하고 유효한 검교정 증서는 각 기기마다 제공해야 한다. UTI 테이프는 “restricted” gauging에서 사용하고 IBC chapter 17 column “J”에 의한 밀폐작업에서 사용하는 화물에 사용 되지 않아야 한다. 테이프는 2개의 여분이 본선에 제공되어야 한다.

고정식 Cargo Tank gauge 시스템이 설치되었지만 신뢰할 수 없고 휴대용 테이프/증기 잠금 장치가 주요 얼리지 도구로 사용될 경우, 이 사실을 지적사항으로 기록해야 한다. 사용중인 테이프 수를 기록해야 한다.

8.29 사관은 무엇이 휘발성 또는 독성화물로 간주되는 것을 인지하고 있고, 휘발성 혹은 독성 화물을 선적할 시 밀폐 상태로 선박은 운용 되고 Tank hatches, tank cleaning apertures 및 sighting port는 수밀 및 가스 밀폐가 되었는가?

개방형 또는 제한형 gauging은 다음의 경우에만 허용된다.

1) 개방벤트가 코드에 의해 인정되는 경우

2) gauge하기 전에 Tank 압력을 해제하는 수단이 강구되어 있는 경우(IBC 13.1.3)

고정식 불활성 가스 장치를 설치한 tanker는 밀폐식 ullage 장치를 설치하여야 한다. (SOLAS 1974 II-2/60.7 and SOLAS 2004 II-2/4.5.5.3.3))

케미컬 Tank에서 IBC 17장 J란에 분류되었다면 Closed loading은 항상 요구된다. 그러한 경우, 휴대용 UTI 테잎의 완전한 가스 밀폐가 되고 인증을 받아야 사용할 수 있다.

제한 작업에서 사용하기 위해 증명된 gauge의 사용은 허가되지 않는다. 휘발성 화물이란 closed cup 시험방법에 의한 것으로서 인화점이 섭씨 60도 이하의 석유를 말한다. 인화점의 10도 이내에서 다루어지고 있다면 휘발성 물질로 간주해야 한다. 그러므로 만약 인화점 80도 이하의 화물이라면 70도 이상에서 휘발성화물로 간주한다.

Inert Gas Systems

8.30 불활성 가스 시스템이 사용 중에 있었고 검사 당시 만족스럽게 작동했는가?

SOLAS II-2 / 4.5.5 및 II-2 / 16.3.3의 새로운 개정안은 용골 거치일 2016년 1월 1일 이후 8000 DWT 이상의 유조선 및 케미컬 탱커 신조선에 불활성 가스 시스템을 설치할 것을 요구했다. 60℃ 미만의 인화점이 낮은 화물을 운송할 시 운용되어야 하는 이 시스템은 Cargo Tank가 가스프리가 필요한 경우를 제외하고 항구 및 해상에서 산소 함량이 부피비 8%를 초과하지 않고 항상 양압으로 Cargo Tank의 어디에서든 대기 상태를 유지할 수 있어야 한다. (FSS 코드 15.2.1.3.2)

시스템은 불활성 가스 공급 메인에서 산소 함량이 5% 이하의 불활성 가스를 Cargo Tank에 공급 할 수 있어야 한다. (FSS 코드 15.2.2.1.3)

8.31 역류 방지 밸브의 검사를 포함한 불활성 가스 시스템의 정기적인 보수 점검이 수행되었다는 증거가 있는가?

모든 선박의 트림(trim), 리스트(list) 및 선박의 움직임 상황에서도 탄화수소 증기가 기관 장소의 활용 장치 또는 가스 안전 구역으로 되돌아가는 것을 방지하기 위해 하나는 Water 씰이어야 하는 최소 두 개의 역류 방지 장치는 불활성 가스 공급 장치 메인에 설치되어 있어야 한다. 그것들은 2.3.1.3.1절 (FSS의 15 장)에서 요구되는 자동 밸브와 Cargo Tank 또는 화물 파이프 라인에 대한 연결 사이에 위치해야 한다.

2.3.1.4.1절에 언급 된 장치는 갑판의 화물 구역에 위치해야 한다.

두 번째 장치는 증기 또는 액체의 반환을 방지 할 수 있는 역류 방지 밸브 또는 이와 동등한 것이어야하며 2.3.1.4.1절에서 요구되는 갑판 Water 씰의 앞쪽에 장착 할 수 있어야 한다. 이는 확실한 폐쇄 수단이 제공되어야 한다. 폐쇄 수단에 대한 대안으로, 그러한 폐쇄 수단을 갖는 추가 밸브가 역류 방지 밸브의 전방에 설치되어 불활성 가스 메인으로부터 Cargo Tank 까지의 갑판 water 씰을 분리시킬 수 있다.

갑판 메인에서 탄화수소 액체 또는 증기가 누설 될 가능성을 방지하기 위한 추가 수단으로 2.3.1.4.3절에 언급 된 정상적인 폐쇄 수단을 가진 밸브와 밸브 사이의 라인 섹션을 허용하는 수단이 제공되어야 한다. 2.3.1.3 절에서 언급 된 밸브가 첫 번째 밸브가 닫혀있을 때 안전한 방식으로 배출되어야 한다. (FSS 15.2.3.1.4)

검사관은 정기적인 기름 제거 및 검사를 포함하여 PMS에 따른 유지 보수 기록을 확인해야 한다.

8.32 갑판 사관은 불활성 가스가 고장난 경우 필요한 조치를 인지하고 있고 모든 Cargo Tank는 전체적으로 양압을 유지하고 있는가?

불활성 가스 시스템이 규정의 작동 요건을 충족시킬 수 없고 수리에 영향을 미칠 수 없다고 평가된 경우 불활성 가스 시스템에 관한 IMO 지침에 나와 있는 비상 상태가 진정될 때만 화물의 양하, deballasting 및 필요한 Tank 소제가 재개될 수 있다. 즉 지침은 다음과 같다.

1) 원유 운반선의 경우 발화성 철 황화물 점화의 위험을 피하기 위해 Tank를 불활성 상태로 유지하는 것이 필수적이다. 불활성 가스 시스템을 수리하기 전에 Tank를 불활성 상

태로 유지할 수 없다고 판단되면 외부 불활성 가스 공급 장치를 시스템에 연결하여 공기가 화물 Tank로 유입되지 않도록 해야 한다. (IMO 불활성 가스 시스템 8.2)

2) 제품 운반선의 경우, 불활성 가스 시스템의 수리를 완전히 실행할 수 없는 경우, 외부의 불활성 가스 공급 장치가 연결되어 있을 때만 화물 양하를 재개 할 수 있으며, 다음과 같은 예방 조치가 취해진다.

- 화염이 Cargo Tank로 들어가는 것을 방지하기 위해 승인된 장치 또는 flame screen을 설치하고 점검하여 양호한 상태인지 확인한다.
- mast riser의 밸브를 연다.
- 물이나 slop의 자유 낙하는 허용되지 않는다.
- 불활성 가스의 주입이 중단된 후 5시간까지 dipping, ullaging, sampling 또는 기타 장비를 Tank에 넣어서는 안 된다. 작업의 안전을 위해 필요할 경우 30분이 경과한 후에만 작업을 수행되어야 하고, 모든 금속 부품이 단단히 접지되어야 한다. (IMO 불활성 가스 시스템 8.3)

8.33 계기, 알람, 트립, 압력 및 산소 기록기를 포함한 불활성 가스 시스템은 양호한가?

8.34 불활성 가스 시스템을 사용하기 직전에 고정식 산소 분석기를 검교정 했고, 현장 및 원격 산소 및 압력 기록계는 일치한가?

산소 분석기는 불활성 가스 시스템을 운전하기 24시간 전에 검교정해야 한다.

계기는 불활성 가스가 공급 될 때 지속적으로 나타내고 영구적으로 기록 할 수 있도록 설치되어야 한다.

- 역류 방지 장치 앞의 불활성 가스 공급 장치의 압력
- 불활성 가스의 산소 함량. (FSS Code 15.2.2.4.2.1)

지시 및 기록 장치는 화물 통제실에 설치되어야 하나 화물 통제실이 없는 곳에서는 책임 사관이 쉽게 접근 할 수 있는 위치에 위치되어야 한다. (FSS 코드 15.2.2.4.3)

또한 다음의 기록계가 설치되어야 한다.

- 선교에서 불활성 가스 장치의 역류 방지 장치 앞의 압력을 표시
- 기관 통제실 또는 기관 구역에서 가스 블로어의 배출 측의 불활성 가스 공급 주관에서 불활성 가스의 산소 함량을 나타낸다. (FSS 코드 15.2.2.4.4)

8.35 데크 씰의 액체 레벨이 정확한 레벨에 있고, 명확하게 눈에 보이며 사관은 레벨을 주기적으로 점검하기 위한 요건을 인지하고 있는가?

불활성 가스 데크 씰에 관한 OCIMF 문서는 건식 데크 씰이 다른 유형의 것으로 대체 될 것을 권고한다. 일반적으로 건식 씰에는 덤프 밸브(dump valve)가 있으며, 이 밸브는 불활성 가스 공급이 중단 될 때 열어야 하며 상단 Tank의 물이 하부 Tank로 배출되도록 하여 씰을 생성한다. 선원은 이 과정이 실제로 이루어지는지 확인하기 위해 불활성 가스를 일시적으로 중지해야 한다.(화물작업에 영향을 미치지 않을 경우) 공급을 복구 할 때 덤프 밸브가 닫히고 상부 Tank filling 및 하부 Tank drain 밸브가 열린다.

8.36 P/V 차단기가 정상적으로 작동하는가?

물이 채워진 압력 / 진공 차단기는 부동액으로 적절한 수준으로 채워져야 한다. (ISGOTT 7.1.11.3)

P/V 차단기는 2차 배출 시스템보다 낮은 압력으로 설정하면 안 된다. 모든 경우에 P/V 차단기는 Tank 구조의 안전한 매개 변수 내에서 설정되어야 한다.

8.37 선박에 Nitrogen generator/bottle Manifold 시스템이 설치된 경우 사관과 선원은 질소 가스와 관련된 특정 위험을 인지하고 있는가?

질소는 경고성이 없는 무색/무취이며 가스 테스트 장비를 통해서만 탐지 할 수 있다.

선원은 질소와 관련된 잠재적 위험 및 특히 산소가 고갈될 수 있는 Tank 통풍구 또는 배출구를 통해 밀폐된 공간이나 구역으로 들어가는 것과 관련된 위험을 인식해야 한다. 산소 농도를 낮추기 위해 충분한 공기를 배출 할 수 있기 때문에 높은 농도의 질소는 특히 위험하다. 구역에 진입하는 사람들은 질식으로 인해 의식을 잃을 수 있다. Flue gas를 경험하지 못한 문제는 인간의 감각으로는 질소를 감지 할 수 없으므로 냄새를 맡을 수 없고, 선원이 예방 조치를 취할 시 과다 노출의 신체적 또는 정신적 증상을 인식하지 못할 수 있다. (ISGOTT 11.1.15.8)

8.8 사관과 부원은 불활성 가스실에 대한 안전한 출입 요구 사항을 인지하고 있으며, 절차를 따르고 있는가? 적용한 경우 고정식 산소 감지 장치가 제공되는가?

2016년 1월 1일 또는 그 이후에 인도된 선박은 두 개의 산소 센서가 불활성 가스 시스템이 있는 공간 또는 적절한 위치에 배치되어야 한다. 산소 수준이 19% 아래로 떨어지면 이 센서는 해당 공간 안팎에서 가시 가청 경보를 발령하고 책임자가 즉시 인지할 수 있는 곳에 위치해야 한다. (FSS 15 장 2.2.4.5.4)

Nitrogen generator를 위한 별도의 구획이 제공되는 경우 구획은 시간당 6회의 공기 치환을 제공하는 독립적인 기계적 추출 환기 시스템을 갖추어야 한다. (FSS 15 장 2.4.1.3)

Nitrogen receiver 또는 buffer tank가 설치되는 경우 지정된 구획, 공기 압축기 및 발전기를 포함하는 별도의 구획, 기관실 및 화물 구역에 설치할 수 있다.

밀폐된 공간에 Nitrogen receiver 또는 buffer tank가 설치된 경우 출입구는 개방 갑판에서만 배치되어야 하며 출입문은 바깥쪽으로 열어야 한다. 그러한 구획에는 적절하고, 독립적인 추출 방식의 기계적 환기 장치가 제공되어야 한다. (FSS 15장 2.4.1.4)

질소 시스템을 포함한 공간에는 질식 위험성을 경고하는 위험 표시가 명확하게 표시되어야 한다.

8.39 사관은 Cargo Tank의 과도한 가압과 관련된 위험에 익숙하며, 퍼징, 블로잉 및 피깅으로 인해 과도한 압력을 피하기 위한 절차가 이행 되는가?

예를 들어 purging tank, padding cargo 또는 clearing lines과 같이 육상에 공급되는 질소를 사용해야 하는 경우 선박은 고압(최대 10 bar) 및 높은 유속에 있을 수 있으며 그것들은 화물 Tank의 과도한 가압의 위험 때문에 잠재적인 위험요인이 될 수 있음을 인지해야 한다. 적절한 위험 대응이 이루어지고 운영되는 경우에 위험 평가가 수행되고 작업이 진행되어야 한다.

육상으로부터 질소를 공급받는 선박의 경우 과압의 위험을 줄이는 한 가지 방법은 Tank가 과압될 수 없도록 Tank가 입구보다 큰 유속 용량을 갖는 Vent를 확보하는 것이다. 폐쇄된 작업이 요구되는 경우 유입되는 질소의 흐름은 증기 회수관을 통해 가능한 최대 증기 흐름과 같거나 그 이하로 제한되어야 한다. 이를 보장하기 위한 긍정적인 조치가 협의되어야 한다. Manifold 이전의 소형 호스 또는 reducer를 사용하여 유속을 제한할 수 있지만 압력은 터미널에 의해 제어되어야 한다. 게이지를 통해 선박에서 압력을 감시한다.

액체 흐름을 제어하도록 설계된 선박의 Manifold 밸브를 사용하여 가스 유량을 조절하는 것은 적절하지 않다. (ISGOTT 11.1.15.8)

공급 된 질소의 유속은 선박 PV 밸브 또는 육상 증기 회수 시스템의 최대 배출 용량을 초과해서는 안 된다. 질소는 압축 공기가 아닌 퍼징, 피깅 등에 사용되어야 한다.

Venting Arrangements

8.40 사관은 1/2차 Cargo Tank Venting 시스템에 대해 인지하고 있으며 시스템 기능은 정상적인가?

P/V valve, mast risers, vent stacks, vapour line, vacuum valve 그리고 flame screen의 상태는 평가되어야 한다.

제어식 Tank벤트 장치는 과압 또는 저압을 방지하기 위해 하나의 수단이 고장이 났을 경우에도 증기의 완전한 배출이 가능하도록 1차 및 2차 수단을 갖추어야 한다. 그렇지 아니하면 2차 수단은 통상적으로 화물 작업이 실시되는 선박의 화물제어실 또는 위치에 있는 감시 장치와 함께 각 Tank에 부착된 압력 감지기로 구성될 수 있다. 이러한 감시 장치는 Tank내의 과압 또는 저압상태를 감지하여 작동하는 경보장치도 비치해야 한다. (IBC 8.3.3)

불활성화된 선박의 경우 압력센서가 갖춰진다면 과압 설정은 압력 흐름표에서 측정한 밸브가 Tank의 최대 부하 속도를 충족하는 압력보다 약간 높거나 압력 밸브의 정상 작동 압력보다 10% 정도 높게 설정되어야 한다. 진공 설정은 진공 흐름표에서 측정한 진공밸브가 Tank의 최대 방출 속도를 충족하는 진공보다 약간 더 높거나 진공 밸브의 정상 작동 설정보다 10% 이상 높아야 한다. 압력 센서의 설정이 화물 Tank의 안전 설계 압력을 초과해서는 안 된다.

모든 상황에서 2차 Venting 장치, 특히 IG/vent로 가는 주 흡입 밸브가 닫혔을 때 벤트 또는 압력/진공 센서 시스템이 각 Cargo Tank에 이용 가능한지에 대한 설명이 제공되어야 한다. 전자식 압력/진공 센서가 제공되는 경우, 경보가 올바른 값 또는 다른 값으로 작동하도록 설정되어 있는지 여부를 식별하고 기록해야 한다.

이와 같은 상황이면 질의는 'NO'로 답이 되어야 한다. 설비되어 있는 시스템의 상세는 적합성을 평가를 할 수 있게 하기 위해 지적사항으로 만들어야 한다.

8.41 P/V valve의 상태는 양호하며, 정기적인 계획 정비에 따라 점검하고 소재되었으며 이를 입증할 기록이 있는가?

특히 선적 시 high jet cones과 flaps이 열려져 있어서는 안 된다.

설치된 경우, P/V valves가 밀폐되어 있고 정상 작동하는지 확인해야 한다. Flame screen이 설치되어 있지 않은 High jet vent와 그것들의 정확한 작동은 미리 계산된 수준에서 밸브가 열리도록 하는 구획 내에 형성된 압력에 좌우되고, 그것은 최소 30 m/sec이상의 분출 속도가 되어야 안다. 이는 flam screen에 통과하여 보호할 수 있는 속도는 약 7.5 m/sec 정도이기 때문임. 안전과 작업에 방해가 되지 않고 적합하게 설계된 장비라면, P/V 밸브를 수동 조작으로 들어올려 만족하게 작동되는지 확인하여야 한다. P/V valve는 각각의 하역작업 시작 전에 선박과 육상과의 안전 점검표 질문 31번의 요구에 따라 작동상태를 점검해야 한다.

8.42 사관은 증기 회수 라인이 연결된 상태로 운용하는데 추가적인 주의사항을 인지하고 있으며 적절한 이송 절차가 있는가?

vapour collection systems을 갖춘 선박은 주 vapour collection 라인에 다음과 같은 압력을 감지하는 압력감지장치가 설비되어야 한다.

1) 화물 이송을 제어하는 장소에 압력지시기는 설치되었는가

2) 다음과 같은 고압 및 저압 경보가 있는가

- 화물 이송을 제어하는 장소에 가시가청이 되는가
- Cargo Tank Venting 시스템에 설치된 최저 압력 방출밸브 설장치의 90%를 넘지 않는 고 압력에서의 경보 그리고
- 불활성 된 탱커선에 대해 four inches water gauge(0.144 psig)보다 작지 않은 저압에서의 경보, 또는 불활성 되지 않은 선박에 대해 최저진공압력 설정에서의 경보(CFR 46 39.20-13)

특별히 주의할 것은 Tank 내의 압력과 그에 따르는 장비를 모니터링 하는 것이다. P/V 밸브, 화물 계측 장치 및 수위 경보 장치는 이송작업 시작 전에 반드시 점검되어야 하고 초기 작업 시의 이송 비율과 최대 허용 이송 비율에 대해 숙지하고 있어야 한다.

Static Electricity Precautions

참고 : ISGOTT 3장은 정전기와 관련된 위험을 다룬다. ISGOTT 11장에서는 Static accumulator 화물을 취급할 때 반드시 취해야 할 주의사항을 보다 상세히 설명한다. Static non-accumulator 화물을 취급하고 있거나 Tank 대기에 불연성이 보장될 수 있을 때 Tank가 불활성 상태로 유지되는 경우에는 정전기 방지 주의사항이 필요하지 않다.

질문 8.63에서 8.71까지는 오직 불활성가스로 채워져 있지 않는 정전기 축적 화물들을 운송 중 일 때만 작성되어야 한다. 만약 Static accumulator 화물이 아니거나 불활성가스로 채워져 있다면, 이들 질문에 대답은 'NA'로 한다.

Static accumulator 석유류 화물은 원유, 연료 잔류물, 검은 디젤유와 아스팔트(비투멘)을 제외한 모든 화물들이다. 어떠한 케미컬은 예를 들면 큐멘, 싸이크로헥산, 디에칠렌에테르, 헵탄, MTBE, 노네인, 옥텐, 스타이렌, 토렌, 자이렌 등은 정전기를 축적한다고 알려져 있다. 의심이 가는 경우 정전기 축적 물질이라는 가정하에 그에 준하는 주의 조치를 하여야 한다.

8.43 사관은 비 불활성 Tank에서 인화성 화물의 최대 유속 및 안정화 기간을 포함하여 정전기 방전을 피하기 위해 필요한 예방 조치를 인지하고 있는가?

선적 초기단계에서 정전기 발생을 통제하기 위해 일반적으로 행해지는 방법은 Tank 주입구를 덮고 Tank 내 모든 Splashing과 surface turbulence가 정지할 때까지 초당 1미터로 화물이 들어오는 속도를 제한하는 것이다. 초당 1미터의 속도제한은 각 개별 Cargo Tank의 브랜치 라인에 적용되고, Cargo Tank의 로딩 입구 전에 마지막 부분에 밸브 또는 기타 배관의 제한사항을 포함하여 가장 작은 횡단면의 구획에서 결정되어야 한다. (ISGOTT 11.1.7.3)

이러한 작업을 시행하기 전에 각 Tank의 선적 작업 종료 후 30분(설정 시간) 대기해야 한다. (금속 장비로 dipping, ullaging 또는 sampling과 같은 작업) 이것은 액체 속에 가스 거품, 물이나 액체속의 입자 물질 및 전기 potential을 분산하기 위해서다. (ISGOTT 11.8.2.3)

선박에 고정식 Tank 레벨 gauging 시스템이 장착되어 있으나, IG와 full depth sounding pipe가 장착되어 있지 않다면 최우선적인 고정식 gauging 시스템이 고장 났을 경우 취해져야 조치와 관련된 회사의 방침은 검토 되어져야 한다.

8.44 사관은 선박에 Full depth sounding pipe가 설치되어 있는지를 인지하고 있고, 이 정보는 명확하게 표시되어 있으며, full depth pipe가 없는 Cargo Tank와 관련된 추가 주의사항을 알고 있는가?

정확하게 설계되고 설치된 sounding pipe내의 액체 표면에는 많은 양의 정전기가 축적되는 것이 불가능하기 때문에 sounding pipe를 통해 실시된 사운딩은 어느 시기라도 허용된다. sounding pipe는 Tank 내에 바닥까지 확장되는 파이프이며 그 끝단은 Tank에 효과적으로 접합되고 접지되고 있는 것으로 정의한다. 파이프 안쪽과 Tank와 사이에 서로 다른 압력이 생기는 것을 방지하고 실제 정확한 레벨 지시값을 얻는 것을 보장하기 위해 파이프는 구멍이 있어야 한다. (ISGOTT 11.8.2.3)

8.45 금속 테이프, gauging 또는 sampling 장치 및 이동식 Cargo Tank 세정 기기(적용 가능 시)를 Tank 안으로 넣기 전의 주의 사항들은 준수되었는가?

UTI 테이프는 Tank 주입 전에 접지되어야 한다. Vapour lock 연결구에 빠른 coupling으로 연결하는 UTI 테이프는 접지선이 요구되지 않는다. 그러나 장비의 내부 접지 설비는 6개월에 한번 제조사의 요구 사항에 따라 점검되어야 한다.

(비 불활성 상태에서 세척 할 때) Tank에서 '점화원'을 제어한다. 일반적으로 완전히 비금속 재료로 만들어진 장비가 사용되고, 예를 들면 나무로 된 sounding rod는 접지가 없는 천연 섬유 로프에 매달려있을 수 있다. (ISGOTT 11.3.5.2 sub-para (g))

접지 와이어는 절연을 위해 모든 휴대용 Tank 세정호스에 삽입되어 있어야 한다. coupling은 효과적인 bonding이 되도록 연결하여야 한다. 호스는 식별이 가능하도록 지워지지 않게 표시를 해야 한다. 절연 테스트를 한 날짜와 결과를 기록해야 한다. (ISGOTT 11.3.6.2)

모든 Tank 세정호스는 사용하기 전 건조 상태에서 절연 테스트를 해야 하며, 미터당 6옴을 초과해서는 안 된다. (ISGOTT 11.3.6.3)

8.46 사관은 휘발성 제품 운반 후 Cargo Tank 세정과 관련된 위험 및 Tank로의 액체 낙하를 피하기 위한 필요성을 인지하고 있는가?

ISGOTT 11.3장에 포함된 Tank 세정 권고사항은 엄격히 준수되어야 한다. 상단(전체)으로부터 적재 또는 ballasting은 작은 물방울로 쪼개져 Tank로 튀어 나오는 방식으로 Tank로 전달한다. 이것은 Tank 안의 석유 가스 농도의 증가뿐만 아니라 충전된 mist를 생성 할 수 있다. 전체 적재 또는 Ballast에 대한 제한은 ISGOTT 11.1.12 절에 나와 있다. (ISGOTT 3.3.3)

8.47 휘발성 화물 운송 후 Tank steaming과 관련된 위험성을 잘 인지하고 있는가?

폭발성 화물이 포함된 Tank에는 절대로 스팀을 주입해서는 안 된다. (TSG D.3.11)

8.48 화물 파이프 연결부들은 접지 되었는가?

모든 가스킷이 들어간 화물파이프 이음매와 호스 연결구는 전기적으로 접지되어야 한다. (IBC 10.2) 어떤 가스킷들은 전기적으로 도체이고 접지가 필요하지 않다.

Manifold Arrangements

8.49 Manifold 및 관련 밸브의 상태는 양호하고 파이프라인 및 압력 게이지와 동등한 등급의 blank를 Manifold 밸브의 바깥 양쪽에 단단히 고정하고 노출을 모니터링하고 있는가?

Manifold 압력게이지는 Manifold의 바깥쪽 spool piece/reducer에 설치되어야 하며 valve와 cock가 설치된다. 압력게이지는 Manifold의 육상쪽에 설치되어 Manifold 밸브 누출 점검을 위해 화물 이송 중에 정기적으로 점검되어야 한다. (ISGOTT 24.6.3)

일반적으로 blank는 그것이 달린 플랜지와 같은 두께의 것일 때 인정되고 관련 파이프 배관의 것과 같은 압력일 필요는 없다.

blank의 압력 등급은 중요하며, 티타늄과 같은 고강도의 재질로 만들어진 blank는 같은 압력의 일반 철로 된 blank보다 두께가 얇다. 만약 이러한 blank가 설치되어 있으면 압력 등급에 충족할 수 있는 증명할 서류를 갖추어야 한다.

2개 이상의 manifold를 결합하기 위해 스풀 파이프(점퍼)를 설치하는 경우, 스풀 파이프는 사용 중인 manifold 파이프와 동일한 정격이어야 하며 제조사 테스트 인증서와 함께 제공되어야 한다.

Manifold 구성에 대한 치수는 OCIMF / CDI 간행물 "유조선 및 케미컬 탱커 Manifold 및 관련 장비에 대한 권고사항, First Edition 2017"에서 확인할 수 있다.

8.50 선박에 화물, 연료유, Ballast 시스템 상호간에 허가되지 않는 연결관은 없는가?

Cargo Pump Room

이 섹션은 Cargo Pump Room, Ballast Pump Room 및 연료유 이송 Pump Room을 포함한 모든 Pump Room에 적용된다.

8.51 Pump Room 및 트렁크 공간이 있는 선박은 각종 기기, 배관, 밸브 그랜드 및 기계장치에서 상당한 누수가 없으며, 빌지는 깨끗한가?

Cargo Pump Room의 Cargo Pump 및 밸브로부터의 드레인 및 누출을 처리하기 위한 수단이 제공되어야 한다. Cargo Pump Room 빌지 시스템은 Cargo Pump Room 외부에서 작동 가능하여야 한다. (IBC 3.3.5)

오염된 빌지 수 또는 Tank 세정수를 서장하기 위한 하나 이상의 Slope Tank가 제공되어야 한다. 육상 수용 시설로 오염된 액체를 이송하기 위해 표준 커플링 또는 다른 장치가 육상에 연결되어야 한다. (IBC 3.3.5)

Pump 배출 압력 gauge는 Cargo Pump실 외부에 설치되어야 한다. (IBC 3.3.6)

8.52 격벽 seal이 gas tight되고, 필요 시 기름을 공급되었는가?

기계가 격벽 또는 갑판을 통과하는 축으로 구동되는 경우 효율적인 윤활제를 사용하는 기밀성 seal 또는 가스 seal의 영속성을 보장하는 다른 수단이 격벽 또는 갑판에 설치되어야 한다. (IBC 3.3.7)

8.53 Cargo Pump Room 가스 모니터링 시스템은 잘 작동하고 정기적으로 점검되고, 사관들이 경보설정을 인지하고 있는가?

처음 입거일 기준 2002년 7월 1일부터 2005년 7월 1일 전까지의 모든 탱커는 탄화수소의 농도를 계속적으로 모니터링할 수 있는 장치를 첫 설치하여야 한다. 표본채취 위치 또는 탐지기의 해드는 잠재적으로 위험한 누설을 쉽게 탐지할 수 있는 적절한 곳에 위치하여야 한다. 탄화수소 농도가 최서인화한계의 10%보다 높시 않은 미리 설정된 수준에 도달하면 Pump Room과 화물제어실에 있는 선원에게 잠재 위험에 대한 경각심을 주기 위해 계속적인 가시가청의 경보신호가 자동적으로 작동하여야 한다. (SOLAS 2000 II-2/4.5.10.1.3 and 1.6.7)

2002년 7월 1일 이후에 건조된 선박은 Pump Room, 기관제어실, 화물제어실 및 항해선교에 경보가 자동적으로 작동하여야 한다. (SOLAS 2000 II-2/4.5.10.1.3) 2002년 7월 1일 전에 건조된 선박에 LEL이 30%를 넘지 않도록 미리 지정된 기존 장치도 인정할 수 있다.

질문은 트렁크 공간과 고정 가스 감지 장치가 설치된 Ballast Pump Room에도 적용된다.

8.54 빌지 pump는 작동 상태가 양호하며, Pump Room 외부에서 작동이 가능한가?

Cargo Pump Room에 제공되는 빌지 시스템은 Cargo Pump Room 외부에서 작동될 수 있어야 한다.

Safety Equipment;

8.55 사관은 보호 장구 제공에 대한 요건을 인지하고 있으며 적절한 보호 장비가 있고 효과적인 사용이 가능한가?

선적 및 하역작업에 종사하는 선원을 보호하기 위하여 선박은 내 화학성을 가진 큰 앞치마, 긴 소매의 특별한 장갑, 적절한 신발, 전신 보호복 및 밀착식 보호안경이나 안면보호구 또는 이들을 함께 만든 적당한 보호장비를 선내에 비치하여야 한다. 보호복 및 보호장구는 전신을 보호하기 위하여 피부 전체를 가릴 수 있는 것이어야 한다. (IBC 14.1.1)

작업복 및 보호장구는 쉽게 접근할 수 있는 장소에 그리고 전용 보관장소에 보관되어야 한다. 이들 장구는 신품, 미사용품 및 세정 후 사용하지 아니한 것을 제외하고 거주구역 내에 보관해서는 안 된다. 그러나 주관청은 이 장비의 보관장소가 방, 통로, 식당, 욕실 등과 같은 생활구역으로부터 적당히 격리되어 있는 경우에 한하여 거주구역 내에 보관실을 두는 것을 인정할 수 있다. (IBC 14.1.2)

보호장비는 인체에 위험을 줄 가능성이 있는 작업에 사용되어야 한다. (IBC 14.1.3)

8.56 사관은 IBC 또는 BCH 코드의 안전 장비 요건을 잘 인지하고 있으며, 코드에 따라 제공된 안전 장비가 양호한가?

17장의 화물을 운송하는 선박에는 가스로 가득찬 구획에 사람이 들어가서 20분 이상 동안 작업할 수 있는 충분한 안전 장비 3개조 이상을 선내에 비치하여야 한다. (IBC 14.2.1)

안전 장비 한세트는 아래와 같이 구성된다.

1) 1개의 자장식 호흡구
2) 보호복, 장화, 장갑, 밀착식 보호 안경
3) 운송하는 화물에 견디는 벨트에 연결하는 내화 구명줄
4) 방폭등 (IBC 14.2.2)

14.2.1항에 규정하는 안전장구에 대하여, 모든 선박에는 다음 중 어느 하나를 비치하여야 한다.

1) 각 호급구마다 충분히 충전시킨 1개의 예비 공기병
2) 요구되는 청정의 고압공기를 충전하기에 적합한 전용공기 압축기
3) 호흡구에 대하여 충분한 수의 예비 호흡구용 병에 접속할 수 있는 충전용 매니폴드
4) SOLAS 제 II-2장 제 10.10 규칙의 요건에 추가하여 선내에 비치하는 각 호흡구마다 합계 용량이 6,000리터 이상의 공기를 충전된 예비 공기병 (IBC 14.2.3)

참고 : 독성 화물 등을 운송하는 선박은 상기를 참조하여 완전한 보호 안전 장비를 갖추어야 한다. 보호복은 제조자에 의해 제공되는 resistance tabled에 표기된 물질로부터 보호할 수 있는 기능의 알맞은 조건을 가지고 있어야 하며 이는 장갑, 장화와 함께 통합된 일체형이어야 한다. 책임사관은 운송하는 화물에 관련된 제한사항을 숙지하여야 한다. 만약 독성화물을 운송하지 않으면 이런 보호복은 요구되지 않는다.

8.57 사관은 안전 장비의 안전한 보관 요건을 인지하고 있으며 이러한 요건을 준수하고 있는가?

최소한 1세트의 안전장구는 Cargo Pump Room 근처 접근하지 쉬운 위치의 적절하고 명확하게 표기된 창고에 보관되어야 한다. 다른 안전장비들은 적절하고 명확히 표기된 접근이 용이한 장소에 보관되어 있어야 한다. (IBC 14.2.5)

8.58 IBC 또는 BCH Code에 의해 요구되는 호흡 장구는 외부 전문가에 의해 매년 시험되고, 사관은 선박에서의 검사 요건을 잘 인지하고 이에 따라 기록되는가?

호흡장구는 최소 1달에 한번 책임사관에 의해 검사되어야 하고 그 검사는 선박 로그북에 기재되어야 한다. 장비는 최소 1년에 한번 외부 전문가에 의해 검사되고 테스트되어야 한다. (IBC 14.2.6)

전문가는 관련 코스를 이수하거나, 그것을 증명하는 문서를 가지고 있는 선원이 될 수도 있다.

8.59 사관과 부원은 비상 탈출 장비를 착용하는 것에 친숙하며 이 장비는 양호한가?

17장의 화물을 운송하는 선박은 다음사항의 조건에 맞고 비상탈출 시 승선자 전원이 사용하는데 충분한 수의 적절한 호흡 및 눈 보호구를 비치하여야 한다.

1) 필터 형식의 호흡보호구는 인정할 수 없다.
2) 자장식 호흡구는 통상 사용상태에서 15분 이상 동안 기능을 발휘할 수 있어야 한다.
3) 비상 탈출용 호흡구는 소화 또는 하역작업에 사용하여서는 안 되며 또한 그 취지를 표시해 두어야 한다. (IBC 14.3.1)

8.60 회사는 필터 타입 호흡기의 사용을 배제하고 사관과 부원은 이러한 요건을 인지하고 있는가?

필터 형태의 마스크 사용은 권장되지 않는다. 본 코드(규약)에 의해 요구되는 안전장구의 일부분으로 간주되지 않는다. 그것들의 사용은 엄격히 감독되어야 하며, 일항사의 통제 하에 보관되어야 한다. 그리고 여과 장치는 어떠한 케미컬에서 사용할 수 있는지 명확한 라벨링이 있어야 한다. 방독면 여과용 흡수통은 노출에 의해 그 수명이 영향을 받을 수 있다는 인식이 있어야 하고 기록은 이를 초과하여 사용하지 않도록 여과장치 등의 사용시간의 기록이 유지되어야 한다.

필터 형태의 마스크는 코드상 독성 케미컬이라고 식별된 것에는 사용하여서는 안되며 그러한 장소에는 자장식 호흡구를 사용하여야 한다.

8.61 선원은 오염제거 샤워기 및 안약의 위치 및 작동을 알고 있으며, 샤워기는 적절하게 표시된 위치에 양호한가?

적절하게 표시된 오염제거 샤워기 및 눈약을 갑판상의 편리한 장소에서 이용할 수 있도록 설치하여야 하며, 이들은 모두 상황에서 사용할 수 있는 것이어야 한다. (IBC 14.3.4) 모든 대기 상황에서의 사용을 위해서 recirculation system 또는 heat traced line이 설비되어 있어야 한다.

Cargo Hoses

8.62 선박이 본선 화물호스를 사용하고 있다면 상태는 양호하고, 매년 압력 시험을 하고 있으며, 모든 호스의 점검 및 정비 기록이 있는가?

사용 중인 화물호스는 지속적인 사용을 위한 적합성을 확인하기 위해 적어도 매년 문서화된 검사를 해야 한다. 다음 사항이 포함되어야 한다.

- 열화 / 손상에 대한 육안 검사
- End Fitting의 누설 또는 움직임을 점검하기 위해 정격 사용 압력(RWP) 의 1.5배까지 압력 테스트(RWP에서의 임시 elongation은 중간 단계로 측정되어야 한다.)
- 전기 연속성 시험(ISGOTT 18.2.6.1)

휴대용 Cargo Pump 호스는 제조사 지침에 따라 테스트하고 유지해야 한다.

호스는 스텐실 되거나 시험 일자, 지정된 최대 작동 압력 및 대기 온도 서비스 이외의 다른 서비스에서 사용되는 경우, 해당되는 최대 및 최소 사용 온도가 표시되어야 한다. 규정 된 최대 작동 압력은 1 MPa gauge 이상이어야 한다. (IBC 5.7.3)

검사관은 화물호스 호환 데이터가 사용 가능한지, 사용 중인 호스에 적합한 화물인지 확인해야 한다. 사관은 본 정보를 알고 있어야 한다.

Cargo Lifting Equipment

8.63 모든 크레인 및 기타 리프팅장비가 적절하게 표시되고 정기적으로 점검 및 테스트되며 선원은 유지 보수 요건을 알고 있는가?

화물 리프팅 장비는 매 5년마다 하중시험을 실시해야 하고 적격한 자에 의해 매년 철저한 검사를 해야 한다. 그 밖에 리프팅 장비는 선급에서 대개 필수적으로 규제하지 않지만 유사한 관리 체계로 테스트 및 검사를 해야 한다. 이러한 테스트는 최소 안전 하중 1톤이 요구된다.

Chain regsiter는 요구되지는 않지만 선박의 리프팅 장비에 대한 Tagging/Labeling, 점검 및 유지보수, 서류/증서를 위한 OCIMF 출판물 권고사항에 따른 검사, 시험 및 보수를 보조할 문서를 유지하여야 한다.

단일 호스 크레인이 있는 선박의 경우 유압 호스에 고장이 발생하였다면 결함 호스를 예비 호스로 교체할 수 있어야 한다. 화물 호스 크레인이 모든 면에서 동일한 호스 2개가 있다면 이들 동일한 호스의 50%만 예비용으로 가지고 있으면 된다.

크레인 slew bearing 마모에 대한 모니터링은 크랭크 축/크랭크 축 베어링 제조사의 권고사항에 따라 수행해야 한다. 일반적으로 권장되는 방법은 두 가지가 있다.

- 그리스 샘플링 : 그리스에서 발견되는 금속 성분을 측정하여 마모의 징후 측정
- 흔들림 테스트 : 이 테스트는 내, 외측 베어링 레이스 사이의 유격을 측정하여 마모가 발생여부를 판단

Additional Comments :

만약 검사관이 이 장의 특정 질문의 답변에 대하여 이 장에서 다루어지는 주제와 연관되는 추가 Comment가 있다면 검사관은 이 부분에 그러한 추가 Comment를 기록한다.

CHAPTER 8-3 Cargo and Ballast Systems – LPG

참고 : 이 장은 선박에 대량 액화가스 운송을 위한 국제 적합 증서가 제공된 경우에만 작성될 수 있다. 검사 시 선박은 반드시 가스를 운반해야 하지만 가스 운반 절차에 대한 적절한 평가가 이루어질 수 있다면, 짧은 기간 동안 실제로 가스를 운반하지 않는 가스 운반선은 가스 운반선으로 검사할 수 있다. 이 경우 보고서는 그 경위를 명확히 기록하여야 한다.
아래 질문에 답변할 때 다음 사항에 유의한다.

- 의무 IGC 법규는 1986년 7월 1일 이후 건조된 선박에만 적용된다.
- 의무적인 GC 법규는 1980년 6월 30일 이후에 인도된 선박에 적용된다.
- 비필수 EGC 규정은 1976년 10월 31일 이전에 인도된 선박에 적용된다.

선박이 인도된 후 도입된 IGC 및 GC 법규의 개정사항이 그러한 선박에 반드시 적용되는 것은 아니다.
이중코드 화물(E-o 함량이 30% 이하인 다이에틸에테르, 에틸렌산화물/프로필렌산화물 혼합물, 이소프로필라민, 모노에틸아민, 펜탄, 프로필렌산화물, 비닐에틸에테르, 염화비닐리덴)을 운반하는 가스 운반업자는 유해성 액체물질 증서를 추가로 소지해야 한다.
부속문서 1에 따라 규제되는 석유화물을 운송하는 가스 운반업자는 선박을 제품 운반업자로 식별하는 B형식이 기재된 IOPP 증서를 보유해야 한다. SOLAS 안전건설 및 안전장비 인증서도 이 선박을 '원유 이외의 원유 운반 거래에 종사하는 유조선'으로 식별해야 한다.
관련 화물은 환기 절차 후 Tank에 남아 있을 가능성이 있는 비중이 큰 성분을 포함하지 않는 화물로 일반적으로 가벼운 나프타, 제트 연료(터보 연료 화이트 또는 화이트 컷 가솔린이라고도 한다), 모가스, 천연 가솔린, 콘덴세이트, 펜탄 및 케이싱 헤드 가솔린이 된다.
본 동등성 통지에 따라 승인된 가스 운송 회사에는 다음이 포함된다.

- 독립적 Cargo Tank
- 환기 절차에 의한 Tank 세정에 적합한 배치, 일반적인 절차로서 Tank 세정을 금지한다.
- Deep Well Pump 단 물에 잠긴 전기 모터는 허용되지 않는다.

Policies, Procedures and Documentation

8.1 사관은 안전한 화물작업과 관련하여 최대 적재 속도 및 배출 용량에 관한 정보를 포함하여 운항사의 방침 내용, 지침 및 절차를 인지하고 있는가?

선장은 각 화물 및 Ballast Tank의 최대 허용 가능 Loading rate에 관한 정보를 제공 받아야 하고 화물 혹은 Ballast Tank의 각 그룹의 최대 허용 Loading rate에 관한 정보를 제공 받아야 한다. 이 요건은 설치된 2차 배출 장치를 포함하여 배출 시스템의 용량을 초과하여 Tank가 과압 또는 과소압이 되지 않도록 보장하기 위한 것이다. 이 정보는 화물제어 장소에 게시되어야 한다.

8.2 사관은 선박의 선적한게에 대해 인지하고 있으며, 해당 시 화물제어 구역에 명확히 게시되어 있는가?

기준 온도에서 98% 이상 선적하면 안 된다. (IGC 15.1.1)

주관청은 Tank의 형태, 압력 릴리프 밸브의 배치, 레벨과 온도 측정의 정확성 그리고 선적 온도와 설정 압력 릴리프 밸브에서 화물의 증기 압력에 해당하는 온도 간의 차이를 고려하여 기존 온도에서 98%보다 더 많게 선적하는 것을 허용할 수도 있다. (IGC 15.1.3)

각 화물에 대하여 최대 허용 가능한 선적 한계는 운송할 수도 있는 각 화물, 적용될 수 있는 각 선적 온도 그리고 적용할 수 있는 최대 기존 온도에 대해 주관청에서 승인된 목록상에 표시될 수 있다. IGC 8.3에 의해 설치된 밸브를 포함한 설정 압력들은 그 목록상에 명시되어야 한다. 목록의 사본은 영구적으로 선장에 의해 선박에 보관되어야 한다. (IGC 15.2)

기준 온도의 의미는

- 화물증기압력/온도제어가 제공 되지 않았을 때, 압력 릴리프 밸브의 설정된 압력에서 화물의 증기 압력에 상응하는 온도
- 화물증기압력/온도제어가 제공 되었을 때, 선적 종료시, 운송 중 또는 하역시 가장 높은 화물의 온도. 만약 기존 온도가 화물이 8.2장에서 요구하는 릴리프 밸브의 설정 압력에서 화물의 증기압에 해당하는 온도에 도달하기 전 액화되는 Cargo Tank에서 발생할 수 있다면, 8.3장에 따라 추가적인 압력 릴리프 밸브을 설치하여야 한다. (IGC 15.1.4)

참고 : Cargo Tank에서 허용되는 릴리프 밸브 설정 값의 아래에서 최대 압력을 관리하는 법적 요구사항은 없지만 릴리프 밸브 설정치의 80% 이하로 Cargo Tank의 압력을 관리하는 것이 중요하다. 화물 선적 시 Tank는 종종 릴리프 밸브 설정치의 90%에 도달 할 수도 있다.

8.3 Cargo, Inert gas 그리고 Venting system의 읽기 쉽고 최신화된 파이프 라인 및/또는 도식화된 도표가 Pump Room 및 화물 제어실에서 이용 가능하고 사관은 시스템에 친숙한가?

검사관은 당직 중인 갑판사관이 진행 중인 화물작업 및 당직 중 계획된 순서에 익숙한지 확인해야 한다.

8.4 절차 및 준비 매뉴얼에 수록된 정보에 대해 사관이 친숙하며, 매뉴얼을 선내에서도 접할 수 있는가?

P&A manual은 dual code 화물을 운송하고 IOPPC NLS 증서를 비치하고 있는 경우에 요구된다.

8.5 화물기록부가 올바르게 작성되고 최신화 되었는가?

적합 증서 또는 NLS 증서에 등재된 케미컬을 운송할 때 화물기록부가 필요하다. 발생시에 지체 없이 기록해야 한다.

Stability and Cargo Loading Limitations

선장에게 화물적재 및 복원성 정보 책자는 반드시 제공되어야 한다. 이 책자에는 대표적인 적하 및 Ballast 상태의 상세, 적하 상태를 평가할 수 있는 방법 및 선박의 생존 능력이 요약된 것이 포함되어야 한다. 추가로 이 자료에는 선장이 안정성 및 감항성을 유지하도록 선적하고 선박을 운항하는데 있어 충분한 정보를 포함하여야 한다. (IBC 2.2.5)

8.6 화물 계획을 작성하였고 화물 및 Ballast 이송의 상세 순서, 응력, 비손상 및 손상 복원성을 포함하는가? 해당되는 경우 당직 사관이 제한 사항에 대해 이해하고 있으며 명확히 문서화되었는가?

검사관은 화물작업 전에 화물작업 전/중/후의 응력 및 복원성을 계산하였는지 결정해야 한다. 통상적인 응력 및 복원성에 대한 검토는 설계 시의 제한 범위 내에서 유지되고 있는지 확인하기 위해 화물 작업 전반에 걸쳐 시행되어야 한다.

화물작업은 완전한 상호 이해를 보장하기 위해 계획되고 확인되어야 한다. 다루어져야 할 항목은 다음을 포함해야 한다.

- 적양하 순서
- 총 화물 작업량
- 적양하 Tank 순서
- 목표 작업속도
- 예상 작업 온도 및 압력
- 증기 returen line 사용

응력과 선박 복원성 목적으로 화물과 Ballast를 동시에 작업할 경우 화물 계획에 기재되어야 한다. 실행에 앞서 모든 화물 작업은 신중하게 계획되고 문서화 되어야 한다. (LGHP)

화물 계획은 작업 전 책임사관이 작성하고 선장이 확인 및 승인해야 한다. 그것은 포괄적이고 작업의 모든 세부 사항을 포함하고 이해하기 쉬워야 한다. 선박은 화물 라인의 독립적인 점검이 수행되었음을 입증 할 수 있어야 한다.

화물 기록에는 주요 화물 및 Ballast pump의 운전 및 정지, 작업 중인 Tank 및 기존 계획과의 변경/차이를 포함한 모든 주요 사항에 대한 세부 정보가 포함되어야 한다.

추가 사항은 다음을 다루어야 한다.

- 주입 한계를 결정하는 기준 온도를 포함한 비중, 온도 그리고 기타 관련 조건
- 사용될 pump와 라인 및 분배 계획
- 작업의 중요 단계

- 속도 변화의 통보
- 복원성 및 응력의 정보
- 흘수 및 트림
- 비상 정지 절차
- 유출 시 취해져야할 조치
- 화물 데이터 시트에 대한 인화성 및 독성
- Ballast 작업
- 보호 장비 요건
- 특별 화물 위험성

그리고 필요에 따라, 요건은

- 화물 오염 범주
- 냉각 속도를 포함한 냉각 요건
- cargo heater 혹은 분무기 사용
- 선저 여유 수심 제한
- 벙커링 그리고
- 특별 작업을 위한 특별 조치

8.7 Loading computer나 프로그램이 사용 중이라면 선급에 승인되었으며, 주기적으로 점검하고 사관들이 손상복원성을 포함한 테스트 요건을 이해하고 있는가?

전장 65미터 이상의 선박은 굽힘 모멘트 및 전단력, 굽힘 모멘트 계산 결과, 전단력 및 해당 시 비틀림으로 인한 한계 횡하중과 구조물에 허용되는 국부 하중(갑판, 이중저 등)을 포함하는 로딩 매뉴얼을 제공하는 것이 선급에 의해 요구된다.

전장 100미터 이상의 선박은 승인된 Loading instrument가 선급에 의해서 요구된다. Loading instrument에 대한 작동 설명서는 항상 제공되어야 한다.

Loading instrument는 어떤 적하 상태에서 특정 지점의 전단력과 굽힘 모멘트를 계산할 수 있어야 하고 허용치를 표시하여야 한다. 화물과 Ballast의 적하상태가 변화가 제한된 선박 그리고 규칙적이고 고정된 운항 항로를 가진 선박들은 이 요구사항에서 제외될 수 있다.

Loading instrument의 선급 승인은 형식 승인(Type approval) 절차에 따른다. 형식 승인 증서는 일반적으로 5년을 넘지 않는 기간 동안 유효하다. MSC Circular 1221에 형식 승인 증서 자체의 유효성은 선상에서 승인 및 설치된 제품의 작동 유효성에 영향을 미치지 않으며, 관련 형식 승인 증서의 유효기간 동안 제조된 제품은 이러한 형식 증서 유효기간 때문에 갱신하거나 교체할 필요가 없다.

연차 및 정기검사 시 선상에서 이용 가능한 승인된 Loading guidance information을 통해서 확인하여 Load computer의 정확도를 점검하여야 한다. 선급 승인된 데이터를 사용하여야 하고 테스트는 연차검사 시 참석한 검사관의 참관하에 시행되어야 한다. 주기적으로 선박에서 점검을 시행하여야 하고 테스트 기록을 유지하여야 한다. 점검은 컴퓨터에 각 Tank에 대한 정보를 주입하는 것과 그 결과를 확인하는 것을 포함하여야 한다. 단순히 컴퓨터에서 저장된 테스트 조건을 다시 불러와서 공식적인 조건과 비교하는 것을 허용하지 않는다.

2016년 1월 1일 이후 건조된 선박, 그리고 2016년 1월 1일 이전에 건조된 선박 (2016년 1월 1일 이후, 2021년 1월 1일 이전 첫번째 갱신 검사까지)은 비손상 및 손상 복원성을 점검할 수 있는 Stability instrument가 설치되어야 한다. 공인된 기관에서 이미 승인하고 인증한, 그리고 주관청이 인정하는 기준의 비손상 그리고 손상 복원성을 둘다 확인할 수 있는 기기를 갖춘 선박은 그러한 기기를 계속 사용할 수 있다.

기국 관청에서 요구사항을 면제하기 위해 다음 사항이 제공된다.

- 모든 형태의 예상 가능한 적하 조건이 본선에 제공되는 승인된 복원성 자료에 포함되어 전용 서비스를 제공하는 선박
- 주관청이 승인한 방법으로 원격에서 복원성 검증이 가능한 선박
- 선적 조건이 승인된 범위 안에서 선적되는 선박
- MEPC.248(66) / IGC Ch 2.2.6 / IBC Ch 2.2.2.6의 모든 적용 가능한 손상 및 비손상 복원성 요건을 충족하는 승인된 제한 KG/GM 곡선을 조건으로 2016년 1월 1일 이전에 선조된 선박

* 2016년 7월 1일 및 2021년 7월 1일 가스선

만약 선급에 의해 승인된 Loading computer가 없다면 어떻게 응력 및 복원성을 계산하는지 기록해야 한다.

8.8 선박은 내재된 비손상 복원성 문제로부터 이상이 없는가? 선원은 이러한 문제나 Sloshing에 의한 구조물 손상의 위험, 그리고 불안전한 상태 그리고/또는 Angle of loll에서 요구되는 조치에 대해서 인지하고 있는가?

폭이 넓은 Tank를 가진 선박은 유동수로 인해 비손상 복원성의 감소를 야기할 수 있다. 비록 그러한 선박들이 만재 상태 또는 Ballast 상태에서 IMO 비손상복원성 기준에 부합하여 설계되었다 하더라도 그들은 여러 Tank들이 화물 또는 Ballast 이송작업 중 또는 선적 중간 단계 시 불충분하였을 때 불안정 할 수 있다. Trim & stability 책자는 일반적으로 입/출항 상태만을 다루고 있어 운항사는 화물 운송 중 중간 단계에서 존재 할 수 있는 복원성 문제에 대하여 인지하지 못 한다.

만약 선박이 폭이 넓은 Cargo Tank, "U"자형 Ballast Tank, 또는 수밀 센터라인 격벽이 없는 이중저 Tank를 가지고 있다면 검사관은 일항사에게 선급에서 승인한 loading instrument를 이용하여 최악의 상태(모든 Tank가 불충분하고 유동수가 최대가 되는 상태)에서 비손상 복원성을 보이도록 요청함으로써 선박이 IMO 비손상 복원성 기준에 부합함을 확인하여야 한다.

적합한 loading instrument가 없고 적절한 지침을 이용할 수 없다면 선박이 고유한 비손상 복원성 문제로부터 자유롭다는 충분한 증명이 없는 한 이 질문은 No로 답해야 한다.

검사관은 모든 항해사가 복원성의 우려가 의심되거나 경험한 경우 명확히 조치해야 하는 지침과 작업상 제한에 익숙한지 확인하여야 한다. 만약 미흡하거나 다른 관련 사항이 발생할 경우 "N"으로 응답하고 적절한 Observation으로 기록한다

최대 허용 화물 비중 이외의 중요한 제한사항은 Observation으로 기록해야 한다.

회사의 작업 절차와 안전 관리 시스템에 따라 손상 복원성 요건의 준수 여부를 문서화 해야 한다. 회사 심사관, 검사관 또는 PSCO와 같은 제 3자에게 이 정보를 제공할 수 있도록 적합여부를 확인하는데 사용한 수기 계산 값, 그리고/또는 복원성 인쇄물을 유지하는 방법을 포함해야 한다. 기록들은 차기 SMC 심사 시 확인할 수 있도록 최소 3년 동안 보관할 것을 권고한다. (MSC.1/Circ.1461 Part 2 6.1)

만약 잠재하는 복원성 문제를 다루기 위한 특정 절차가 채택되었다면 이들은 지적사항으로 기록되어야 한다.

Cargo Operations and Related Safety Management

8.9 모든 사관과 부원은 선박의 특정 화물 및 일반 가스에 대한 비상 절차를 포함한 운송 요건에 대해 인지하고 있으며 긴급 양하 조치를 포함한 화물 시스템에 친숙한가?

사관은 아래에 대한 기본적인 지식이 있음을 보여줘야 한다.

- 선상 작업 및 화물 취급
- 해당 시 IGC, GC 및 EGC 코드
- SIGTTO 및 ICS 가이드
- 화물 재액화 절차
- 가스 배출 및 가스 주입 시 Cargo Tank 환경 제어 절차
- 화물 tank 환경 제어 절차
- 특히 냉각 시 열 부하와 관련된 위험
- 최소 화물 온도
- 위험 화물 노출에 따른 의료 처리 요건
- 유출 대응
- 육상과 통신 절차
- ESD 활성화에 영향을 받는 시스템을 포함한 비상 정지 절차

또한, 필요에 따라

- 범주 X, Y, Z 및 OS 화물의 의미
- 반응성 및 자체 반응성 화물에 대한 주의사항
- 고밀도 화물을 적재할 때의 제한사항
- sloshing 선적의 영향
- 유독성 화물에 관련된 위험

운반된 각 가스에 대해 화물 계획에 제품의 안전한 운송에 필요한 모든 정보가 포함되도록 하기 위해 운송 요건의 검토가 이루어져야 한다. 검토는 다음을 참조해야 한다.

- IGC 코드 19장
- 적합 증서
- P & A 매뉴얼
- 물질 안전 보건 자료

8.10 일항사는 기준온도 용어에 친숙하고 현재 화물의 기준온도를 인지하고 있는가?

기준 온도의 의미는

- 화물증기압력/온도 제어가 제공 되지 않았을 때, 압력 릴리프 밸브의 설정된 압력에서 화물의 증기 압력에 상응하는 온도
- 화물증기압력/온도 제어가 제공 되었을 때, 선적 종료 시 운송 중 또는 하역 시 가장 높은 화물의 온도. 만약 기준 온도가 화물이 8.2장에서 요구하는 릴리프 밸브의 설정 압력에서 화물의 증기 압력에 해당하는 온도에 도달하기 전 액화되는 Cargo Tank에서 발생할 수 있다면 8.3장에 따라 추가적인 압력 완화 시스템을 설치하여야 한다. (IGC 15.1.4)

8.11 화물 격리 특성표(화물 반응표)가 이용 가능한가?

화물 격리(반응성) 문제는 용선주의 지침을 따라야 한다. 만약 1가지 이상의 화물을 운송할 경우 격리 특성과 분리적재 할 수 있는 선박의 구조를 확인해야 한다. 이러한 경우 선박의 재액화 시스템에 대한 특별한 주의를 기울여야 한다. 화물을 교체할 때 어떤 화물에 대해서는 Compressor의 윤활유를 교체할 수도 있다.

재액화에 사용되는 냉매와 접촉할 수 있는 화물은 서로 호환되어야 한다. 또한 여러가지 냉매가 사용될 때, 접촉할 수 있는 경우 서로 호환되어야 한다. (IGC 7.3.2)

8.12 화물작업은 계획서에 따라 이행되고 기록되었는가?

기록에는 작업중인 Tank와 Cargo/Ballast Pump의 가동 및 정지를 포함한 모든 주요 기재 사항이 포함되어야 한다.

8.13 사관은 반응 억제제가 있는 화물에 대한 문서 및 취급 요건을 알고 있으며, 반응성 화물을 억제할 필요가 있는 경우 필요한 정보가 제공되었는가?

항해 중 항상 자기반응을 예방하기 위해 화물을 억제시키기 위한 주의를 기울여야 한다. 아래의 사항이 명시된 증서가 제조사로부터 제공되어야 한다.

- 이름 및 첨가된 억제제의 양
- 억제제가 첨가된 날짜 및 일반적으로 효과가 유지되는 기간
- 억제제에 영향을 주는 온도 제한
- 항해 중 억제제의 유효기간을 초과하였을 때 조치 사항(IGC 17.8)

억제제를 첨가하여 염화비닐의 중합을 방지하는 경우, 17.8항의 규정을 적용한다. 억제제를 첨가하지 않는 경우, 또는 억제제의 농도가 충분하지 않은 경우, 17.6항의 목적으로 사용하는 불활성가스의 산소농도를 0.1% 이하로 하여야 한다. 적재 전에 tank 및 관장치로부터 불활성가스의 샘플을 채취하여 분석해야 함. 염화비닐을 운반하는 경우, 이 화물을 연속 운반할 때의 Ballast 항해를 포함하여 tank는 항상 양압을 유지하여야 한다. (IGC 17.19)

억제작용을 요구하는 화물의 경우, 17.8항에서 정하는 증서가 출항 전에 제공되어야하며, 제공되지 않는 경우에는 화물을 운송하지 않아야 한다. (IGC 18.4.3)

참고 : 억제가 요구되는 화물은 19장 'I'열에 식별되어져 있으며, Butadiene, Isoprene, Vinyl ethyl ether and Vinylidene chloride이다. 억제제 증서가 없다면 억제가 요구되는 화물의 선적하면 안 된다.

8.14 모든 사관은 화물과 관련된 누출 또는 화재의 조치를 위한 비상 절차를 알고 있는가?

18.3.1.3에 따른 비상계획은 외부 온도에서 운반되는 화물의 유출에 대해 유출된 화물이 대기압으로 감소했을 때와 같은 국지적 온도 감소와 이 냉각이 선체 강재에 미치는 잠재적 영향을 고려해야 한다. (IGC 18.3.3)

Cargo Handling and Monitoring Equipment

8.15 Cargo, booster, ballast, stripping pump, eductor 및 그와 관련된 장비들 그리고 제어는 장착 시 정상 작동 하고, 누출이 없으며 정기적으로 테스트 한 증거가 있는가?

계기, 밸브 및 파이프 구조는 서비스와 관련되는 구획을 구분하도록 명확히 표시해야 한다.

참고 : 사관은 딥웰 펌프를 booster pump와 직렬로 작동할 때 더 높은 manifold 압력을 이해해야 한다.

8.16 사관은 cargo heater 및/또는 기화기의 작동 요구 사항을 알고 있고, 장착 시 상태가 양호하며, 정기적인 압력테스트의 증거가 있는가?

cargo condenser, heater 또는 기화기의 플러그 튜브 수는 25%를 초과해서는 안 된다.

8.17 Cargo Pump 성능 곡선을 이용할 수 있고, 갑판 사관은 시스템상 화물, 증기 및 불활성 가스라인의 요건을 인지하고 있는가?

다음 설계조건 중에서 더 큰 조건을 파이프, 파이프 시스템 및 구성품에 적절히 사용하여야 한다.

1) 릴리프 밸브로부터 격리될 수 있고 액이 존재할 수 있는 증기 파이프 시스템 또는 구성품의 경우 설계온도 45℃에서 포화증기 압력. 이 값보다 높은 압력 또는 낮은 압력이 사용될 수 있다. (4.13.2.2 참조)
2) 릴리프 밸브로부터 격리될 수 있고 항상 증기만이 존재할 수 있는 시스템 또는 구성품의 경우, 45℃에서 과열증기압력. 시스템의 사용압력 및 온도에서 시스템 내에 포화증기가 초기상태에 있다고 가정한 경우에 과열증기압력보다 높은 압력 또는 낮은 압력이 사용될 수 있다. (4.13.2.2 참조)
3) Cargo Tank 및 화물처리시스템의 최대허용 설정압력
4) 관련 pump 또는 compressor 배출 릴리프 밸브의 설정압력
5) 파이프 시스템에 부착된 릴리프 밸브의 설정압력 및 모든 pump 설비를 고려한 화물 파이프 시스템의 최대 총 배출 혹은 적재 헤드 (IGC 5.4.2) Surge 압력이 발생할 수 있는 액체용 파이프 시스템은 Surge 압력을 견딜 수 있도록 설계되어야 한다. (IGC 5.4.3)

화물, 증기 및 불활성 가스 라인은 육안으로 점검하여야 하며, gland 및 flange에서 손상, 부식 또는 누출의 증거는 지적사항으로 기록하여야 한다. 특히 물이 침투한 insulation에 손상이 있다면 저온에서 제작된 라인 또는 carbon steel에는 특별한 주의를 기울여야 한다. 모든 insulation 손상은 기록되어야 한다.

화물 라인, 압력 라인 그리고 불활성 가스 라인의 정기 압력 테스트는 요구되지 않는다.

8.18 화물 및 ballast 시스템 밸브의 상태는 양호하고, 주기적인 점검을 시행한 증거가 있는가?

모든 Cargo Tank 및 화물파이프 시스템은 이 절에서 규정한 바와 같이 수동조작의 차단밸브를 설치하여야 한다. (IGC 5.5.1.1)

이외에도 액체 또는 증기 화물을 이송작업 중에 비상 시 화물의 흐름 및 누출을 막기 위한 비상차단(ESD) 시스템으로서 원격조작 밸브를 설치하여야 한다. (IGC 5.5.1.2)

밸브 폐쇄 시간은 제조사 데이터와 함께 주기적으로 점검하여 닫혔을 때 시스템에 잠재적 surge 압력이 발생하지 않는지 확인해야 한다.

8.19 사관은 화물 시스템의 원격 및 로컬 tank 압력, 온도, 레벨 센서 및 게이지의 점검 요건을 인지하고 있으며, 점검 결과가 양호한가?

Cargo Tank를 조작할 때마다 항상 지시값을 얻을 수 있도록 각 Cargo Tank에는 액면 gauge 장치가 설치되어야 한다. (IGC 13.2.1)

액면 gauge가 1개만 설치되는 경우, tank를 비우거나 가스를 제거할 필요 없이 tank의 사용 상태에서도 유지보수가 가능하도록 배치되어야 한다. (IGC 13.2.2)

각 Cargo Tank의 증기 구역에는 직접 판독 gauge가 제공되어야 한다. 추가적으로, 13.1.2 규칙에서 요구하는 제어장소에 간접식 지시장치가 제공되어야 한다. 최대 및 최소 허용압력은 명확히 표시되어야 한다. (IGC 13.4.1)

각 Cargo Tank에는 화물온도를 지시하는 최소 2개의 장치를 설치하여야 한다. 이 장치 중 1개는 Cargo Tank의 하부에 위치하고 다른 1개는 상부 부근의 최고 허용액면보다 낮은 위치에 설치하여야 한다. 1.4.4 규칙에서 요구하는 IGC 적합증서에 표시되는 Cargo Tank의 최저 설계온도는 온도지시장치 또는 장치 부근에 기호를 사용하여 명확히 표시되어야 한다. (IGC 13.5.1)

장치는 사용조건하에서 신뢰성을 확인하기 위하여 주기적으로 시험하고 검교정되어야 한다. 이에 대한 시험방법 및 검교정 주기는 제조사의 권고에 따른다. (IGC 13.1.3)

2차 tank level gauge의 시험 및 비교 날짜를 검토하고 상당한 차이가 있을 경우 observation으로 기록해야 한다.

8.20 사관은 Cargo Tank 고수위 및 범람 경보에 대한 점검 요건을 인지하고 있고 주기적 점검과 화물 작업 시 작동한 증거와 함께 상태가 양호한가?

선박 인도 후 및 각 입거 후에 첫 번째 화물 만재 하는 경우, 경보지점까지 Cargo Tank 내의 액체화물수위를 상승시킴으로써 고수위경보 테스트가 시행되어야 한다. (IGC 13.3.5)

고수위 및 범람 경보장치의 전기회로 및 센서를 포함한 tndnl경보장치의 모든 구성요소는 성능시험을 할 수 있는 것이어야 한다. 18.6.2 규칙에 따라 화물작업을 하기 전에 이 장치들은 점검되어야 한다. (IGC 13.3.6)

8.21 Tank domes과 관련 장비의 상태는 양호하고 부식이나 누출은 없는가?

8.22 사관은 안전한 화물 샘플채취 절차를 인지하고 있는가? 액체 라인상 이중 밸브 장치를 가진 액체와 기체를 위한 샘플라인이 있고 사용하지 않을 때 캡이 씌워져 있는가?

화물파이프 시스템에 액체화물 샘플채취용 연결부는 명확히 표시되어야 하고 증기화물의 유출을 최소화 하도록 설계되어야 한다. 독성화물을 운반하는 선박의 경우 샘플채취장치는 액체 및 증기 화물이 대기로 유출되지 않도록 설계된 폐회로형 시스템이어야 한다. (IGC 5.6.5.1)

액체샘플채취장치는 흡입측에 2개의 밸브가 설치되어야 한다. 이 중 1개 밸브는 의도하지 않은 개방을 방지하기 위하여 다회전식이어야 하고, 예를 들어, 얼음 또는 하이드레이트에 의해 막힘이 있는 경우에 배관을 격리할 수 있도록 충분히 멀리 떨어져 설치하여야 한다. (IGC 5.6.5.2)

샘플채취 컨테이너의 연결부는 기준에 적합하여야 하며, 샘플컨테이너의 무게를 지지할 수 있어야 한다. 나사박이 연결부는 샘플 컨테이너의 정상적인 연결 및 분리를 하는 동안 느슨해지는 것을 방지하도록 가용접하거나 다른 방법으로 고정하여야 한다. 채취 연결부를 사용하지 않는 경우 누출을 방지하기 위하여 폐쇄 플러그 또는 flange를 채취 연결부에 설치하여야 한다. (IGC 5.6.5.4)

증기 채취용으로 사용되는 채취 연결부는 5.5항, 5.8항 및 5.13항에 따른 1개의 밸브를 설치하여야 하며, 폐쇄 플러그나 flange를 설치해야 한다. (IGC 5.6.5.5)

책임자의 감독하에서 화물이 채취되어야 하며, 책임자는 작업과 관련된 모든 사람이 화물의 위험성에 적합한 보호복을 착용하였는지 확인하여야 한다.

액체 화물을 채취하는 경우, 책임자는 샘플채취 설비가 cargo pump 토출압력을 포함하여 이와 관련된 온도 및 압력이 적합한지 확인하여야 한다.

책임자는 사용되는 샘플채취 설비가 화물의 누출을 방지하기 위해 적절히 연결되었는지 확인하여야 한다.

채취된 화물이 독성제품인 경우 책임자는 대기로 방출되는 화물을 최소화하기 위해 1.2.15항에서 정의한 폐회로형 샘플채취 시스템을 적용하여야 한다. (IGC 18.9)

8.23 화물 또는 증기 라인이 절연 처리되었다면 절연상태는 양호하고 점검 주기가 있는가?

액체 및 증기 라인은 절연처리가 요구되지는 않는다. 그러나 절연되었다면 주기적으로 상태를 점검하고 기록하는 프로그램이 있어야 한다. 오늘날 Profile radiography, ultrasonic spot readings 그리고 단열재 제거를 포함하여 절연 상태에서 부식을 검사하는데 사용되는 여러 가지 방법이 있다. 어떤 방법을 사용하든 선박 수리 기간에 효과적으로 계획되고 선상에 제공된 모든 절연 라인에 대한 효과적인 샘플 검사를 제공해야 한다.

부식의 증거가 있다면 지적사항으로 기록한다.

8.24 Cargo 또는 vapour lines은 선체 구조로부터 격리되었으며, 연결부는 전기적인 접지가 되었는가?

tank 또는 화물파이프 및 파이프 장비가 열적 격리에 의해 선체 구조로부터 분리되는 경우 파이프 시스템 및 tank는 전기적으로 접지되어야 한다. 모든 gasket된 파이프이음 및 호스 연결구는 전기적으로 접지되어야 한다. 접지접속 도체를 사용하는 경우를 제외하고, 각 이음 또는 연결부의 전기적 저항이 1 MΩ 미만이 되는 것을 증명하여야 한다. (IGC 5.7.4)

8.25 화물 및 증기라인 팽창 장치의 상태는 양호한가?

온도 전이와 Cargo Tank 및 선체구조의 운동에 의해 파이프, 파이프 시스템 및 구성품, 그리고 tank에 과대한 응력이 발생하지 않도록 설계하여야 한다. Cargo Tank 외부에서 선호되는 방법은 offset, bend, loop를 사용하는 것이며 다만, offset, bend, loop을 사용하는 것이 불가능한 경우에 다층 bellows를 사용할 수 있다. (IGC 5.7.1)

Bellows 및 신축이음이 5.7.1항에 따라 설치되는 경우 다음 규정을 적용한다.

1) 필요한 경우, Bellows는 빙결에 대하여 보호되어야 한다.
2) Slip 이음은 Cargo Tank 내부에서만 사용되어야 한다. (IGC 5.8.4)

8.26 액체 및 증기 라인은 clamps 안쪽에서 움직임이 자유로운가?

8.27 파이프 drain과 stub pieces에 밸브와 캡이 있고 상태는 양호한가?

8.28 화물 라인과 시스템 릴리프 밸브의 상태는 양호하고, 사관은 요건을 인지하고 있는가?

액이 채워진 상태로 격리될 우려가 있는 모든 파이프 시스템 또는 구성품은 열팽창 및 증발용 릴리프 밸브를 설치하여야 한다. (IGC 5.5.6)

화물파이프 시스템으로부터 액체화물을 배출하기 위한 릴리프 밸브는 배출된 액체화물을 Cargo Tank로 배출해야 한다. 이에 대한 대체 방법으로 vent장치 내에 유입하는 액체화물을 탐지하고 처리할 수 있는 설비가 되어 있는 경우, vent 마스트에 배출할 수 있다. 파이프 시스템 후단에 과압을 방지하도록 요구되는 경우, cargo pump의 릴리프 밸브로부터 액체화물은 펌프 흡입측으로 배출해야 한다. (IGC 5.2.2.4)

50리터 부피 이하의 짧은 라인 부분은 IACS 협약에 따른 “'hydrostat' 릴리프 밸브에서 면제될 수 있다.

8.29 화물 라인에 screwed-in 연결이 없는가?

허용된 기준에 적합한 screwed coupling은 바깥지름 25 mm 이하의 부속 라인 및 계측용 라인에 대하여만 사용할 수 있다. (IGC 5.8.2.3)

8.30 Cargo tank 고수위 경보시스템은 양 gauge 시스템에서 독립적이고 IGC 선박의 경우 고수위 shut-down(범람 제어) 시스템에서도 독립되어 있고 사관들은 override 절차를 인지하고 있는가?

13.3.4 규칙에 규정하는 경우를 제외하고, 각 Cargo Tank에는 다른 액면지시기로부터 독립적으로 작동하고 작동 시 가시가청경보를 발하는 고수위경보장치가 설치되어야 한다. (IGC 13.3.1)

고수위경보와 별도로 작동하는 추가적인 센서는 하역용 파이프 시스템이 과도한 액체압력을 받지 않고 tank가 액체로 가득 채워지는 것을 방지하도록 차단밸브를 자동으로 작동시켜야 한다. (IGC 13.3.2)

다음의 Cargo Tank에 있어서는 고수위경보장치 및 Cargo Tank의 자동주입정지장치를 설치할 필요는 없다.

1) 용량이 200 ㎥ 이하의 압력 tank
2) 적하 작업 중 발생하는 최대압력에 견딜 수 있도록 설계되고, 이 압력이 Cargo Tank 릴리프 밸브의 설정압력보다 낮은 tank(IGC 13.3.4)

참고 : GC 선박에서는 차단 밸브를 작동하기 위해 고수위 경보에서 독립된 센서가 요구되지 않는다.

넘침제어장치에 대한 override를 하는 경우, 오작동을 방지할 수 있는 것이어야 한다. override 작동하는 경우, 관련 제어장소 및 선교에 연속적인 가시경보를 발하여야 한다. (IGC 13.3.7)

tank가 overfill되고 양하를 위해 범람 제어 시스템을 우회 시켜야만 하는 경우와 같이 예외적인 상황에서만 시스템을 override시켜야 한다. 종종 해상에서 재액화 중 시스템을 override 시킨다.

8.31 온도 및 압력 gauge를 포함한 주요 하역장치의 검교정 기록이 있는가?

계측장치는 사용조건하에서 신뢰성을 확인하기 위하여 주기적으로 시험하고 검교정 되어야 한다. 이에 대한 시험방법 및 검교정 주기는 제조사의 권고에 따른다. (IGC 13.1.3)

주기적인 점검 및 장비의 검교정, 특히 Cargo Tank의 온도 및 압력 gauge, 재액화 설비 기기의 기록이 있어야 한다. 검교정은 36개월이 초과하지 않는 간격으로 시행되는 것이 바람직하다. 검교정은 보통 선박의 운항 중에는 힘들고 일반적으로 수리 기간 중에 시행된다. 하지만 Local 및 Remote 온도계 값의 비교 및 (table에서) 화물 증기 압력과 비교 점검은 특히, Polymer Grade Propylene와 같이 높은 순도의 화물과 같이 실질적인 교차 참조 자료를 제공한다.

8.32 설치된 경우, 사관우 slip tube 사용의 위험성을 인지하고 있으며, 절차는 비상 상황을 제외하고 사용을 금지하는가?

고정 튜브식 및 slip tube식과 같이 액면계측장치가 Cargo Tank를 관통하고 계측 중에는 소량의 화물액체 또는 가스를 대기 중에 방출하는 구조의 제한식 장치. 이 장치는 계측에 사용되지 않을 때는 완전히 폐쇄할 수 있는 구조의 것이어야 한다. 또한, 장치를 개방할 때 화물의 누출 위험이 없도록 설계하고 설치하여야 한다. 이 gauge 장치는 과류방지밸브를 설치하지 않는 경우, 최대개구가 지름 1.5 mm 또는 이와 동등한 단면적을 넘지 않도록 설계하여야 한다. (IGC 13.2.3.4)

수위 측정동안 작은 양의 화물 기체나 액체가 방출되므로 gauge 장비는 제한된 유형이고 독성 화물을 운송하거나 폭발성 화물의 경우에는 사용해서는 안 되며, 오직 terminal 그리고 charterer에 의해서만 허용된다. 만약 Slip tube가 유일한 gauge측정 방법이라면, 그 사실을 지적사항으로 기록한다.

Cargo Compressor and Motor Rooms

8.33 사관은 Cargo conditioning plant(재액화)와 관련 장비의 작동에 친숙하며 기기 상태는 양호한가?

Cargo condensers의 압력 테스트와 화물 시스템 기기의 검교정 기록이 있어야 한다.

8.34 선원은 cargo compressor 및 motor room의 위험성에 대해 인지하고 있으며, 깨끗하고 가연성 물질이 없는가?

8.35 compressor room과 motor room 사이에 bulkhead seal들은 Gas tight 상태이며, 윤활이 잘 되어 있는가?

격벽 관통부가 두 구역을 유효하게 가스tight로 분리하는 경우, cargo compressor 및 cargo pump는 격벽 또는 갑판에 의해 분리되는 인접한 비위험구역에 있는 전기모터로 구동할 수 있다. 대신, 전기설비가 10장의 요건을 만족하는 경우, 이러한 장치는 인접한 승인된 안전형 모터로 구동할 수 있다. (IGC 3.3.4)

설치된 경우, 윤활기 저장소에 충분한 윤활유가 있는지 확인해야 한다.

8.36 Compressor room에 가스 누출이 없는가?

8.37 Compressor room에 전등은 잘 들어오며, 전기 설비들이 가스 위험 구역에서 사용하기 적합하며, 상태는 양호한가?

8.38 사관은 Cargo compressor room ventilation system에 대한 요건을 인지하고 있으며 시스템은 부압을 유지하고 있는가?

8.39 사관은 Motor room ventilation system에 대한 요건을 인지하고 있으며, 시스템은 양압을 유지하고 있으며 만족스럽게 작동하는가?

8.40 사관은 airlock에 대한 요구 사항을 인지하고 있고, 알람 상태는 양호한가 그리고 Airlock 압력이 상실된 경우 차단 시스템은 정상 작동하는가?

개방 노천갑판으로부터 비위험 지역으로의 출입은 3.6에 적합한 airlock에 의한 출입이 아닌 경우 10장에 정의된 위험지역의 외부에서 출입하도록 하여야 한다. (IGC 3.5.4)

개방 노천갑판상의 위험지역과 비위험지역 사이의 출입은 airlock에 의한 방법만 가능하다. airlock은 어떠한 개방고정용 장치도 없어야 하고, 과압을 유지할 수 있으며, 확실하게 가스 tight을 유지할 수 있는, 2개의 자동폐쇄식 강재문으로 구성되어야 한다. 이 강재의 문은 1.5 m 이상 2.5 m 이하의 간격으로 떨어져 설치되어야 한다. airlock 구역은 비위험지역으로부터 기계식 통풍이 되어야 하며, 노천갑판상의 위험지역에 대하여 과압을 유지하여야 한다. (IGC 3.6.1)

경보를 알리는 가시가청 경보장치를 airlock으로 분리된 양쪽 구획에 설치하여야 한다. 한쪽 문이 열린 경우, 가시경보장치는 경보를 발하여야 한다. airlock의 양쪽 문이 폐쇄상태로 되지 않은 경우 가청경보 장치는 경보를 발하여야 한다. (IGC 3.6.3)

인화성 물질을 운송하는 선박의 경우, airlock로 보호되는 구역 내의 전기설비가 승인된 안전형이 아닌 경우에는 그 구역의 가압상태가 상실되었을 때 무전압 상태로 되어야 한다. (IGC 3.6.4)

8.41 사관은 고정식 가스 검지 장치의 작동과 요건에 친숙하며 장비는 양호한가?

고정식 가스탐지 및 가시가청경보장치는 다음의 장소에 설치하여야 한다.

1) 가스파이프 시스템, 가스설비 또는 가스 소모장치를 포함하는 폐위된 모든 화물구역 및 화물 기기구역(터렛 구획포함)
2) tank 형식 C를 제외한 독립형 tank의 barrier간 구역 및 Cargo Tank구역을 포함하여 화물증기가 축적될 수 있는 기타 폐위구역 또는 반폐위구역

3) airlock

4) 16.7.3.3 규칙에 언급된 가스연료 내연기관이 설치된 구역

5) 16장에서 규정하는 통풍용 후드 및 가스 덕트

6) 7.8.4규칙에서 요구하는 냉각/가열 회로

7) 불활성가스 발생장치 공급헤더

8) 화물취급기기용 전동기실(IGC 13.6.2)

샘플채취식 가스탐지장치를 사용하는 경우, 가스탐지장치는 30분을 넘지 않는 간격으로 각 샘플링 헤드로부터 순차적으로 샘플을 채취하고 분석할 수 있는 것이어야 한다. (IGC 13.6.8)

증기의 용적 농도가 대기 중에서 인화성 범위 하한치(LFL)의 30%에 도달하였을 때 경보를 발하여야 한다. (IGC 13.6.15)

8.42 사관은 고정식 가스 검지장치의 측정 위치에 대한 요건을 인지하고 있고, 적용된다면 운송되는 화물을 위해 적절한 수준으로 설치되어 있는가?

모든 설치에 대하여 구획의 크기 및 배치, 운반할 화물의 성분 및 밀도 그리고 그 구획을 가스 퍼지 또는 통풍에 의한 가스농도의 희석 및 정체된 구역을 고려하여 장치의 수 및 위치를 정하여야 한다. (IGC 13.6.12)

8.43 Ethylene Oxide 및 Propylene Oxide를 선적할 수 있다면 사관은 compressor를 격리 요건을 인지하고 있는가? 그리고 해당되는 경우 해당 시점에 compressor가 격리되어 있는가?

Cargo compressors와 cargo containment 사이에 spool pieces의 제거 또는 블랭킹을 포함한 PO를 운송하기 위한 승인된 절차가 있어야 한다.

주철, 수은, 알루미늄 합금, 구리 및 구리 합금, 은 및 그 합금, 마그네슘 및 일부 스테인리스강은 에틸렌 산화물의 취급에 적합하지 않다. 이러한 화물의 경우 간접 순환 냉동 설비가 필요하다.

Void Spaces and Seals - Type C Cargo Tanks

주목 : 이 부분은 2차 barrier(secondary barrier)를 요구하지 않는 Type C cargo tank에 적용된다.

8.44 사관들은 void space의 환경제어에 대해 인지하고 있으며, 설치된 void space 씰의 상태는 양호하고 Void space의 환경제어는 만족 할 만 한가?

Type C 이외, 완전 또는 부분 2차 barrier를 요구하는 인화성 가스용 화물격납설비의 Interbarrier space 및 Cargo Tank 구역은 적합한 건성 불활성가스 및 선박의 불활성가스발생장치 또는 적어도 30일 동안 충분하게 통상 사용할 수 있는 양을 저장하는 선박의 저장설비에 의하여 공급되는 불활성가스로써 불활성화 상태를 유지하여야 한다. (IGC 9.2.1)

비인화성가스의 경우, 9.2.1항 및 9.2.2항에서 정하는 구역은 적절한 건조공기 또는 불활성 환경으로 유지할 수 있다. (IGC 9.2.3)

Type C. 2차barrier을 가지지 않는 Cargo Tank의 주위구역은 적절한 건조 불활성가스 또는 건조공기로 채워야 한다. 그리고 선내의 불활성가스 발생장치에 의해 공급되는 불활성가스, 선내에 저장된 불활성가스에 의해 공급되는 불활성가스 또는 적절한 공기건조 장치에 의해 공급되는 건조공기를 이용하여 불활성 상태 또는 건조공기 상태를 유지하여야 한다. 대기온도에서 화물이 운반되는 경우 건조공기 또는 불활성가스에 대한 규정은 적용되지 않는다. (IGC 9.3)

8.45 사관은 Cargo Tank 방열재 검사 요건에 친숙하고, 설치된 경우 양호한 상태로 보고 되었는가?

방열재는 허용온도(4.19.1항 참조) 이하의 온도로부터 선체를 보호하기 위해 설치해야 한다. 7장의 압력과 온도제어 장치에 의해 유지될 수 있는 수준까지 tank로부터의 열유속을 억제할 수 있어야 한다. (IGC 4.10.1)

Hold space 점검 기록 확인해야 한다. perlite 절연이 사용된다면, 주기적으로 점검하고 요청에 따라 보충하도록 수립되어야 한다.

8.46 사관은 void space, hold space 그리고 1차/2차 barrier에 대한 설정 요건을 알고 있으며, 설치된 경우 상태는 양호한가?

모든 Cargo Tank에는 화물격납설비 및 운반하는 화물의 설계에 대하여 적절한 압력배출장치를 설치하여야 한다. 설계상의 능력을 넘는 압력을 받을 염려가 있는 Cargo Tank 구역 및 interbarrier space에는 적절한 압력배출장치를 설치하여야 한다. 7장에 규정하는 압력제어 장치는 압력 릴리프 밸브와 별개의 것이어야 한다. (IGC 8.1)

interbarrier space에는 압력 릴리브 장치가 제공되어야 한다. (IGC 8.2.2)

대기로 open connection이 없는 Hold spaces는 적합한 압력 gauge가 설치되어야 한다.

Void and Interbarrier Spaces and Seals – other cargo tank types

참고 : 이 섹션은 Type C cargo tank를 제외한 모든 유형의 화물 격납 장치에 대해 작성되어야 한다. 여기에는 A형 및 B형 cargo tank가 포함된다.

유형 C 이외의 화물 격납 시스템의 경우

- 완전한 2차 장벽을 필요로 하는 인화성 가스의 화물 격납 시스템과 관련된 내부 배리어 및 홀드 공간은 적절한 건조 불활성 기체로 불활성화되어야 하며, 선상 불활성 기체 생성 시스템에서 제공하는 보충 기체 또는 최소 30일 동안 정상 소비에 충분해야 하는 선상 창고에 불활성화되어야 한다. (IGC 9.2.1)
- 부분적인 2차 장벽을 필요로 하는 인화성 가스의 화물 격납 시스템과 관련된 적재 공간은 적절한 건조 불활성 기체로 불활성화되어야 하며, 선상 불활성 기체 생성 시스템에서 제공하는 보충 기체 또는 최소 30일 정상적인 소비에 충분해야 하는 선상 창고에 불활성화되어야 한다. (IGC 9.2.2.1)

8.47 사관들은 Interbarrier space를 감시하는 요건에 대해 친숙하고, 이는 주기적으로 감시되고, 결과는 기록되었는가?

고정식 가스탐지 및 가시가청경보장치는 C식 tank를 제외한 독립된 tank의 interbarrier space 및 Cargo Tank구역을 포함하여 화물증기가 축적될 수 있는 기타 밀폐구역 또는 반밀폐구역에 설치하여야 한다. (IGC 13.6.2.2)

19장의 최저요건 일람표 "f"란에서 표시되는 비인화성 화물을 운반하는 선박의 경우 화물기기 구역 및 독립 tank의 Cargo Tank 구역에 산소농도 감시장치를 설치하여야 한다. (IGC 13.6.4)

인화성 화물의 경우 불활성화가 요구되는 Cargo Tank구역 및 interbarrier space용으로 제공되는 가스탐지장치는 용적률 0%부터 100%까지의 가스농도 계측이 가능한 것이어야 한다. (IGC 13.6.14)

증기의 용적 농도가 대기 중에서 인화성 범위 하한치(LFL)의 30%에 도달하였을 때 경보를 발하여야 함. (IGC 13.6.15)

LPG의 경우 30% LEL은 대략 부피 기준 0.6%에 해당한다. LNG의 경우 30% LEL은 부피 기준 1.5%에 해당한다. 기록은 레벨과 명백한 추세 또는 레벨의 변화를 보여 주는 것으로 유지되어야 한다.

8.48 Hold space와 1차/2차 barrier을 위한 릴리프 밸브의 상태는 양호한가?

hold space와 interbarrier space는 설계능력을 초과한 압력을 받을 수 있으므로 적합한 압력릴리프장치가 있어야 한다. (IGC 8.1)

Interbarrierspace에는 주관청에 충족할 만한 압력 릴리프 장치가 장착되어야 한다. (IGC 8.2.2)

참고 : 대기로 open connection이 없는 Hold spaces는 적합한 압력 gauge가 장착되어야 한다.

8.49 Interbarrier spaces로 물이 침투하는 것을 샘플링하는 수단이 있으며, 점검은 기록되고 있는가?

2차 barrier을 필요로 하지 않는 화물격납 설비로서 화물을 운송하는 경우 Cargo Tank 구역에는 적절한 배출설비를 설치하여야 한다. 이 흡입관은 기관구역에 연결해서는 안 되고, 누출탐지 장치를 설치하여야 한다. (IGC 3.7.1)

2차 barrier가 설치된 경우에는 인접하는 선체구조를 통하여 hold 또는 insulation space로 유입되는 모든 누출물을 처리할 수 있는 적절한 배출설비를 설치하여야 한다. 흡입은 기관구역의 펌프에 인도하여서는 안 되고, 누출탐지 장치도 설치하여야 한다. (IGC 3.7.2)

A식 독립된 tank 선박에서 hold 또는 interbarrier space에는 Cargo Tank의 누출 또는 파손에 의한 액체화물을 취급하기에 적합한 드레인 배출장치를 갖추어야 한다. 이 장치는 누출화물을 액체화물 파이프로 돌릴 수 있는 것이어야 한다. (IGC 3.7.3)

Inert Gas Systems

8.50 만약 설치되어 있다면 불활성 가스 시스템 그리고/또는 저장장치 그리고 관련 파이프의 상태는 양호한가?

전체 또는 부분 2차 barrier을 요구하는 인화성 가스용 화물격납 설비의 interbarrier space 및 hold space는 적합한 건조 불활성가스 및 선박의 불활성가스 발생장치 또는 적어도 30일 동안 충분하게 통상 사용할 수 있는 양을 저장하는 선박의 저장설비에 의하여 공급되는 불활성가스로써 불활성화 상태를 유지하여야 한다. (IGC 9.2.1)

insulation space에 누출탐지 장치의 일부로써 불활성가스가 연속적으로 공급되는 경우 개별 구역에 공급되는 가스량을 감시할 수 있는 수단이 설치되어야 한다. (IGC 9.4.6)

8.51 사관은 불활성 가스 시스템에 가스 증기가 backflow하는 것을 방지하기 위한 설비에 대해 인지하고 있으며 이 장치가 설치되어 있는가?

운반되는 화물에 적합한 불활성가스 장치로 화물증기가 역류하는 것을 방지하기 위한 설비를 하여야 한다. 이러한 설비가 기관구역 또는 화물구역 외부의 기타 구역에 위치하는 경우 2개의 체크밸브 또는 이와 동등한 장치 그리고 이에 추가하여 제거 가능한 스풀피스를 화물구역 내 불활성가스 주 파이프에 설치하여야 한다. 불활성가스 장치를 사용하지 않는 경우, hold space 또는 interbarrier space의 연결부를 제외하고 화물구역 내의 화물장치로부터 불활성가스 장치가 분리되어야 한다. (IGC 9.4.4)

Pressure Relief and Venting Systems

8.52 사관은 릴리프 밸브 설정 요건에 대해 인지하고 있으며, 점검 증서 및 MARVS 변경을 위한 명확한 절차가 있는가?

갑판상의 tank를 포함하여 각 Cargo Tank에는 적어도 2개의 압력릴리프 밸브를 설치하여야 한다. 이 밸브는 사용목적에 따라 설계되고 제조된 것으로써 제조사의 허용오차 내에서 동일한 용량이어야 한다. (IGC 8.2.1)

압력릴리프 밸브의 설정압력은 Cargo Tank의 설계증기압력보다 이하여야 한다. 2개 이상의 압력릴리프 밸브가 설치되는 경우 총 배출용량의 50% 이하인 밸브는 불필요한 증기방출을 최소화하는 순차적 방출을 허용하기 위해 최대허용설정압력보다 5% 높은 압력까지 설정할 수 있다. (IGC 8.2.3)

압력릴리프 밸브는 주관청 또는 인정된 기관의 검사관에 의하여 설정 및 봉인되어야 하며, 선박에는 설정압력의 값을 포함한 검사기록을 보관하여야 한다. (IGC 8.2.6)

1개 이상의 설정값을 가진 릴리프 밸브를 설치하는 것이 인정되는 Cargo Tank의 경우에는 다음의 어느 하나에 적합하여야 한다.

1) 적절히 압력이 설정되고 봉인된 밸브를 2개 이상 설치하고 사용하지 않는 밸브를 Cargo Tank로부터 격리시키기 위하여 필요한 장치를 설치한다.

2) 새로운 설정압력을 확인하는 압력시험이 요구되지 않는 미리 승인된 장치를 이용하여 설정압력의 변경이 가능한 릴리프 밸브를 설치한다. 이 경우 모든 기타 밸브의 조정장치는 봉인하여야 한다. (IGC 8.2.7)

8.2.7항에 의한 설정압력의 변경과 이에 따른 13.4.2항의 요건에 의한 경보장치의 재설정은 승인된 절차서 및 선박의 취급설명서에서 정하는 바에 따라 선장의 감독 하에 실시하여야 한다. 설정압력의 변경은 본선의 항해일지에 기재하여야 하며, 화물제어실이 있을 경우에는 해당 장소에 표식을 게시하고, 각 릴리프 밸브에 설정압력을 표시하여야 한다. (IGC 8.2.8)

책임사관이 설정값을 변경하기 위한 절차를 명확히 이해하는지 확인해야 한다.

8.53 사관들은 vent outlet arrangement에 친숙하고, 설치된 경우, protective 또는 flame screen의 상태가 양호하며 주기적으로 검사되었는가?

vent의 출구에는 유체흐름에 영향을 주지 않고 이물질의 침입을 방지하기 위하여 13 mm x 13 mm 메시 이하의 적절한 보호망을 설치하여야 한다. 특정 화물을 운반하는 경우, 보호망에 대한 다른 규정을 적용한다. (17.9 및 17.21 참조) (IGC 8.2.15)

이 장에 관련된 화물을 운반하는 경우, Cargo Tank의 vent 출구에는 용이하게 교환할 수 있고 효과적인 프레임스크린 또는 승인된 안전헤드를 비치하여야 한다. 프레임스크린 및 안전관리 설계상 화물증기의 동결 또는 악천후 조건하에서의 결빙에 의한 이들 장치의 폐쇄 가능성에 주의하여야 한다. 이 장에서 정하지 않은 화물을 운반하는 경우 8.2.15항에 따라 프레임스크린은 제거한 후 보호스크린으로 대체되어야 한다. (IGC 17.9)

8.54 Liquid pressure 릴리프 밸브 collecting tank안에 liquid sensor가 있는가? 또는 설지된 경우, vent mast 안에 있는가?

vent mast 출구가 연결되는 구역에 정수압에 의한 액체의 범람을 방지하기 위한 수단이 설치되어야 한다. (IGC 8.2.12)

vent파이프 시스템에는 액체가 고일 염려가 있는 장소에 배수설비를 설치하여야 하며 압력릴리프 밸브 및 파이프 시스템은 어떠한 경우에도 압력릴리프 밸브의 내부 또는 그 부근에 액체가 고이지 않도록 배치하여야 한다. (IGC 8.2.14)

화물파이프 시스템으로부터 액체화물을 배출하기 위한 릴리프 밸브는 배출된 액체화물을 Cargo Tank로 배출하여야 한다. 아니면 vent장치 내에 유입하는 액체화물을 탐지하고 처리할 수 있는 설비가 되어 있는 경우 릴리프 밸브를 vent mast에 배출할 수 있다. 파이프 시스템 후단에 과압을 방지하도록 요구되는 경우 cargo pump의 릴리프 밸브로부터 액체화물은 pump suction으로 배출해야 한다. (IGC 5.2.2.4)

8.55 사관은 Vent mast에 부착된 고정식 소화장치의 작동에 친숙하며 장착되어 있다면 상태는 양호하며 작동하는가?

Vent mast에 고정식 소화장치가 의무 요건은 아니지만 장착되어 있다면 상태가 양호하여야 하며 명확히 식별되어야 한다.

Emergency Shutdown System

8.56 사관은 비상차단시스템(ESD)의 작동에 친숙화되어 있으며 시스템은 정기적으로 작동 테스트를 하는가?

선박 내에서 이송하거나 화물을 육상 또는 선박으로 이송 중에 비상상황 발생 시 화물의 흐름을 차단할 수 있는 화물 비상차단시스템을 설치하여야 한다. 화물이송 파이프 시스템 내에 Surge 압력의 발생 가능성을 방지하도록 비상차단시스템을 설계하여야 한다. (IGC 18.10.1.1)

ESD밸브는 원격으로 작동되어야 하며, 페일-클로즈(Fail-close)형(작동원의 손실 시 폐쇄)이어야 한다. 그리고 설치장소에서 수동폐쇄할 수 있는 것이어야 하고 작동밸브의 개폐상태를 표시하여야 한다. 수동폐쇄 조작을 대신하여 ESD밸브와 직렬로 연결한 수동조작 차단밸브는 허용되어야 한다. 이 수동밸브는 ESD밸브와 인접하게 설치되어야 한다. ESD밸브가 폐쇄되고 수동밸브가 폐쇄되는 동안 이 사이에 갇힌 액체를 처리할 수 있는 수단을 설비하여야 한다. (IGC 18.10.2.1.2)

액체파이프 시스템에 부착된 비상차단밸브는 30초 이내로 부드럽게 완전 폐쇄되어야 한다. 밸브의 폐쇄시간 및 작동특성에 대한 정보는 선내에서 이용할 수 있어야 하며 폐쇄시간은 검증되고 반복할 수 있는 것이어야 한다. (IGC 18.10.2.1.3)

13.3.5항에서 요구하는 고수위 테스트를 하는 안전한 제어방법으로 수행할 수 있도록 비상차단 제어장치가 구성되어야 한다. 이 시험의 목적상 cargo pump는 범람제어장치가 override되는 동안에도 작동될 수 있다. 수위경보테스트 및 고수위경보테스트를 완료한 후 비상차단장치의 재설정을 위한 절차는 18.2.1항에 요구되는 취급설명서에 포함되어야 한다. (IGC 18.10.3.4)

화물하역작업을 시작하기 전에 화물이송에 관련된 화물용 비상차단 및 경보장치는 확인 및 테스트하여야한다. (IGC 18.10.5)

8.57 선원들은 ESD 작동 위치 및 예비 기기 차단 요건에 대해 인지하고 있는가?

1개의 비상차단밸브를 각 manifold 연결부에 설치하여야 한다. (IGC 18.10.2.2) 최소한의 요건으로 비상차단시스템은 선교 및 13.1.2항에서 요구되는 제어장소 또는 화물제어장소(설치되는 경우) 중 하나의 장소 그리고 적어도 화물구역 내에 2개의 장소에서 단일제어에 의하여 수동조작 할 수 있는 것이어야 한다. (IGC 18.10.3.1)

운전 중인 화물기기는 비상차단장치의 작동에 의해서 정지되어야 한다. (IGC 18.10.3.3)

13.3항의 요건에서 요구하는 넘침제어장치로부터 비상차단시스템의 입력신호는 고수위가 탐지될 때 운전 중인 모든 cargo pump 또는 compressor를 정지하기 위해 제공될 수 있다. 이러한 경보는 tank간에 의도하지 않은 화물 이송으로 인하여 발생할 수 있다. (IGC 18.10.4.2)

8.58 사관은 fusible plug의 요건에 대해 인지하고 있는가? 그리고 manifold 인근에 liquid domes에 설치되어 있으며 양호한가?

화물지역의 노천갑판상 또는 화물기기 구역의 화재탐지에 의해 비상차단장치를 자동으로 작동하여야 한다. 노천갑판에 사용되는 탐지장치는 최소한 Cargo Tank의 액체 및 증기 돔, 화물용 manifold 및 정기적으로 분리되는 액체파이프가 설치되는 구역을 탐지하여야 한다. 98℃에서 104℃ 사이의 온도에서 용해할 수 있도록 설계된 fusible element 또는 화재탐지장치에 의해 탐지할 수 있다. (IGC 18.10.3.2)

작동하는 온도에 영향을 줄 수 있기 때문에 fusible element에 페인트를 칠하지 말아야 한다.

Manifold Arrangements

8.59 Cargo와 vapour manifold 장치는 만족스러운가?

참고 : “Manifold Recommendations for Liquefied Gas Carriers. 1st Ed (2011)” 참조

최대허용설정압력이 0.07 MPa gauge압력을 초과하는 Cargo Tank의 경우 사용하는 각 이송 연결파이프에 추가로 1개의 수동조작밸브를 설치하여야 하고 선박의 설계에 따라 ESD밸브를 선내 또는 선외에 설치할 수 있다. (IGC 5.5.3.2)

거주구역, 업무구역 또는 제어장소를 통과하는 선수 또는 선미의 하역용 파이프 시스템은 1G형 선박이 요구되는 화물의 이송에 사용하여서는 안 된다. 선수 또는 선미의 하역용 파이프 시스템은 설계압력이 2.5 MPa 이상이며, 1.2.53의 독성화물의 이송에 사용하여서는 안 된다. (IGC 3.8.2)

8.60 manifold와 관련 밸브의 상태는 양호한가? 파이프라인 및 압력 gauge와 동등한 등급의 blank flange를 manifold 밸브의 바깥 양쪽에 단단히 고정하고 노출을 감시하고 있는가?

LPG 선박의 offshore manifold는 종종 질소 압력이 차 있고 manifold 밸브와 프렌지 사이 공간에 압력이 차 있는 것이 일반적이다. 유출의 징후는 압력이 아닌 서리가 발생하는 것으로 확인 된다.

일반적으로 steel blank(맹판)는 그것이 달린 flange와 같은 두께일 때 인정되고 관련 파이프들과 같은 압력일 필요는 없다.

blank의 압력 등급은 중요하며, 티타늄과 같은 고강도의 재질로 만들어진 blank은 같은 압력의 일반 철로 된 blank보다 두께가 얇다. 만약 이러한 blank가 설치되어 있으면 압력 등급에 충족할 수 있는 증명할 서류를 갖추어야 한다.

8.61 Manifold 밸브와 라인에는 액체인지 기체인지가 명확히 표시되어 있는가? 설치되었다면 drain과 purge pipe에 밸브와 캡이 씌워져 있는가?

8.62 사관은 manifold strainer 사용을 위한 절차를 인지하고 있고, 설치된 경우, strainer가 우회되고 있지 않은가?

LPG manifold에 strainer를 장착하기 위한 필수 요건은 없다. 하지만 장착된 경우에는 양호한 상태를 유지하여야 하며 필요에 따라 자주 점검하고 청소해야 한다. strainer는 화물 취급 장치를 이물질로 인한 손상으로부터 보호하기 위해 설치된다. 많은 strainer는 one-way flow에만 사용하도록 설계되어 있다.

8.63 선박이 운송할 수 있는 가장 낮은 온도의 화물을 고려하여 Liquid spill arrangements는 적절한가?

manifold 구역 주변의 갑판은 IMO 간행물 `International Code for the Construction and Equipment of Ships Carrying Liquefied Gases in Bulk', `Materials for Construction'의 요건에 명시된 재료로 구성되어 있거나 저온의 액체와 호환되는 덮개로 보호된다. 덮개는 가장 바깥쪽 flange의 바깥쪽 가장자리를 넘어 세로로 최소 1.5 미터가 되어야 한다. 또한 덮개는 선측에서 가로로 최소 선측 가장 안쪽에 위치한 manifold 밸브까지 0.4 미터가 되어야 한다. (Figures 1 to 4 참조). 추가로 다른 이송 라인 배치의 경우 덮개는 유출이 발생할 수 있는 다른 지역으로 확장되어야 한다. (SIGTTO Manifold Recommendations)

Safety Equipment

8.64 선원은 보호 장구 사용에 대한 요건을 인지하고 있고, 적합한 보호 장구가 있으며 화물 작업에 종사하는 선원이 사용 중인가?

화물작업에 종사하는 승무원의 보호를 위하여 선박에는 운반되는 화물의 특성을 고려하여 인정되는 국가 표준 또는 국제표준에 적합한 안구 보호 장구를 포함한 보호장구를 비치하여야 한다. (IGC 14.1.1)

이 절에서 요구하는 개인보호장구 및 안전장구는 쉽게 접근할 수 있는 장소에 명확히 표시된 적절한 보관함에 보관하여야 한다. (IGC 14.1.2)

8.65 사관은 선상 안전 장구 보급에 대한 요건에 친숙하고, 안전 장구의 상태는 양호하며 사관은 장구를 만족스럽게 착용할 능력이 있는가?

11.6.1 규칙에서 규정하는 소방원장구에 추가하여 완전히 갖춘 3조 이상의 안전장구를 비치하여야 한다. 각 조는 가스가 가득한 구획에 출입 또는 작업을 허용하기 위한 적절한 개인보호장구를 제공하여야 한다. 이 장구는 IGC 적합증서 부속서 2에 기재된 화물의 특성을 고려하여야 한다. (IGC 14.3.1)

안전장구 1조라 함은 다음에 정하는 것으로 구성되어야 한다.

1) 저장산소를 사용하지 않고 대기압 상태에서 1,200 ℓ 이상의 공기량을 갖는 안면보호마스크와 결합된 1개의 자장식 양압 공기호흡구. 각 조는 11.6.1 규칙에서 요구하는 것과 호환이 되어야 한다.
2) 인정하는 기준에 따른 보호복, 장화 및 장갑
3) 벨트붙이 강심 구명줄
4) 방폭램프 (IGC 14.3.2)

압축공기를 충분하게 공급될 수 있도록 하여야 하고 다음에 정하는 것으로 구성되어야 한다.

1) 14.3.1 규칙에서 규정하는 각 호흡구에 대하여 완전하게 충전된 최소 1개의 예비공기병
2) 호흡할 수 있는 고압공기의 공급에 적합하고 연속적인 운전이 가능한 충분한 용량의 공기 압축기
3) 14.3.1 규칙에서 규정하는 호흡구에 대하여 충분한 수의 예비용 호흡구 실린더를 연결할 수 있는 충전용 manifold (IGC 14.3.3)

이 절에서 요구하는 개인보호장구 및 안전장구는 쉽게 접근할 수 있는 장소에 명확히 표시된 적절한 보관함에 보관하여야 한다. (IGC 14.1.2)

압축공기장치는 적어도 1개월에 1회 담당사관에 의하여 검사되고, 그 결과는 본선의 항해일지에 기록되어야 한다. 또한, 압축공기장치는 적어도 1년에 1회 전문가에 의하여 검사되고 시험되어야 한다. (IGC 14.1.3)

8.66 선원은 독성 물질에 대한 개인 보호 장구 요건 및 제공된 경우 비상 탈출 장비의 착용에 친숙한가?

이 규정은 화물을 운반하는 선박에 적용하여야 한다. 비상탈출용에 적합한 호흡보호구 및 보호안경을 승선자 전원용으로 비치하여야 하고 다음에 적합하여야 한다.

1) 필터형식의 호흡보호구는 허용되지 않는다
2) 자장식호흡구는 통상 적어도 15분간 사용할 수 있어야 한다.
3) 비상탈출용 호흡보호구는 소화 또는 화물취급작업 중에 사용하여서는 안 되며 그 취지가 명시되어야 한다.

8.67 요구된다면 오염제거 샤워시설 및 안구 세척기가 적절히 표시된 장소에 제공되고 정확하게 작동되고 있는가?

적합하게 표시된 오염제거 샤워기 및 안구 세척기는 갑판상 편리한 장소에서 이용할 수 있도록 1개 이상 설치되어야 하며 선박의 크기 및 배치가 고려되어야 한다. 샤워기 및 안구 세척기는 모든 주위환경에서도 사용할 수 있어야 한다. (IGC 14.4.3)

* 이 요건은 19장 'I' 열에 열거된 화물을 운송하는 선박을 위한 것이며, 이 화물은 Acetaldehyde, Ammonia, Chlorine, Diethyl ether, Dimethylamine, Ethylene oxide, Ethylene oxide/Propylene oxide mixtures with an E-o content of not more than 30%, Isoprene, Isopropylamine, Methyl bromide, Monoethylamine, Propylene oxide, Vinyl chloride, Vinyl ethyl ether, Vinylidene chloride이다.

8.68 사관은 Chemical dry powder 시스템 운영에 대해 인지하고 시스템 상태는 양호한가?

화물 액체 및 증기 배출 그리고 갑판상 선적 연결 그리고 해당하는 경우 bow 또는 stern cargo handling area를 포함하여 화물 구역에 갑판상 소화를 목적으로 폭발성 화물을 운반하는 선박은 기구에 의해 개발된 지침에 따라 주관청에서 승인한 고정식 Dry chemical powder 소화 장치 시스템이 장착되어야 한다.

고정식 dry chemical powder system의 연간 유지 관리는 제조사의 지침에 따라 질소와 함께 Dry chemical powder 충전재를 혼합하는 것을 포함한다. (주: 분말의 수분 친화성 때문에 주입된 질소 가스는 수분이 없어야 한다.)

2년 기준으로 Dry powder 샘플의 수분 함량을 시험해야 한다. (MSC.1/Circ.1432)

8.69 사관은 Water spray system에 정비 요건을 인지하고 있으며, 시스템은 양호한가?

인화성 또는 독성의 화물을 운반하는 선박에는 냉각, 방화 및 승무원의 보호를 위하여 다음의 장소에 Water spray system을 설치하여야 한다.

1) 노천갑판 상에 위치하고 가스 처리장치로써 사용되는 노출된 승압펌프/열교환기/재기화 또는 재액 화설비와 같이 화물을 포함하는 인접한 설비의 화재로부터 열에 노출될 수 있는 노출된 Cargo Tank 돔, Cargo Tank의 모든 노출부 및 Cargo Tank 덮개의 모든 부분
2) 갑판상의 노출된 인화성 또는 독성의 화물의 격납용기
3) 갑판상에 위치한 가스 프로세스장치
4) 액체 및 증기 화물의 flange를 포함한 하역용 연결부 및 이들의 제어용 밸브가 설치되는 지역. 이것들은 설치되는 드립 트레이의 면적 이상을 대상으로 하는 것이어야 한다.
5) 액체 및 증기 화물배관에 설치된 모든 비상차단밸브(ESD) 및 가스소모장치의 공급용 마스터밸브
6) 통상적으로 사람이 거주하는 선루 및 갑판실, 화물기기구역, 화재위험성이 높은 물건을 저장하는 창고 및 화물제어실의 격벽과 같이 화물지역에 인접하는 노출된 경계부분. 분리 가능한 화물파이프 시스템 연결부가 상방 또는 하방에 설치되는 경우, 이들 지역의 노출된 수평 경계부분에는 Water spray system을 요구하지 않는다. 화재위험성이 높은 물건 또는 설비를 비치하지 않는 무인의 선수루 구조의 경계부분에는 물분 무장치가 요구되지 않는다.
7) 화물구역과의 거리에 상관없이 화물지역과 마주하는 노출된 구명정, 구명뗏목 및 집결장소
8) 모든 반밀폐 화물기기 구역 및 반밀폐 Cargo motor room (IGC 11.3.1)

파이프 시스템은 스테인리스강 또는 연강으로 구성될 수 있으며 PVC로 라이닝 될 수 있다. 연강을 사용한다면 노즐을 막을 수 있는 연강 파이프 내부에 녹 입자가 형성되는 것을 방지하기 위해 시스템을 배수하고 건조시켜야 한다. 시스템은 정상 작동하는지 확인하기 위해 주기적으로 테스트해야 하며, 그러한 테스트는 만족스러운 작업을 확인하기 위해 유지된 기록과 함께 기록 정비 시스템의 일부여야 한다.

8.70 사관은 화물 취급 장치가 포함된 밀폐구역 내에 설치된 고정식 소화 장치에 친숙한가?

기관실에 가스 연료를 공급하는 것을 포함하여, cargo compressor 또는 펌프가 위치한 밀폐구역 그리고 모든 선박의 화물구역 내의 Cargo motor room은 화재안전장치코드에 적합한 고정식 소화장치가 설치되어야 하고 가스화재의 소화용으로 요구되는 농도 또는 분무율이 고려되어야 한다. (IGC 11.5.1)

8.71 안전 장구는 매월 점검되고 그 기록이 있는가?

압축공기 장치는 책임사관이 최소 월 1회 점검하여야 하며, 점검 내용은 선박 항해일지에 기록되어야 한다. (IGC 14.2.6)

Cargo Hoses

8.72 선박이 본선 화물호스를 사용하고 있다면 상태는 양호하며, 매년 설계압력으로 압력테스트를 하고, 모든 호스의 점검 및 정비 기록이 유지되고 있는가?

새로 제조되는 모든 화물호스는 사용하기 전에 최대 사용압력의 1.5배 이상의 압력으로 주위온도에서 수압시험을 하여야 한다. 호스에는 시험일, 최대 사용압력 및 주위온도 이외의 온도에서 사용하는 경우에는 그 최고 및 최저 사용온도를 스텐실 또는 기타의 방법으로 표시하여야 한다. 최대 사용압력은 1 MPa gauge압 이상이어야 한다. (IGC 5.11.7.3)

현재 화물에 사용하여도 호스가 안전하다는 것을 보장하기 위해 테스트 자료와 호환성 자료를 포함하여 호스 증서 원본이 선상에 있어야 한다.

Cargo Lifting Equipment

8.73 모든 크레인과 기타 리프팅 장비는 적절히 표기되고, 주기적으로 점검되고, 테스트되었으며 선원은 정비 요건을 인지하고 있는가?

화물 리프팅 장비는 매 5년마다 하중시험을 실시해야 하고 적격한 자에 의해 매년 철저한 검사를 해야 한다. 그 밖에 리프팅 장비는 선급에서 대개 필수적으로 규제하지 않지만 유사한 관리 체계로 테스트 및 검사를 해야 한다. 이러한 테스트는 최소 안전 하중 1톤이 요구된다.

Chain regsiter는 요구되지는 않지만 'OCIMF Publication Recommendations for the Tagging/Labeling, Testing and Maintenance, Documentation /Certification for Ships' Lifting Equipment에 따른 검사, 시험 및 보수를 보조할 문서를 유지하여야 한다.

단일 호스 크레인이 있는 선박의 경우 유압 호스에 고장이 발생하였다면 결함 호스를 예비 호스로 교체할 수 있어야 한다. 화물 호스 크레인이 모든 면에서 동일한 호스 2개가 있다면 이들 동일한 호스의 50%만 예비용으로 가지고 있으면 된다.

크레인 slew bearing 마모에 대한 모니터링은 크랭크 축/크랭크 축 베어링 제조사의 권고 사항에 따라 수행해야 한다. 일반적으로 권장되는 방법은 두 가지가 있다.

- 그리스 샘플링 - 그리스에서 발견되는 금속 성분을 측정하여 마모의 징후 측정 한다.
- 흔들림 테스트 - 이 테스트는 내측 및 외측 베어링 레이스 사이의 유격을 측정하여 마모가 발생하는 것을 확인한다.

Ship to Ship Transfer Operations

선박에 펜더, 호스 등 정기적인 선박 간 이송 작업을 위한 전문 장비가 장착된 경우 그 사실을 추가 Comment에 기록해야 한다. 선박이 정기적으로 선박 간 화물 이송하는데 이용되지 않는다면 질문 8.74-8.79는 반드시 'NA'로 답해야 한다.

8.74 선박간 이송 작업을 위한 절차가 제공되었는가?

절차는 OCIMF/ICS STS Transfer Guide (Liquefied Gases)의 권고사항을 준수한다.

8.75 사관과 부원은 선박 간 이송 작업(STS) 동안의 요건 및 위험성에 친숙한가?

STS 작업을 하는 150 GT 이상의 유조선은 STS 작업 이행 방법을 서술한 계획서(STS 작업 계획서)를 선내에 보관해야하고, 주관청의 승인을 받아야 한다. STS 작업 계획서는 선박의 공용어로 작성되어야 한다. (MARPOL Annex I Reg 41.1)

참고 : FPSO로부터 리프팅 작업 시 또는 FSO로부터 벙커작업 시 STS 작업 계획서가 요구되지 않는다. (MARPOL Annex I, Reg 40 상세 참조) 작업 계획서는 다음 정보에 포함된 내용을 고려하여 개발되어야 한다; IMO's "Manual on Oil Pollution, Section 1, Prevention ICS/OCIMF/SIGTTO/CDI "Ship to Ship Transfer Guide, for Petroleum, Chemicals and Liquefied Gases" First Edition 2013.

위험성 평가는 STS 이송 장소의 적합성을 고려할 때 수행되어야 한다. STS 작업에 대한 추가적인 위험성 평가도 이루어져야 한다. (STS Guide 1.4)

모든 이송 작업은 관계 선박 선장 중 한 사람, STS 감독, POAC 중 1명의 조정 및 자문 통제하에 시행되어야 한다. 연장 작업 중 피로를 방지하기 위해 업무는 다른 적격한 인원에게 공식적으로 인계되어야 한다. (STS Guide 1.5.1).

선박이 영구 펜더 및 호스가 있는 경우 제조사의 지침에 따라 이러한 기기의 상태가 감시되고 평가되는 절차가 수립되어 있어야 한다.

8.76 POAC에 필요한 자격 및 경험이 있으며, 사관은 이러한 요건을 인지하고 있는가?

MARPOL Annex I 화물과 관련된 이송의 경우 POAC는 최소한 다음과 같은 자격 또는 경험 수준을 가져야 한다.

- STCW와 같은 국제 자격 기준에 부합한 적절한 관리 수준의 갑판 자격증/증명 (reference 9)과 STS 작업에 종사하는 선박에 적합하고 최신화된 위험화물 자격
- 선박조종 과정 참석
- 동종선 및 상황에 계류/이안 작업을 시행한 경험
- 유조선 선적/하역작업 경험
- 이송 지역 및 주변에 대한 철저한 지식
- 비상 계획시 장비 및 자원에 대한 친숙화를 포함한 오염 정화 기술에 대한 지식
- STS 작업 계획서 지식(appendix A1.5 참조) 및 관계된 합동 작업 계획서(section 5.2 참조)

MARPOL Annex I 화물 이외의 화물과 관련된 이송 작업의 경우 STS 감독은 이송되는 화물의 형태와 관련하여 위에서 설명한 유사한 자격 및 경험 수준을 갖추는 것을 권고한다. (STS Guide 1.7)

8.77 폐쇄형 fairlead 및 계류 bitt가 제공되는가?

STS 이송작업 중에 사용되는 모든 fairlead는 enclosed 형태의 것이 권고된다. 이 같은 fairlead는 예상되는 mooring 부하를 견딜 수 있는 충분한 강도여야 하고 mooring line (soft rope와 tackle을 추가한)이 완전히 통과할 수 있도록 충분히 커야 한다. (STS Guide 9.3)

Spring line을 위한 충분한 강도의 enclosed fairlead와 bitt가 화물 Manifold에서 전/후방으로 35미터를 넘지 않도록 위치하는 것이 필요하다는 것을 알아야 한다. (STS Guide 9.3)

모든 탱커는 선박의 양현에 충분한 강도의 mooring bitt의 배치가 설치되는 것이 권고된다. (STS Guide 9.3)

추가하여 fender lines 고정을 위해 만들어진 설비도 권고된다. (STS Guide 9.3)

8.78 사관은 선박 간 이송 checklist의 요건을 인지하고 있으며, 이러한 STS 작업 기록이 유지되고 있는가?

checklist는 이송 시점뿐만 아니라 작업이 계획 중일때도 이용되어야 한다. 점검 절차를 준수하면 작업의 가장 중요한 측면을 포함할 수 있으며, 점검 목록은 다음과 같다.

1) 준비물 정보
2) 작업 시작 전
3) 계류 및 진입 전
4) 화물 이송 전, 그리고
5) 이안 전(STS Guide 3.4 and Appendix E)

참고 : STS 기록은 다음을 포함하지만 이에 국한되지 않는다

1) 최신 ICS/OCIMF/SIGTTO/CDI 가이드라인 개정판 2013에 따른 STS checklist
2) 서비스 제공업체가 제공한 JPO (Joint Plan of operations)
3) 서비스 제공업체가 제출한 위험성 평가
4) 참여 선박의 상세 계류 계획
5) 펜더 및 호스 증서 사본
6) 해안당국에 통지
7) 특정 STS 작업과 관련된 훈련 세부사항
8) 선장의 선원 경험 사후 피드백/평가 기록

선박이 지난 12개월 내 STS 작업을 했다면 준수여부를 확인하기 위해 기록을 부분적으로 확인해야 한다.

8.79 선박간 이송이 검사 중 진행되었다면 그것은 OCIMF/ICS STS 이송 지침의 권고에 따라 수행되었는가?

연결을 위해 호스 스트링을 제공할 때 두 선박 사이의 증가하는 아크 발생 가능성을 제거하기 위해 다음 중 하나의 설비를 사용해야 한다.

- 선박의 Manifold 또는 각 호스 스트링과 스트링의 모든 호스에 전기적으로 연속된 단일 절연 플랜지
- 각 호스 스트링에 설치된 단일 길이의 전기 전기적 불연속 호스
- 정전기 축적을 방지하고 전기 전도를 본질적 안전 수준으로 제한하기 위해 특별히 제작된 호스

절연 플랜지가 사용되는 경우 스파크를 일으킬 수 있기 때문에 절연 플랜지 외부의 전도성 호스 외부가 절연 플래지가 장착된 선박과 접촉하지 않아야 한다. 예를 들어 비절연 호스 안장을 사용하는 등이 있다. (STS Guide 3.10.4)

선측의 fairlead를 통해 지나가는 합성계류삭은 선박의 움직임으로 인해 정기적 하중에 의한 마찰이 발생할 수 있어 적절한 보호덮개로 라인을 보호해야 한다. 덮개의 손상 가능성을 최소화하기 위해 덮개에 윤활유를 바르고, 필요 시 라인이 끊어진 경우 추가적인 라인을 바로 사용할 수 있어야 한다. (STS Guide 6.6.2)

Additional Comments :

만약 검사관이 이 장의 특정 질문의 답변에 대하여 이 장에서 다루어지는 주제와 연관되는 추가 Comment가 있다면 검사관은 이 부분에 그러한 추가 Comment를 기록한다.

CHAPTER 8-4 Cargo and Ballast Systems – LNG

참고 : 이 장은 선박에 대량 액화가스 운송을 위한 국제 적합 증서가 제공된 경우에만 작성될 수 있다. 검사 시 선박은 반드시 가스를 운반해야 하지만 가스 운반 절차에 대한 적절한 평가가 이루어질 수 있다면 짧은 기간 동안 실제로 가스를 운반하지 않는 가스 운반선은 가스 운반선으로 검사할 수 있다. 이 경우 보고서는 그 경위를 명확히 기록하여야 한다.
아래 질문에 답변할 때 다음 사항에 유의한다.

- 의무 IGC 법규는 1986년 7월 1일 이후 건조된 선박에만 적용된다.
- 의무적인 GC 법규는 1980년 6월 30일 이후에 인도된 선박에 적용된다.
- 비필수 EGC 규정은 1976년 10월 31일 이전에 인도된 선박에 적용된다.

선박이 인도된 후 도입된 IGC 및 GC 법규의 개정사항이 그러한 선박에 반드시 적용되는 것은 아니다.

Policies, Procedures and Documentation

8.1 사관은 안전한 화물작업과 관련하여 최대 적재 속도 및 배출 용량에 관한 정보를 포함하여 운항사의 방침 내용, 지침 및 절차를 인지하고 있는가?

선장은 각 화물 및 Ballast Tank의 최대 허용 가능 Loading rate에 관한 정보를 제공 받아야 하고 화물 혹은 Ballast Tank의 각 그룹의 최대 허용 Loading rate에 관한 정보를 제공 받아야 한다. 이 요건은 설치된 2차 배출 장치를 포함하여 배출 시스템의 용량을 초과하여 Tank가 과압 또는 과소압이 되지 않도록 보장하기 위한 것이다. 이 정보는 화물제어 장소에 게시되어야 한다.

8.2 사관은 선박의 선적한계에 대해 인지하고 있으며, 해당 시 화물제어 구역에 명확히 게시되어 있는가?

기준 온도에서 98% 이상 선적하면 안 된다. (IGC 15.1.1)

주관청은 Tank의 형태, 압력 릴리프 밸브의 배치, 레벨과 온도 측정의 정확성 그리고 선적 온도와 설정 압력 릴리프 밸브에서 화물의 증기 압력에 해당하는 온도 간의 차이를 고려하여 기존 온도에서 98%보다 더 많게 선적하는 것을 허용할 수도 있다. (IGC 15.1.3)

각 화물에 대하여 최대 허용 가능한 선적 한계는 운송할 수도 있는 각 화물, 적용될 수 있는 각 선적 온도 그리고 적용할 수 있는 최대 기존 온도에 대해 주관청에서 승인된 목록상에 표시될 수 있다. IGC 8.3에 의해 설치된 밸브를 포함한 설정 압력들은 그 목록상에 명시되어야 한다. 목록의 사본은 영구적으로 선장에 의해 선박에 보관되어야 한다. (IGC 15.2)

기준 온도의 의미는

- 화물증기압력/온도제어가 제공 되지 않았을 때, 압력 릴리프 밸브의 설정된 압력에서 화물의 증기 압력에 상응하는 온도
- 화물증기압력/온도제어가 제공 되었을 때, 선적 종료시, 운송 중 또는 하역시 가장 높은 화물의 온도. 만약 기존 온도가 화물이 8.2장에서 요구하는 릴리프 밸브의 설정 압력에서 화물의 증기압에 해당하는 온도에 도달하기 전 액화되는 Cargo Tank에서 발생할 수 있다면, 8.3장에 따라 추가적인 압력 릴리프 밸브을 설치하여야 한다. (IGC 15.1.4)

참고 : Cargo Tank에서 허용되는 릴리프 밸브 설정 값의 아래에서 최대 압력을 관리하는 법적 요구사항은 없지만 릴리프 밸브 설정치의 80% 이하로 Cargo Tank의 압력을 관리하는 것이 중요하다. 화물 선적 시 Tank는 종종 릴리프 밸브 설정치의 90%에 도달 할 수도 있다.

8.3 Cargo, Inert gas 그리고 Venting system의 읽기 쉽고 최신화된 파이프 라인 및/또는 도식화된 됴표가 Pump Room 및 화물 제어실에서 이용 가능하고 사관은 시스템에 친숙한가?

검사관은 당직 중인 갑판사관이 진행 중인 화물작업 및 당직 중 계획된 순서에 익숙한지 확인해야 한다.

8.4 화물 계획을 작성하였고 화물 및 Ballast 이송의 상세 순서, 응력, 비손상 및 손상 복원성을 포함하는가? 해당되는 경우 당직 사관이 제한 사항에 대해 이해하고 있으며 명확히 문서화되었는가?

검사관은 화물작업 전에 화물작업 전/중/후의 응력 및 복원성을 계산하였는지 결정해야 한다. 통상적인 응력 및 복원성에 대한 검토는 설계 시의 제한 범위 내에서 유지되고 있는지 확인하기 위해 화물 작업 전반에 걸쳐 시행되어야 한다.

화물작업은 완전한 상호 이해를 보장하기 위해 계획되고 확인되어야 한다. 다루어져야 할 항목은 다음을 포함해야 한다.

- 적양하 순서
- 총 화물 작업량
- 적양하 Tank 순서
- 목표 작업속도
- 예상 작업 온도 및 압력
- 증기 returen line 사용

응력과 선박 복원성 목적으로 화물과 Ballast를 동시에 작업할 경우 화물 계획에 기재되어야 한다. 실행에 앞서 모든 화물 작업은 신중하게 계획되고 문서화 되어야 한다. (LGHP)

화물 계획은 작업 전 책임사관이 작성하고 선장이 확인 및 승인해야 한다. 그것은 포괄적이고 작업의 모든 세부 사항을 포함하고 이해하기 쉬워야 한다. 선박은 화물 라인의 독립적인 점검이 수행되었음을 입증 할 수 있어야 한다.

화물 기록에는 주요 화물 및 Ballast pump의 운전 및 정지, 작업 중인 Tank 및 기존 계획과의 변경/차이를 포함한 모든 주요 사항에 대한 세부 정보가 포함되어야 한다.

추가 사항은 다음을 다루어야 한다.

- 주입 한계를 결정하는 기준 온도를 포함한 비중, 온도 그리고 기타 관련 조건
- 사용될 pump와 라인 및 분배 계획
- 작업의 중요 단계
- 속도 변화의 통보
- 복원성 및 응력의 정보
- 흘수 및 트림
- 비상 정지 절차
- 유출 시 취해져야할 조치
- 화물 데이터 시트에 대한 인화성 및 독성
- Ballast 작업
- 보호 장비 요건
- 특별 화물 위험성

그리고 필요에 따라 요건은 다음과 같다.

- 화물 오염 범주
- 냉각 속도를 포함한 냉각 요건
- cargo heater 혹은 분무기 사용
- 선저 여유 수심 제한
- 벙커링
- 특별 작업을 위한 특별 조치

Stability and Cargo Loading Limitations

선장에게 화물적재 및 복원성 정보 책자는 반드시 제공되어야 한다. 이 책자에는 대표적인 적하 및 Ballast 상태의 상세, 적하 상태를 평가할 수 있는 방법 및 선박의 생존 능력이 요약된 것이 포함되어야 한다. 추가로 이 자료에는 선장이 안정성 및 감항성을 유지하도록 선적하고 선박을 운항하는데 있어 충분한 정보를 포함하여야 한다. (IBC 2.2.5)

8.5 Loading computer나 프로그램이 사용 중이라면 선급에 승인되었으며, 주기적으로 점검하고 사관들이 손상복원성을 포함한 테스트 요건을 이해하고 있는가?

전장 65미터 이상의 선박은 굽힘 모멘트 및 전단력, 굽힘 모멘트 계산 결과, 전단력 및 해당 시 비틀림으로 인한 한계 횡하중과 구조물에 허용되는 국부 하중(갑판, 이중저 등)을 포함하는 로딩 매뉴얼을 제공하는 것이 선급에 의해 요구된다.

전장 100미터 이상의 선박은 승인된 Loading instrument가 선급에 의해서 요구된다. Loading instrument에 대한 작동 설명서는 항상 제공되어야 한다.

Loading instrument는 어떤 적하 상태에서 특정 지점의 전단력과 굽힘 모멘트를 계산할 수 있어야 하고 허용치를 표시하여야 한다. 화물과 Ballast의 적하상태가 변화가 제한된 선박 그리고 규칙적이고 고정된 운항 항로를 가진 선박들은 이 요구사항에서 제외될 수 있다.

Loading instrument의 선급 승인은 형식 승인(Type approval) 절차에 따른다. 형식 승인 증서는 일반적으로 5년을 넘지 않는 기간 동안 유효하다. MSC Circular 1221에 형식 승인 증서 자체의 유효성은 선상에서 승인 및 설치된 제품의 작동 유효성에 영향을 미치지 않으며, 관련 형식 승인 증서의 유효기간 동안 제조된 제품은 이러한 형식 증서 유효기간 때문에 갱신하거나 교체할 필요가 없다.

연차 및 정기검사 시 선상에서 이용 가능한 승인된 Loading guidance information을 통해서 확인하여 Load computer의 정확도를 점검하여야 한다. 선급 승인된 데이터를 사용하여야 하고 테스트는 연차검사 시 참석한 검사관의 참관하에 시행되어야 한다. 주기적으로 선박에서 점검을 시행하여야 하고 테스트 기록을 유지하여야 한다. 점검은 컴퓨터에 각 Tank에 대한 정보를 주입하는 것과 그 결과를 확인하는 것을 포함하여야 한다. 단순히 컴퓨터에서 저장된 테스트 조건을 다시 불러와서 공식적인 조건과 비교하는 것을 허용하지 않는다.

2016년 1월 1일 이후 건조된 선박, 그리고 2016년 1월 1일 이전에 건조된 선박 (2016년 1월 1일 이후, 2021년 1월 1일 이전 첫번째 갱신 검사까지)은 비손상 및 손상 복원성을 점검할 수 있는 Stability instrument가 설치되어야 한다. 공인된 기관에서 이미 승인하고 인증한, 그리고 주관청이 인정하는 기준의 비손상 그리고 손상 복원성을 둘다 확인할 수 있는 기기를 갖춘 선박은 그러한 기기를 계속 사용할 수 있다.

기국 관청에서 요구사항을 면제하기 위해 다음 사항이 제공된다.

- 모든 형태의 예상 가능한 적하 조건이 본선에 제공되는 승인된 복원성 자료에 포함되어 전용 서비스를 제공하는 선박
- 주관청이 승인한 방법으로 원격에서 복원성 검증이 가능한 선박
- 선적 조건이 승인된 범위 안에서 선적되는 선박
- MEPC.248(66) / IGC Ch 2.2.6 / IBC Ch 2.2.2.6의 모든 적용 가능한 손상 및 비손상 복원성 요건을 충족하는 승인된 제한 KG/GM 곡선을 조건으로 2016년 1월 1일 이전에 건조된 선박

* 2016년 7월 1일 및 2021년 7월 1일 가스선

만약 선급에 의해 승인된 Loading computer가 없다면 어떻게 응력 및 복원성을 계산하는지 기록해야 한다.

8.6 선박은 내재된 비손상 복원성 문제로부터 이상이 없는가? 선원은 이러한 문제나 Sloshing에 의한 구조물 손상의 위험, 그리고 불안전한 상태 그리고/또는 Angle of loll에서 요구되는 조치에 대해서 인지하고 있는가?

폭이 넓은 Tank를 가진 선박은 유동수로 인해 비손상 복원성의 감소를 야기할 수 있다. 비록 그러한 선박들이 만재 상태 또는 Ballast 상태에서 IMO 비손상복원성 기준에 부합하여 설계되었다 하더라도 그들은 여러 Tank들이 화물 또는 Ballast 이송작업 중 또는 선적 중간 단계 시 불충분하였을 때 불안정 할 수 있다. Trim & stability 책자는 일반적으로 입/출항 상태만을 다루고 있어 운항사는 화물 운송 중 중간 단계에서 존재 할 수 있는 복원성 문제에 대하여 인지하지 못 한다.

만약 선박이 폭이 넓은 Cargo Tank, "U"자형 Ballast Tank, 또는 수밀 센터라인 격벽이 없는 이중저 Tank를 가지고 있다면 검사관은 일항사에게 선급에서 승인한 loading instrument를 이용하여 최악의 상태(모든 Tank가 불충분하고 유동수가 최대가 되는 상태)에서 비손상 복원성을 보이도록 요청함으로써 선박이 IMO 비손상 복원성 기준에 부합함을 확인하여야 한다.

적합한 loading instrument가 없고 적절한 지침을 이용할 수 없다면 선박이 고유한 비손상 복원성 문제로부터 자유롭다는 충분한 증명이 없는 한 이 질문은 No로 답해야 한다.

검사관은 모든 항해사가 복원성의 우려가 의심되거나 경험한 경우 명확히 조치해야 하는 지침과 작업상 제한에 익숙한지 확인하여야 한다. 만약 미흡하거나 다른 관련 사항이 발생할 경우 "N"으로 응답하고 적절한 Observation으로 기록한다

최대 허용 화물 비중 이외의 중요한 제한사항은 Observation으로 기록해야 한다.

회사의 작업 절차와 안전 관리 시스템에 따라 손상 복원성 요건의 준수 여부를 문서화 해야 한다. 회사 심사관, 검사관 또는 PSCO와 같은 제 3자에게 이 정보를 제공할 수 있도록 적합여부를 확인하는데 사용한 수기 계산 값, 그리고/또는 복원성 인쇄물을 유지하는 방법을 포함해야 한다. 기록들은 차기 SMC 심사 시 확인할 수 있도록 최소 3년동안 보관할 것을 권고한다. (MSC.1/Circ.1461 Part 2 6.1)

만약 잠재하는 복원성 문제를 다루기 위한 특정 절차가 채택되었다면 이들은 지적사항으로 기록되어야 한다.

검사한 선박이 membrane LNG 운반선일 경우 충전 및 적재 한계 및 제한사항은 모든 경우에 게시해야 한다. 검사관은 comment 섹션에 제한사항에 대한 전체 설명을 제공해야 한다.

만약 잠재하는 복원성 문제를 다루기 위한 특정 절차가 채택되었다면, 이들은 Observation으로 기록되어야 한다.

8.7 모든 화물 작업을 포함하는 화물 작업 매뉴얼을 사용할 수 있고 사관이 본 매뉴얼 에 친숙한가?

작업에는 가스, 냉각, 화물 적재, 적재 passage, 화물 양하, ballast작업, ballast passage cargo tank 관리, cold arrival, gas free, purge 및 hold 구역 관리 작업이 포함되어야 한다. 매뉴얼의 내용에는 다음과 같은 사항이 포함되어야 한다.

- cargo tank 재사용 및 예열 절차, 이송(선박간 이송 포함), 화물 샘플링, gas free, ballast작업, tank 세정 및 화물 변경을 포함한 dry dock에서 dry dock까지 선박의 전반적인 운용
- 화물 온도 및 압력 제어 시스템
- 최소 온도(흡입 시스템 및 내부 선체), 최대 압력, 이송 속도, 적재 제한 및 슬로싱 제한을 포함한 화물 시스템 제한
- 질소 및 불활성 가스 시스템
- 소화 절차: 소화 시스템의 운용 및 관리 그리고 소화 약제 사용
- 특정 화물의 안전한 취급에 필요한 특수 장비
- 고정 및 이동식 가스 탐지
- 제이, 경보 및 인진 시스템
- 비상 정지 시스템
- 8.2.8 및 4.13.2.3에 따른 cargo tank 압력 릴리프 밸브 설정 압력 변경 절차
- cargo tank 릴리프 밸브 isolation 장치, single tank gas free 및 진입 그리고 선박간 비상 이송 작업. (IGC 18.2.2)

8.8 모든 사관과 부원은 선박의 특정 화물 및 일반 가스에 대한 비상 절차를 포함한 운송 요건에 대해 인지하고 있으며 긴급 양하 조치를 포함한 화물 시스템에 친숙한가?

사관은 다음에 대한 기본적인 지식이 있음을 보여줘야 한다.

- 선상 작업 및 화물 취급
- 가스 연소 시스템
- 해당 시 IGC, GC 및 EGC 코드
- SIGTTO 및 ICS 가이드

- 화물 재액화 절차
- 가스 배출 및 가스 주입 시 Cargo Tank 환경 제어 절차
- 화물 tank 환경 제어 절차
- 특히 냉각 시 열 부하와 관련된 위험
- 최저 화물 온도
- LNG 노출에 따른 의료 처리 요건
- 유출 대응
- 육상과 통신 절차
- ESD 활성화에 영향을 받는 시스템을 포함한 비상 정지 절차
- sloshing 선적의 영향

Cargo Operations and Related Safety Management

8.9 화물 작업은 계획서에 따라 이행되고 기록되었나?

기록에는 작업중인 Tank와 Cargo/Ballast Pump의 가동 및 정지를 포함한 모든 주요 기재 사항이 포함되어야 한다.

8.10 모든 사관은 화물과 관련된 누출 또는 화재의 조치를 위한 비상 절차를 알고 있는가?

18.3.1.3에 따른 비상계획은 외부 온도에서 운반되는 화물의 유출에 대해 유출된 화물이 대기압으로 감소했을 때와 같은 국지적 온도 감소와 이 냉각이 선체 강재에 미치는 잠재적 영향을 고려해야 한다. (IGC 18.3.3)

8.11 사관은 gas free 작업 중 침수된 cargo pump 모터(장착된 경우)의 전기 공급을 차단해야하는 요건을 알고 있고, 또한 액면이 낮을 경우 pump가 자동으로 정지되도록 되어 있는가?

침수된 전기 pump의 접속 배선함은 각 전원차단에 앞서 육안으로 검사해야 한다.

침수된 cargo pump 모터와 그 공급 케이블을 화물 격납 시스템에 장착할 수 있다. 저수위에서는 모터가 자동으로 정지하도록 조정해야 한다. 이는 낮은 pump 배출 압력, 낮은 모터 전류 또는 낮은 액체수위를 감지하여 달성할 수 있다. cargo pump 모터는 가스 없이 작동 중에 전기 공급이 어려울 수 있다. (IGC 10.2.9)

8.12 화물, ballast와 stripping pump, eductors 및 그와 관련된 장비들 그리고 제어는 정상 작동 하고 주기적으로 테스트한 증거는 기록되어 있는가?

계기, 밸브 및 파이프 구조가 작동중임과 해당 시 구획을 나타내도록 명확히 명시해야 한다.

8.13 Cargo Pump 성능 곡선을 이용할 수 있고, 갑판 사관은 시스템상 화물, 증기 및 불활성 가스라인의 요건을 인지하고 있는가?

화물, 증기 및 불활성 가스 라인은 육안으로 점검하여야 하며, gland 및 flange에서 손상, 부식 또는 누출의 증거는 지적사항으로 기록하여야 한다. 모든 insulation 손상은 기록되어야 한다. 화물 라인, 압력 라인 그리고 불활성 가스 라인의 정기 압력 테스트는 요구되지 않는다.

다음 설계조건 중에서 더 큰 조건을 파이프, 파이프 시스템 및 구성품에 적절히 사용하여야 한다.

1) 릴리프 밸브로부터 격리될 수 있고 액이 존재할 수 있는 증기파이프시스템 또는 구성품의 경우, 설계온도 45℃에서에서 포화증기압력. 이 값보다 높은 압력 또는 낮은 압력이 사용될 수 있다. (4.13.2.2 참조)

2) 릴리프 밸브로부터 격리될 수 있고 항상 증기만이 존재할 수 있는 시스템 또는 구성품의 경우, 45℃에서 과열증기압력. 시스템의 사용압력 및 온도에서 시스템 내에 포화증기가 초기상태에 있다고 가정한 경우에 과열증기압력보다 높은 압력 또는 낮은 압력이 사용될 수 있다. (4.13.2.2 참조)

3) Cargo Tank 및 화물처리시스템의 최대허용설정압력
4) 관련 pump 또는 compressor 배출 릴리프 밸브의 설정압력
5) 파이프 시스템에 부착된 릴리프 밸브의 설정압력 및 모든 pump 설비를 고려한 화물 파이프 시스템의 최대 총 배출 혹은 적재 헤드(IGC 5.4.2)

Surge 압력이 발생할 수 있는 액체용 파이프 시스템은 Surge 압력을 견딜 수 있도록 설계되어야 한다. (IGC 5.4.3)

8.14 화물 및 ballast 시스템 밸브의 상태는 양호하고, 주기적인 점검을 시행한 증거가 있는가?

모든 Cargo Tank 및 화물파이프 시스템은 이 절에서 규정한 바와 같이 수동조작의 차단밸브를 설치하여야 한다. (IGC 5.5.1.1)

이외에도 액체 또는 증기 화물을 이송작업 중에 비상 시 화물의 흐름 및 누출을 막기 위한 비상차단(ESD) 시스템으로서 원격조작 밸브를 설치하여야 한다. (IGC 5.5.1.2)

밸브 폐쇄 시간은 제조사 데이터와 함께 주기적으로 점검하여 닫혔을 때 시스템에 잠재적 surge 압력이 발생하지 않는지 확인해야 한다.

8.15 사관은 화물 시스템의 원격 및 로컬 tank 압력, 온도, 레벨 센서 및 게이지의 점검 요건을 인지하고 있으며, 점검 결과가 양호한가?

Cargo Tank를 조작할 때마다 항상 지시값을 얻을 수 있도록 각 Cargo Tank에는 액면 gauge 장치가 설치되어야 한다. (IGC 13.2.1)

액면 gauge가 1개만 설치되는 경우, tank를 비우거나 가스를 제거할 필요 없이 tank의 사용 상태에서도 유지보수가 가능하도록 배치되어야 한다. (IGC 13.2.2)

각 Cargo Tank의 증기 구역에는 직접 판독 gauge가 제공되어야 한다. 추가적으로, 13.1.2 규칙에서 요구하는 제어장소에 간접식 지시장치가 제공되어야 한다. 최대 및 최소 허용압력은 명확히 표시되어야 한다. (IGC 13.4.1)

각 Cargo Tank에는 화물온도를 지시하는 최소 2개의 장치를 설치하여야 한다. 이 장치 중 1개는 Cargo Tank의 하부에 위치하고 다른 1개는 상부 부근의 최고 허용액면보다 낮은 위치에 설치하여야 한다. 1.4.4 규칙에서 요구하는 IGC 적합증서에 표시되는 Cargo Tank의 최저 설계온도는 온도지시장치 또는 장치 부근에 기호를 사용하여 명확히 표시되어야 한다. (IGC 13.5.1)

장치는 사용조건하에서 신뢰성을 확인하기 위하여 주기적으로 시험하고 검교정되어야 한다. 이에 대한 시험방법 및 검교정 주기는 제조사의 권고에 따른다. (IGC 13.1.3)

2차 tank level gauge의 시험 및 비교 날짜를 검토하고 상당한 차이가 있을 경우 observation으로 기록해야 한다.

8.16 사관은 cargo pump가 고장난 경우 비상배출 방법을 숙지하고 있으며, 이 설차에 대한 명확한 절차가 있는가?

사용 중인 tank 수리로 인해 접근할 수 없는 cargo tank로 화물을 이동하는 경우, 각 cargo tank로부터 화물을 이송하기 위한 최소 2개의 별도 수단이 제공되어야 하며, 하나의 cargo pump 또는 이송 수단의 고장이 다른 pump 또는 pump에 의한 화물 이송을 방해하지 않도록 설계되어야 한다. (IGC 5.6.1)

가스 가압은 화물 이송 작업 중 지배적인 조건에서 안전 설계 계수가 감소되지 않는 경우 그러한 tank의 화물 이송 수단으로 허용될 수 있다. (IGC 5.6.2)

예외 없이 LNG 선박에는 2개의 주 cargo pump와 다른 비상 배출 수단이 장착된다. moss형 선박의 경우 가압이다. membrane형 선박의 경우 tank에 장착할 수 있는 또 다른 pump다.

Cargo Handling and Monitoring Equipment

8.17 Tank domes과 관련 장비의 상태는 양호하고 부식이나 누출은 없는가?

8.18 화물 또는 증기 라인의 절연 상태가 양호하고 점검 일정이 제때 이루어지는가?

저온 파이프는 선체 온도가 선체 재료의 설계 온도 이하로 떨어지지 않도록 필요 시 인접한 선체 구조물과 열적으로 격리해야 한다. 액체 파이프가 정기적으로 분해되거나 육상 연결부 및 펌프 씰과 같이 액체 누출이 예상될 수 있는 경우 아래의 선체에 대한 보호가 제공되어야 한다. (IGC 5.7.2)

절연 상태를 정기적으로 점검하고 기록하기 위한 프로그램이 마련되어야 한다. 단열재(CUI)의 부식 여부를 검사하는 방법에는 프로필 방사선 촬영, 초음파 스폿 판독, 절연 제거 등 여러 가지가 있다. 어떤 방법을 사용하든 선박 수리 기간 동안 효과적으로 계획되고 선내에 제공되는 모든 절연 라인에 대한 효과적인 샘플 검사를 제공해야 한다.

부식 흔적이 있는 경우 지적사항으로 기록한다.

8.19 화물 또는 증기 라인 연결 부분이 전기적으로 연결되었는가?

8.20 화물 및 증기 라인의 팽창 장치 상태가 양호하고 액체/증기 라인이 클램프 내부로 자유롭게 이동 가능한가?

파이프, 파이프 시스템 및 구성품 및 cargo tank가 열 이동으로 인한 과도한 응력과 tank 및 선체 구조물의 이동으로부터 보호하기 위한 규정이 마련되어야 한다. cargo tank 외부에서 선호되는 방법은 offset, bend 또는 loop를 사용하는 것이지만, offset, bend 또는 loop를 실행할 수 없는 경우 다층 bellow를 사용할 수 있다. (IGC 5.7.1)

5.7.1에 따라 bellow 및 팽창 연결부분이 주어지면,

1) 필요 시, bellow를 icing으로부터 보호해야 하며,
2) cargo tank 내부를 제외하고 slip 연결 부분을 사용할 수 없다. (IGC 5.8.4)

8.21 화물 라인과 시스템 릴리프 밸브의 상태는 양호하고, 사관은 요건을 인지하고 있는가?

액이 채워진 상태로 격리될 우려가 있는 모든 파이프 시스템 또는 구성품은 열팽창 및 증발용 릴리프 밸브를 설치하여야 한다. (IGC 5.5.6)

화물파이프 시스템으로부터 액체화물을 배출하기 위한 릴리프 밸브는 배출된 액체화물을 Cargo Tank로 배출해야 한다. 이에 대한 대체 방법으로 vent장치 내에 유입하는 액체화물을 탐지하고 처리할 수 있는 설비가 되어 있는 경우, vent 마스트에 배출할 수 있다. 파이프 시스템 후단에 과압을 방지하도록 요구되는 경우, cargo pump의 릴리프 밸브로부터 액체화물은 펌프 흡입측으로 배출해야 한다. (IGC 5.2.2.4)

50리터 부피 이하의 짧은 라인 부분은 IACS 협약에 따른 "'hydrostat' 릴리프 밸브에서 면제될 수 있다.

8.22 화물 라인에 screwed-in 연결이 없는가?

허용된 기준에 적합한 screwed coupling은 바깥지름 25 mm 이하의 부속 라인 및 계측용 라인에 대하여만 사용할 수 있다. (IGC 5.8.2.3)

8.23 Cargo tank 고수위 경보시스템은 양 gauge 시스템에서 독립적이고 IGC 선박의 경우 고수위 shut-down(범람 제어) 시스템에서도 독립되어 있고 사관들은 override 절차를 인지하고 있는가?

13.3.4 규칙에 규정하는 경우를 제외하고, 각 Cargo Tank에는 다른 액면지시기로부터 독립적으로 작동하고 작동 시 가시가청경보를 발하는 고수위경보장치가 설치되어야 한다. (IGC 13.3.1)

고수위경보와 별도로 작동하는 추가적인 센서는 하역용 파이프 시스템이 과도한 액체압력을 받지 않고 tank가 액체로 가득 채워지는 것을 방지하도록 차단밸브를 자동으로 작동시켜야 한다. (IGC 13.3.2)

다음의 Cargo Tank에 있어서는 고수위경보장치 및 Cargo Tank의 자동주입정지장치를 설치할 필요는 없다.

1) 용량이 200 ㎥ 이하의 압력 tank
2) 적하 작업 중 발생하는 최대압력에 견딜 수 있도록 설계되고, 이 압력이 Cargo Tank 릴리프 밸브의 설정압력보다 낮은 tank(IGC 13.3.4)

참고 : GC 선박에서는 차단 밸브를 작동하기 위해 고수위 경보에서 독립된 센서가 요구되지 않는다.

범람제어장치에 대한 override를 하는 경우, 오작동을 방지할 수 있는 것이어야 한다. override 작동하는 경우, 관련 제어장소 및 선교에 연속적인 가시경보를 발하여야 한다. (IGC 13.3.7)

tank가 overfill되고 양하를 위해 범람 제어 시스템을 우회 시켜야만 하는 경우와 같이 예외적인 상황에서만 시스템을 override시켜야 한다. 종종 해상에서 재액화 중 시스템을 override 시킨다.

8.24 온도 및 압력 gauge를 포함한 주요 하역장치의 검교정 기록이 있는가?

계측장치는 사용조건하에서 신뢰성을 확인하기 위하여 주기적으로 시험하고 검교정되어야 한다. 이에 대한 시험방법 및 검교정 주기는 제조사의 권고에 따른다. (IGC 13.1.3)

주기적인 점검 및 장비의 검교정, 특히 Cargo Tank의 온도 및 압력 gauge, 재액화 설비 기기의 기록이 있어야 한다. 검교정은 36개월이 초과하지 않는 간격으로 시행되는 것이 바람직하다. 검교정은 보통 선박의 운항 중에는 힘들고 일반적으로 수리 기간 중에 시행된다. 하지만 Local 및 Remote 온도계 값의 비교 및 (table에서) 화물 증기 압력과 비교 점검은 특히, Polymer Grade Propylene와 같이 높은 순도의 화물과 같이 실질적인 교차 참조 자료를 제공한다.

8.25 화물 측정 및 보관 이송 시스템은 양호한 상태인가?

화물 측정 및 보관 이송은 Radar Ullaging Capacitance system 등 수 많은 방법에 의해 수행될 수 있으며 float gauge를 사용하기도 한다.

8.26 사관은 Cargo Tank 고수위 및 범람 경보에 대한 점검 요건을 인지하고 있고 주기적 점검과 화물 작업 시 작동한 증거와 함께 상태가 양호한가?

선박 인도 후 및 각 입거 후에 첫 번째 화물 만재 하는 경우, 경보지점까지 Cargo Tank 내의 액체화물수위를 상승시킴으로써 고수위경보 테스트가 시행되어야 한다. (IGC 13.3.5)

고수위 및 범람 경보장치의 전기회로 및 센서를 포함한 tndnl경보장치의 모든 구성요소는 성능시험을 할 수 있는 것이어야 한다. 18.6.2 규칙에 따라 화물작업을 하기 전에 이 장치들은 점검되어야 한다. (IGC 13.3.6)

LNG Cargo Machinery Rooms.

8.27 compressor room 및 모터실 사이의 격벽 씰이 가스를 기밀하고 효과적으로 작동하고 있는가?

cargo compressor와 cargo pump는 격벽 관통 주위의 씰이 두 공간의 효과적인 상하 분리를 보장할 경우 격벽 또는 갑판으로 분리된 인접 비위험 공간의 전기 모터에 의해 구동될 수 있다. 또는 전기 설비가 제10장의 요건을 충족하는 경우 그러한 장비는 인증된 안전 전기 모터에 의해 구동될 수 있다. (IGC 3.3.4)

장착 시 검사관은 윤활기 저장소에 기름이 충분한지 점검해야 한다. LNG 선박의 격벽 샤프트 씰은 일반적으로 가압된 질소를 통해 제공된다.

8.28 화물 기계실의 조명 상태가 양호하고 가스 위험 구역에서 사용하기에 적합한 전기 장치인가?

8.29 사관들은 Cargo compressor room ventilation system에 대한 요건을 인지하고 있으며 시스템은 부압을 유지하고 있는가?

전기모터실, cargo compressor와 Pump Room, 그 외 화물취급설비가 설치되어 있는 구역과 화물 증기가 축적될 수 있는 다른 밀폐구역들은 외부에서 제어할 수 있는 고정식 강제 Venting 시스템이 설치되어 있어야 한다. 환기는 주관청이 수용할 수 있는 감시 수단으로 독성 또는/및 가연성 증기의 축적을 방지하기 위하여 지속적으로 실시하여야 한다. 또한 진입 전 이러한 환기 장치의 사용에 대한 경고는 구역 외부에 게시해 두어야 한다. (IGC 12.1.1)

구역이 인접하여 더 위험한 공간이나 구역으로 통하는 개구부가 있는 경우 과압*으로 유지되어야 한다. 인정된 표준에 따라 과압 방지에 의해 덜 위험한 구역이나 비위험한 구역으로 만들 수 있다. (IGC 12.1.4)

* 전기 모터실의 경우 인접한 cargo compressor room의 압력보다 상대적으로 높은 압력으로 압력을 유지해야 한다.

8.30 사관은 airlock에 대한 요구 사항을 인지하고 있고, 알람 상태는 양호한가 그리고 Airlock 압력이 상실된 경우 차단 시스템은 정상 작동하는가?

개방 노천갑판으로부터 비위험 지역으로의 출입은 3.6에 적합한 airlock에 의한 출입이 아닌 경우 10장에 정의된 위험지역의 외부에서 출입하도록 하여야 한다. (IGC 3.5.4)

개방 노천갑판상의 위험지역과 비위험지역 사이의 출입은 airlock에 의한 방법만 가능하다. airlock은 어떠한 개방고정용 장치도 없어야 하고, 과압을 유지할 수 있으며, 확실하게 가스 tight을 유지할 수 있는, 2개의 자동폐쇄식 강재문으로 구성되어야 한다. 이 강재의 문은 1.5 m 이상 2.5 m 이하의 간격으로 떨어져 설치되어야 한다. airlock 구역은 비위험지역으로부터 기계식 통풍이 되어야 하며, 노천갑판상의 위험지역에 대하여 과압을 유지하여야 한다. (IGC 3.6.1)

경보를 알리는 가시가청 경보장치를 airlock으로 분리된 양쪽 구획에 설치하여야 한다. 한쪽 문이 열린 경우, 가시경보장치는 경보를 발하여야 한다. airlock의 양쪽 문이 폐쇄상태로 되지 않은 경우 가청경보 장치는 경보를 발하여야 한다. (IGC 3.6.3)

인화성 물질을 운송하는 선박의 경우, airlock로 보호되는 구역 내의 전기설비가 승인된 안전형이 아닌 경우에는 그 구역의 가압상태가 상실되었을 때 무전압 상태로 되어야 한다. (IGC 3.6.4)

8.31 Compressor room에 가스 누출이 없는가?

8.32 사관은 고정식 가스 검지 장치의 작동과 요건에 친숙하며 장비는 양호한가?

고정식 가스탐지 및 가시가청경보장치는 다음의 장소에 설치하여야 한다.

1) 가스파이프 시스템, 가스설비 또는 가스 소모장치를 포함하는 폐위된 모든 화물구역 및 화물 기기구역(터렛 구획포함)
2) tank 형식 C를 제외한 독립형 tank의 barrier간 구역 및 Cargo Tank구역을 포함하여 화물증기가 축적될 수 있는 기타 폐위구역 또는 반폐위구역
3) airlock
4) 16.7.3.3 규칙에 언급된 가스연료 내연기관이 설치된 구역
5) 16장에서 규정하는 통풍용 후드 및 가스 덕트
6) 7.8.4규칙에서 요구하는 냉각/가열 회로
7) 불활성가스 발생장치 공급헤더
8) 화물취급기기용 전동기실 (IGC 13.6.2)

샘플채취식 가스탐지장치를 사용하는 경우, 가스탐지장치는 30분을 넘지 않는 간격으로 각 샘플링 해드로부터 순차적으로 샘플을 채취하고 분석할 수 있는 것이어야 한다. (IGC 13.6.8)

증기의 용적 농도가 대기 중에서 인화성 범위 하한치(LFL)의 30%에 도달하였을 때 경보를 발하여야 한다. (IGC 13.6.15)

membrane containment system의 경우 1차 및 2차 방열 구역은 비활성화할 수 있어야 하며 각각의 가스 함량을 개별적으로 분석해야 한다. 2차 방열 구역의 경보는 13.6.15에 따라 설정되어야 하며, 1차 방열구역의 경보는 주관청 또는 주관청이 승인한 값 또는 그 역할을 대행 인증 조직으로 설정되어야 한다. (IGC 13.6.16)

8.33 사관은 고정 가스 탐지기 샘플 지점 설정 요건을 알고 있으며, 기관 구역의 윗부분에 장착되어 있는가?

모든 설치에서 탐지 헤드의 수와 위치는 구획의 크기와 배치, 운반하고자 하는 제품의 구성과 밀도, 구획 purge 또는 환기 및 정체 구역에서의 희석과 관련하여 결정되어야 한다. (IGC 13.6.12)

LNG 증기는 공기보다 가벼우며 구역의 상부에 축적된다.

Cargo Reliquefaction Systems

8.34 해당되는 경우 사관이 화물 재액화 작업에 대해 잘 알고 있으며, 시설 및 관련 기계 및 계측기가 정상 작동하는가?

기록은 경보와 트립의 압력 테스트와 화물 시스템 계측기의 교정에 이용할 수 있어야 한다. 이러한 테스트는 PMS 시스템에 포함되어야 한다. 점검 시 장비가 정기적인 유지보수중일 경우 Comments에 기록한다. 재액화 장비는 compressor, 콜드 박스 또는 가스 냉각기를 포함하되 이에 국한되지 않아야 한다.

8.35 사관은 기관실에 가스 공급이 ESD 정지의 영향을 받지 않는지 알고 있으며, 이를 확인하는 절차가 있는가?

8.36 화물 ESD 시스템에 독립적 비상 정지 제어 장치가 장착된 재액설비인가?

유독성 또는 인화성 액체 또는 증기를 사용하는 화물을 조절하기 위한 보조 시스템은 ESD의 목적을 위해 화물 시스템으로 취급되어야 한다. 질소와 같은 불활성 매체를 사용하는 간접 냉동 시스템은 ESD 기능에 포함될 필요가 없다. (IGC 18.10.1.2)

Gas Combustion Systems

이 하위 섹션은 가스 연소 장치(GCU)를 장착해야 하는 재액화 시스템 또는 기타 화물 시스템이 장착된 선박에 적용된다.

8.37 GCU가 장착된 경우 사관이 GCU 작동 상태를 알고 있으며, 유닛이 완전하게 작동하고 즉시 사용할 준비가 되어 있는가?

가스 연료 공급 상실 시 보일러 발화의 중단 없이 가스 연료 운전에서 오일 연료 운전으로 전환하도록 자동 시스템을 장착해야 한다. (IGC 16.6.2.3)

GCU는 자동 모드로 작동하여 기계의 가스 연소 상실을 허용해야 한다. 자동 모드가 아닐 경우 필요한 경우 수동 작동을 허용하기 위한 충분한 절차가 있어야 한다.

8.38 GCU와 관련된 알람은 계획된 유지관리 시스템에 따라 시험되었는가?

8.39 사관이 가스 연료 파이프 보호에 대해 알고 있으며 시스템이 양호한 상태인가?

연료 파이프는 거주 공간, 서비스 공간, 전기 장비실 또는 제어실을 통과해서는 안 된다. 송유관의 경로는 창고나 장비 취급 구역 등의 기계적 손상으로 인한 잠재적 위험을 고려해야 한다.

장비구역간에 위치한 가스 연료 파이프 시스템의 해당 부분을 불활성화 및 gas free를 위한 규정이 마련되어야 한다. (IGC 16.4.1.2)

연료 파이프는 다음 조건 중 하나를 충족한다면 16.4.1에서 언급한 것 이외의 밀폐된 공간을 통과하거나 확장할 수 있다.

- 가스 연료 압력보다 큰 압력의 불활성 가스로 가압된 동심 파이프 사이의 공간을 가진 이중벽 설계이다. 16.4.6에서 요구한 대로 마스터 가스 연료 밸브는 불활성 가스 압력 상실 시 자동으로 닫히거나,
- 시간당 최소 30회 이상의 공기 차단 용량을 가진 기계식 배기구가 장착된 파이프나 덕트에 설치되며, 대기압보다 낮은 압력을 유지하도록 배치된다. 기계적 환기는 해당 시

제12장에 따른다. 파이프에 연료가 있을 때는 항상 환기가 작동하며, 16.4.6에서 요구한 대로 배기 시스템에 의해 필요한 공기 흐름이 설정 및 유지되지 않을 경우 마스터 가스 연료 밸브는 자동으로 닫힌다. 흡입구 또는 덕트는 위험하지 않은 기관 구역에서 나올 수 있으며 환기 출구는 안전한 위치에 있다. (IGC 16.4.3)

8.40 자동 가스 차단 시스템이 정상적이고 정기적으로 테스트되고 있는가?

연료 공급 장비는 낮은 흡입 압력 또는 화재 감지 시 자동으로 정지되어야 한다. 달리 명시되지 않는 한 18.10의 요건은 가스 소비 장치를 공급하기 위해 사용할 때 가스 연료 압축기 또는 펌프에 적용되지 않는다. (IGC 16.5.2.2)

만족스러운 점화 장치를 설정하고 유지하지 않는 한 버너로 가는 가스 연료 흐름이 자동으로 차단되도록 할 준비가 있어야 한다. (IGC 16.6.3.1)

Void and Interbarrier Spaces and Seals

참고 : 이 섹션은 모든 종류의 화물 격납에 대해 완료되어야 한다. 여기에는 일체형, membrane, semi-membrane 및 독립형 A형 및 B형 cargo tank가 포함된다.

유형 C 이외의 화물 격납 시스템의 경우

- 완전한 2차 방벽을 필요로 하는 인화성 가스의 화물 격납 시스템과 관련된 적재 공간은 적절한 건조 불활성 기체로 불활성화되어야 하며, 선상 불활성 기체 생성 시스템에서 제공하는 보충 기체 또는 최소한 30일 동안 정상적인 소비에 충분해야 하는 선상 저장장치로 불활성화되어야 한다. (IGC 9.2.1)
- 부분적인 2차 방벽을 필요로 하는 인화성 가스의 화물 격납 시스템과 관련된 적재 공간은 적절한 건조 불활성 기체로 불활성화되어야 하며, 선상 불활성 기체 생성 시스템에서 제공하는 보충 기체 또는 최소 30일 동안 정상적인 소비가 충분해야하는 선상에 의해 불활성화되어야 한다. (IGC 9.2.2.1)

- 또는 선박이 불활성 가스의 저장을 유지하거나 가장 큰 공간을 불활성화하기에 충분한 불활성 가스 발생기를 장착한 경우 그리고 공간 구성과 관련 증기 감지 시스템을 함께 사용할 경우 주관청은 interbarrier와 hold 공간을 건조한 공기로 채울 수 있다. 불활성화 준비 기능을 통해 위험 조건이 발생하기 전에 cargo tank로부터의 누출이 조기에 감지되고 불활성화 효과가 나타나는지 확인해야 한다. 예상 수요를 만족시킬 수 있는 적절한 품질의 충분한 건조한 공기를 공급하기 위한 장비가 제공되어야 한다. (IGC 9.2.2.2)

8.41 interbarrier space 질소 퍼징 시스템이 양호한 상태인가?

질소 발생기의 질소 소비량 및 가동 시간에 대한 기록을 검토하여 interbarrier space의 효율성을 확인해야 한다. 질소를 통한 빈번한 청소나 퍼징은 폭발성 가스 농도를 줄이기 위해 사용된다. 스위프 밸브는 퍼징을 위해 사용하지 않을 때는 항상 닫힌 위치에 있어야 한다. 개방 위치에 있을 경우 이는 1차 방역구역으로 LNG가 누출되는 신호로 간주할 수 있다.

전체 또는 부분적인 2차 방벽을 필요로 하는 인화성 가스의 화물 격납 시스템과 관련된 interbarrier 및 hold space는 적절한 건조 불활성 가스로 불활성화되어야 하며, 선상 불활성 가스 발생 시스템에서 제공하는 보충 가스로 불활성화되어야 하며, 선상 저장장치로 불활성화되어야 하며, 선상에서의 최소 30일 정상적인 소비에 충분해야 한다. (IGC 9.2.1) (IGC 9.2.1)

8.42 interbarrier space의 압력이 대기권으로부터의 침투를 방지하기에 충분한 수준으로 유지되고 있는가?

2차 방벽의 설계는 주관청 또는 그 역할을 대행하는 승인 대행 조직이 수용할 수 있는 방법으로 그 유효성을 주기적으로 점검할 수 있는 것이어야 한다. 이는 주관청 또는 승인 대행 조직과 합의된 문서화된 절차에 따라 수행되는 육안검사 또는 압력/진공 시험 또는 기타 적절한 수단을 통해 이루어질 수 있다. (IGC 4.6.2.4)

검사관은 화물 작업 매뉴얼에서 요구되는 압력이 IBS 내에서 유지되고 있는지 확인해야 한다.

8.43 사관은 홀드 및 1차, 2차 방벽에 대한 릴리프 밸브 설정 요건을 알고 있으며, 장착된 경우 밸브의 순서가 양호한가?

설계 능력을 초과하는 압력에 노출될 수 있는 고정 공간 및 interbarrier space에도 적절한 압력 릴리프 시스템이 제공되어야 한다. (IGC 8.1)

interbarrier space에는 압력 필리프 장치가 제공되어야 한다. (IGC 8.2.2) 대기에 개방되지 않은 유지 공간에는 적절한 압력계가 제공되어야 한다.

8.44 사관이 방열 구역에 물이 침투했는지 샘플링 방법을 숙지하고 있으며 점검 내용을 기록하고 있는가?

화물이 2차 방벽을 필요로 하지 않는 화물 격납 계통에 적재된 경우 기관 구역과 연결되지 않은 적재 공간에 적합한 배수시설이 제공되어야 한다. 누출을 감지할 수 있는 방법이 제공되어야 한다. (IGC 3.7.1) 2차 방벽이 있는 경우 인접한 선박 구조물을 통한 보온 공간으로의 누출을 처리하기 위한 적절한 배수시설이 제공되어야 한다. 흡입은 기계 공간 내부에 펌프로 이어지지 않아야 한다. 그러한 누출을 감지할 수 있는 방법이 제공되어야 한다. (IGC 3.7.2) A형 독립 tank 선박의 고정 또는 적재 공간에는 cargo tank의 누출 또는 파열 시 액체 화물을 취급하기에 적합한 배수 시스템이 제공되어야 한다. 이러한 준비는 액체 화물 파이프로의 화물 누출의 반환을 위한 것이어야 한다. (IGC 3.7.3)

8.45 cargo tank 사이의 void space에 있는 글리콜 가열 시스템은 양호한 상태인가?

Inert Gas Systems

8.46 만약 설치되어 있다면 불활성 가스 시스템 그리고/또는 저장장치 그리고 관련 파이프의 상태는 양호한가?

전체 또는 부분 2차 방벽을 요구하는 인화성 가스용 화물격납 설비의 interbarrier space 및 hold space는 적합한 건조 불활성가스 및 선박의 불활성가스발생장치 또는 적어도 30일 동안 충분하게 통상 사용할 수 있는 양을 저장하는 선박의 저장설비에 의하여 공급되는 불활성가스로써 불활성화 상태를 유지하여야 한다. (IGC 9.2.1)

방열구역에 누출탐지장치의 일부로써 불활성가스가 연속적으로 공급되는 경우 개별 구역에 공급되는 가스양을 감시할 수 있는 수단이 설치되어야 한다.

적재하기 전에 cargo tank 및 관련 파이프에서 공기를 제거한 후 양압을 유지하기 위해 불활성 가스를 도입하여 공기를 제거해야 한다. 불활성 가스의 저장 또는 생산 용량은 정상 작동 요건 및 릴리프 누출에 적합하도록 충분해야 한다. 불활성 가스의 산소 함량은 즉시 부피비 기준 0.2% 이하이어야 한다(IGC 17.6.1).

8.47 사관은 불활성 가스 시스템에 가스 증기가 backflow하는 것을 방지하기 위한 설비에 대해 인지하고 있으며 이 장치가 설치되어 있는가?

운반되는 화물에 적합한 불활성가스 장치로 화물증기가 역류하는 것을 방지하기 위한 설비를 하여야 한다. 이러한 설비가 기관구역 또는 화물구역 외부의 기타 구역에 위치하는 경우 2개의 체크밸브 또는 이와 동등한 장치 그리고 이에 추가하여 제거 가능한 스풀피스를 화물구역 내 불활성가스 주 파이프에 설치하여야 한다. 불활성가스 장치를 사용하지 않는 경우, hold space 또는 interbarrier space의 연결부를 제외하고 화물구역 내의 화물장치로부터 불활성가스 장치가 분리되어야 한다. (IGC 9.4.4)

가체의 역류 방지는 보통 2개의 체크 밸브와 스풀 피스를 제공하여 이루어진다. 불활성 가스가 공급되는 경우를 제외하고 스풀 피스가 제자리에 있지 않으며, 담당자가 이 중요한 요구사항을 명확하게 이해하고 있는지 확인한다.

Pressure Relief and Venting Systems

8.48 사관은 릴리프 밸브 설정 요건에 대해 인지하고 있으며, 점검 증서 및 MARVS 변경을 위한 명확한 절차가 있는가?

갑판상의 tank를 포함하여 각 Cargo Tank에는 적어도 2개의 압력릴리프 밸브를 설치하여야 한다. 이 밸브는 사용목적에 따라 설계되고 제조된 것으로써 제조사의 허용오차 내에서 동일한 용량이어야 한다. (IGC 8.2.1)

압력릴리프 밸브의 설정압력은 Cargo Tank의 설계증기압력보다 이하여야 한다. 2개 이상의 압력릴리프 밸브가 설치되는 경우 총 배출용량의 50% 이하인 밸브는 불필요한 증기방출을 최소화하는 순차적 방출을 허용하기 위해 최대허용설정압력보다 5% 높은 압력까지 설정할 수 있다. (IGC 8.2.3)

압력릴리프 밸브는 주관청 또는 인정된 기관의 검사관에 의하여 설정 및 봉인되어야 하며, 선박에는 설정압력의 값을 포함한 검사기록을 보관하여야 한다. (IGC 8.2.6)

1개 이상의 설정값을 가진 릴리프 밸브를 설치하는 것이 인정되는 Cargo Tank의 경우에는 다음의 어느 하나에 적합하여야 한다.

1) 적절히 압력이 설정되고 봉인된 밸브를 2개 이상 설치하고 사용하지 않는 밸브를 Cargo Tank로부터 격리시키기 위하여 필요한 장치를 설치한다.
2) 새로운 설정압력을 확인하는 압력시험이 요구되지 않는 미리 승인된 장치를 이용하여 설정압력의 변경이 가능한 릴리프 밸브를 설치한다. 이 경우 모든 기타 밸브의 조정장치는 봉인하여야 한다. (IGC 8.2.7)

8.2.7항에 의한 설정압력의 변경과 이에 따른 13.4.2항의 요건에 의한 경보장치의 재설정은 승인된 절차서 및 선박의 취급설명서에서 정하는 바에 따라 선장의 감독 하에 실시하여야 한다. 설정압력의 변경은 본선의 항해일지에 기재하여야 하며, 화물제어실이 있을 경우에는 해당 장소에 표식을 게시하고, 각 릴리프 밸브에 설정압력을 표시하여야 한다. (IGC 8.2.8)

책임사관이 설정값을 변경하기 위한 절차를 명확히 이해하는지 확인해야 한다.

참고 : 릴리프 밸브 설정을 변경할 수 있는 유일한 상황은 moss 선박의 경우 비상 시 가압 방출을 수행할 수 있는 경우뿐이다.

8.49 사관들은 vent outlet arrangement에 친숙하고, 설치된 경우, protective 또는 flame screen의 상태가 양호하며 주기적으로 검사되었는가?

vent의 출구에는 유체흐름에 영향을 주지 않고 이물질의 침입을 방지하기 위하여 13 mm x 13 mm 메시 이하의 적절한 보호망을 설치하여야 한다. 특정 화물을 운반하는 경우, 보호망에 대한 다른 규정을 적용한다. (17.9 및 17.21 참조) (IGC 8.2.15)

8.50 압력 릴리프 라인이 mast riser를 통해 직접 환기되는 경우, 이 시스템에 액체 센서가 있는가?

vent mast 출구가 연결되는 구역에 정수압에 의한 액체의 범람을 방지하기 위한 수단이 설치되어야 한다. (IGC 8.2.12)

vent파이프 시스템에는 액체가 고일 염려가 있는 장소에 배수설비를 설치하여야 하며 압력 릴리프 밸브 및 파이프 시스템은 어떠한 경우에도 압력릴리프 밸브의 내부 또는 그 부근에 액체가 고이지 않도록 배치하여야 한다. (IGC 8.2.14)

화물파이프 시스템으로부터 액체화물을 배출하기 위한 릴리프 밸브는 배출된 액체화물을 Cargo Tank로 배출하여야 한다. 아니면 vent장치 내에 유입하는 액체화물을 탐지하고 처리할 수 있는 설비가 되어 있는 경우 릴리프 밸브를 vent mast에 배출할 수 있다. 파이프 시스템 후단에 과압을 방지하도록 요구되는 경우 cargo pump의 릴리프 밸브로부터 액체화물은 pump suction으로 배출해야 한다. (IGC 5.2.2.4)

8.51 사관은 Vent mast에 부착된 고정식 소화장치의 작동에 친숙하며 장착되어 있다면 상태는 양호하며 작동하는가?

Vent mast에 고정식 소화장치가 의무 요건은 아니지만 장착되어 있다면 상태가 양호하여야 하며 명확히 식별되어야 한다.

8.52 선수 마스트 vent가 항상 자동 모드로 작동되고 있는가?

장착된 경우 선수 마스트 vent가 항상 자동 모드로 작동하는지 여부를 확인해야 한다.

8.53 설정 변경 및 경보에 대한 절차 및 허가에 대해 숙지하고 있는가?

범람 제어시스템에 대한 override를 하는 경우 오작동을 방지할 수 있는 것이어야 한다. override 작동하는 경우, 관련 제어장소 및 선교에 연속적인 가시경보를 발하여야 한다. (IGC 13.3.7)

참고 : 13.3.7에 의해 허용된 override 시스템은 항해 중 잘못된 경보나 정지를 방지하기 위해 사용될 수 있다. 레벨 알람이 override된 경우 13.3.5에 따라 고수위 알람 테스트를 수행하는 경우를 제외하고 cargo pump 작동과 manifold ESD 밸브 개방을 금지해야 한다. (18.10.3.4 참조) (IGC 표 18.1)

Emergency Shut Down(ESD) System

8.54 사관은 비상차단시스템(ESD)의 작동에 친숙화되어 있으며 시스템은 정기적으로 작동 테스트를 하는가?

선박 내에서 이송하거나 화물을 육상 또는 선박으로 이송 중에 비상상황 발생 시 화물의 흐름을 차단할 수 있는 화물 비상차단시스템을 설치하여야 한다. 화물이송 파이프 시스템 내에 Surge 압력의 발생 가능성을 방지하도록 비상차단시스템을 설계하여야 한다. (IGC 18.10.1.1)

ESD밸브는 원격으로 작동되어야 하며, 페일-클로즈(Fail-close)형(작동원의 손실 시 폐쇄)이어야 한다. 그리고 설치장소에서 수동폐쇄할 수 있는 것이어야 하고 작동밸브의 개폐상태를 표시하여야 한다. 수동폐쇄 조작을 대신하여 ESD밸브와 직렬로 연결한 수동조작 차단밸브는 허용되어야 한다. 이 수동밸브는 ESD밸브와 인접하게 설치되어야 한다. ESD밸브가 폐쇄되고 수동밸브가 폐쇄되는 동안 이 사이에 갇힌 액체를 처리할 수 있는 수단을 설비하여야 한다. (IGC 18.10.2.1.2)

액체파이프 시스템에 부착된 비상차단밸브는 30초 이내로 부드럽게 완전 폐쇄되어야 한다. 밸브의 폐쇄시간 및 작동특성에 대한 정보는 선내에서 이용할 수 있어야 하며 폐쇄시간은 검증되고 반복할 수 있는 것이어야 한다. (IGC 18.10.2.1.3)

13.3.5항에서 요구하는 고수위 테스트를 하는 안전한 제어방법으로 수행할 수 있도록 비상차단 제어장치가 구성되어야 한다. 이 시험의 목적상 cargo pump는 범람제어장치가 override 되는 동안에도 작동될 수 있다. 수위경보테스트 및 고수위경보테스트를 완료한 후 비상차단장치의 재설정을 위한 절차는 18.2.1항에 요구되는 취급설명서에 포함되어야 한다. (IGC 18.10.3.4)

화물하역작업을 시작하기 전에 화물이송에 관련된 화물용 비상차단 및 경보장치는 확인 및 테스트하여야한다. (IGC 18.10.5)

8.55 선원들은 ESD 작동 위치 및 예비 기기 차단 요건에 대해 인지하고 있는가?

1개의 비상차단밸브를 각 manifold 연결부에 설치하여야 한다. (IGC 18.10.2.2) 최소한의 요건으로 비상차단시스템은 선교 및 13.1.2항에서 요구되는 제어장소 또는 화물제어장소(설치되는 경우) 중 하나의 장소 그리고 적어도 화물구역 내에 2개의 장소에서 단일제어에 의하여 수동조작 할 수 있는 것이어야 한다. (IGC 18.10.3.1)

운전 중인 화물기기는 비상차단장치의 작동에 의해서 정지되어야 한다. (IGC 18.10.3.3)

13.3항의 요건에서 요구하는 범람제어장치로부터 비상차단시스템의 입력신호는 고수위가 탐지될 때 운전 중인 모든 cargo pump 또는 compressor를 정지하기 위해 제공될 수 있다. 이러한 경보는 tank간에 의도하지 않은 화물 이송으로 인하여 발생할 수 있다. (IGC 18.10.4.2)

8.56 manifold와 관련 밸브의 상태는 양호하고 파이프라인 및 압력 gauge와 동등한 등급의 blank flange를 manifold 밸브의 바깥 양쪽에 단단히 고정하고 누출을 감시하고 있는가?

액체파이프 시스템에 부착된 비상차단밸브는 30초 이내로 부드럽게 완전 폐쇄되어야 한다. 밸브의 폐쇄시간 및 작동특성에 대한 정보는 선내에서 이용할 수 있어야 하며 폐쇄시간은 검증되고 반복할 수 있는 것이어야 한다. (IGC 18.10.2.1.3)

최대허용설정압력이 0.07 MPa gauge 압력을 초과하는 Cargo Tank의 경우 사용하는 각 이송 연결파이프에 추가로 1개의 수동조작밸브를 설치하여야 하고 선박의 설계에 따라 ESD밸브를 선내 또는 선외에 설치할 수 있다. (IGC 5.5.3.2)

구형 선박에서 cargo tank 밸브는 ESD의 일부가 될 수 있다. 현대 선박에서는 그렇지 않다. 그러나 고수위 경보 작동 시 접근할 수 있어야 한다.

8.57 사관은 fusible plug의 요건에 대해 인지하고 있는가? 그리고 manifold 인근에 liquid domes에 설치되어 있으며 양호한가?

화물지역의 노천갑판상 또는 화물기기 구역의 화재탐지에 의해 비상차단장치를 자동으로 작동하여야 한다. 노천갑판에 사용되는 탐지장치는 최소한 Cargo Tank의 액체 및 증기 돔, 화물용 manifold 및 정기적으로 분리되는 액체파이프가 설치되는 구역을 탐지하여야 한다. 98℃에서 104℃ 사이의 온도에서 용해할 수 있도록 설계된 fusible element 또는 화재탐지장치에 의해 탐지할 수 있다. (IGC 18.10.3.2)

작동하는 온도에 영향을 줄 수 있기 때문에 fusible element에 페인트를 칠하지 말아야 한다.

8.58 선박에 재액화 설비가 장착된 경우 ESD가 활성화될 경우 트립될 것인가?

8.59 사관은 2차 tank 압력 관리 시스템이 해상에서 사용 중이고, 재액화 시스템이 정지되었을 때 가스량을 처리하기에 충분히 아는가?

항구에서 선박이 육지로 되돌아감으로써 발생되는 가스를 보일러에 의해 처리할 수 있을 것으로 가정한다. 반면 해상에서는 가스 연소 장치 또는 기타 유사한 방법을 사용하여 방출을 방지해야 한다.

8.60 사관이 알람 및 ESD 트립에 대한 override 절차를 숙지하고 있는가?

범람 제어 시스템을 override 하기 위한 준비가 제공되는 경우 우발적인 작동이 방지되도록 해야 한다. 이 override 작동 시 관련 제어실 및 선교에 지속적인 시각적 표시가 제공되어야 한다. (IGC 13.3.7)

Manifold Arrangements

8.61 manifold와 관련 밸브의 상태는 양호한가? 파이프라인 및 압력 gauge와 동등한 등급의 blank flange를 manifold 밸브의 바깥 양쪽에 단단히 고정하고 누출을 감시하고 있는가?

최대허용설정압력이 0.07 MPa gauge압을 초과하는 Cargo Tank의 경우, 사용하는 각 이송 연결파이프에 추가로 1개의 수동조작밸브를 설치하여야 하고 선박의 설계에 따라 ESD밸브를 선내 또는 선외에 설치할 수 있다. (IGC 5.5.3.2)

거주구역, 업무구역 또는 제어장소를 통과하는 선수 또는 선미의 하역용 파이프 시스템은 1G형 선박이 요구되는 화물의 이송에 사용하여서는 안 된다. 선수 또는 선미의 하역용 파이프 시스템은 설계압력이 2.5 MPa 이상이며, 1.2.53의 독성화물의 이송에 사용하여서는 안 된다. (IGC 3.8.2)

일반적으로 steel blank는 그것이 달린 flange와 같은 두께일 때 인정되고 관련 파이프들과 같은 압력일 필요는 없다.

blank의 압력 등급은 중요하며, 티타늄과 같은 고강도의 재질로 만들어진 blank은 같은 압력의 일반 철로 된 blank보다 두께가 얇다. 만약 이러한 blank이 설치되어 있으면 압력 등급에 충족할 수 있는 증명할 서류를 갖추어야 한다.

8.62 manifold 배치는 화물 라인의 연결 및 분리를 위한 안전한 접근과 화물 운용 중 manifold에 대한 가시적 제한적 접근을 제공하는가?

비필수 인력은 화물 작업 중에 manifold 구역에 접근하지 않도록 해야 한다.

8.63 manifold 밸브 누설에 대해 화물 이송 중 정기적으로 점검된 manifold 명확한 증거가 있는가?

LNG 운반선의 manifold는 질소로 가압되는 경우가 많으며 manifold 밸브와 플랜지 사이의 공간이 압력을 받는 것이 정상이다. 누출 징후는 압력이 아닌 서리로 표시된다.

8.64 모든 플랜지 연결부가 완전히 볼트로 고정되었는가?

참고 : 여기에는 선박 양쪽의 화물 운항을 위해 사용 중이거나 가압될 수 있는 모든 선로가 포함된다.

8.65 사관은 manifold strainer 사용을 위한 절차를 인지하고 있고, 설치된 경우, strainer가 우회되고 있지 않은가?

LPG manifold에 strainer를 장착하기 위한 필수 요건은 없다. 하지만 장착된 경우에는 양호한 상태를 유지하여야 하며 필요에 따라 자주 점검하고 청소해야 한다. strainer는 화물 취급 장치를 이물질로 인한 손상으로부터 보호하기 위해 설치된다. 많은 strainer는 one-way flow에만 사용하도록 설계되어 있다.

8.66 LNG spill arrangements는 적절한가?

-110℃ 미만의 화물 온도의 경우 manifold 아래 선체를 통해 water spray system을 장착하여 선체 강철과 선박 측면 구조의 추가 보호를 위한 저압 워터 커튼을 제공해야 한다. 이 시스템은 11.3.1.4의 요구조건에 추가하여 화물이송이 진행 중일 때 운용되어야 한다. (IGC 5.7.3) 이송 라인에 LNG가 포함될 때마다 워터커튼을 사용해야 한다.

8.67 액체 누출 및 manifold 드립 트레이 정렬이 적절한가?

누출 격납 구역에는 누출이 배 밖으로 유도될 수 있는 배수관이 제공되어야 한다. 그러한 라인은 정상운전 중에 닫히고 안전한 위치에서 작동할 수 있는 밸브를 포함해야 한다. 라인으로부터의 방출은 분사 및 관련 장비에 액체가 범람하지 않도록 수직으로 아래쪽을 향해야 한다. 작동 중에는 드립 트레이가 최대한 건조되어야 한다. (액화 가스 운반선에 대한 manifold 권장사항 2011년 1월 1일)

8.68 Loading Arm을 분리하는 동안 선원은 배수 콕을 통해 arm에서 액체가 퍼지는 것과 관련된 위험을 인지하고 있는가?

Safety Equipment

8.69 선원은 보호 장구 사용에 대한 요건을 인지하고 있고, 적합한 보호 장구가 있으며 화물 작업에 종사하는 선원이 사용 중인가?

화물작업에 종사하는 승무원의 보호를 위하여 선박에는 운반되는 화물의 특성을 고려하여 인정되는 국가 표준 또는 국제표준에 적합한 안구 보호 장구를 포함한 보호장구를 비치하여야 한다. (IGC 14.1.1)

이 절에서 요구하는 개인보호장구 및 안전장구는 쉽게 접근할 수 있는 장소에 명확히 표시된 적절한 보관함에 보관하여야 한다. (IGC 14.1.2)

8.70 사관은 선상 안전 장구 보급에 대한 요건에 친숙하고, 안전 장구의 상대는 양호하며 사관은 장구를 만족스럽게 착용할 능력이 있는가?

11.6.1 규칙에서 규정하는 소방원장구에 추가하여 완전히 갖춘 3조 이상의 안전장구를 비치하여야 한다. 각 조는 가스가 가득한 구획에 출입 또는 작업을 허용하기 위한 적절한 개인보호장구를 제공하여야 한다. 이 장구는 IGC 적합증서 부속서 2에 기재된 화물의 특성을 고려하여야 한다. (IGC 14.3.1)

안전장구 1조라 함은 다음에 정하는 것으로 구성되어야 한다.

1) 저장산소를 사용하지 않고 대기압 상태에서 1,200 ℓ 이상의 공기량을 갖는 안면보호마스크와 결합된 1개의 자장식 양압 공기호흡구. 각 조는 11.6.1 규칙에서 요구하는 것과 호환이 되어야 한다.

2) 인정하는 기준에 따른 보호복, 장화 및 장갑

3) 벨트붙이 강심 구명줄

4) 방폭램프 (IGC 14.3.2)

압축공기를 충분하게 공급될 수 있도록 하여야 하고 다음에 정하는 것으로 구성되어야 한다.

1) 14.3.1 규칙에서 규정하는 각 호흡구에 대하여 완전하게 충전된 최소 1개의 예비공기병
2) 호흡할 수 있는 고압공기의 공급에 적합하고 연속적인 운전이 가능한 충분한 용량의 공기 압축기
3) 14.3.1 규칙에서 규정하는 호흡구에 대하여 충분한 수의 예비용 호흡구 실린더를 연결할 수 있는 충전용 manifold (IGC 14.3.3)

이 절에서 요구하는 개인보호장구 및 안전장구는 쉽게 접근할 수 있는 장소에 명확히 표시된 적절한 보관함에 보관하여야 한다. (IGC 14.1.2)

압축공기장치는 적어도 1개월에 1회 담당사관에 의하여 검사되고, 그 결과는 본선의 항해일지에 기록되어야 한다. 또한, 압축공기장치는 적어도 1년에 1회 전문가에 의하여 검사되고 시험되어야 한다. (IGC 14.1.3)

참고 : * 2016년 7월 1일 이전에 인도된 선박의 경우 2세트의 안전 장비가 필요하다.

8.71 선박의 화물 용량이 5000m3 이상일 경우 추가 소방장구가 구비되어 있는가?

폭발성 화물을 운송하는 모든 선박은 SOLAS에 따라 다음의 소방원 장구를 비치해야 한다.

- 5,000 ㎥ 이하: 4개의 소방원 장구
- 5,000 ㎥ 이상: 5개의 소방원 장구

8.72 사관은 Chemical dry powder 시스템 운영에 대해 인지하고 시스템 상태는 양호한가?

화물 액체 및 증기 배출 그리고 갑판상 선적 연결 그리고 해당하는 경우 bow 또는 stern cargo handling area를 포함하여 화물 구역에 갑판상 소화를 목적으로 폭발성 화물을 운반하는 선박은 기구에 의해 개발된 지침에 따라 주관청에서 승인한 고정식 Dry chemical powder 소화 장치 시스템이 장착되어야 한다.

고정식 dry chemical powder system의 연간 유지 관리는 제조사의 지침에 따라 질소와 함께 Dry chemical powder 충전재를 혼합하는 것을 포함한다. (주: 분말의 수분 친화성 때문에 주입된 질소 가스는 수분이 없어야 한다.)

2년 기준으로 Dry powder 샘플의 수분 함량을 시험해야 한다. (MSC.1/Circ.1432)

8.73 사관은 Water spray system에 정비 요건을 인지하고 있으며, 시스템은 양호한가?

인화성 또는 독성의 화물을 운반하는 선박에는 냉각, 방화 및 승무원의 보호를 위하여 다음의 장소에 Water spray system을 설치하여야 한다.

1) 노천갑판 상에 위치하고 가스 처리장치로써 사용되는 노출된 승압펌프/열교환기/재기화 또는 재액 화설비와 같이 화물을 포함하는 인접한 설비의 화재로부터 열에 노출될 수 있는 노출된 Cargo Tank 돔, Cargo Tank의 모든 노출부 및 Cargo Tank 덮개의 모든 부분
2) 갑판상의 노출된 인화성 또는 독성의 화물의 격납용기
3) 갑판상에 위치한 가스 프로세스장치
4) 액체 및 증기 화물의 flange를 포함한 하역용 연결부 및 이들의 제어용 밸브가 설치되는 지역. 이것들은 설치되는 드립 트레이의 면적 이상을 대상으로 하는 것이어야 한다.
5) 액체 및 증기 화물배관에 설치된 모든 비상차단밸브(ESD) 및 가스소모장치의 공급용 마스터밸브
6) 통상적으로 사람이 거주하는 선루 및 갑판실, 화물기기구역, 화재위험성이 높은 물건을 저장하는 창고 및 화물제어실의 격벽과 같이 화물지역에 인접하는 노출된 경계부분. 분리 가능한 화물파이프 시스템 연결부가 상방 또는 하방에 설치되는 경우, 이들 지역의 노출된 수평 경계부분에는 Water spray system을 요구하지 않는다. 화재위험성이 높은 물건 또는 설비를 비치하지 않는 무인의 선수루 구조의 경계부분에는 물분 무장치가 요구되지 않는다.
7) 화물구역과의 거리에 상관없이 화물지역과 마주하는 노출된 구명정, 구명뗏목 및 집결장소
8) 모든 반밀폐 화물기기 구역 및 반밀폐 Cargo motor room (IGC 11.3.1)

파이프 시스템은 스테인리스강 또는 연강으로 구성될 수 있으며 PVC로 라이닝 될 수 있다. 연강을 사용한다면 노즐을 막을 수 있는 연강 파이프 내부에 녹 입자가 형성되는 것을 방지하기 위해 시스템을 배수하고 건조시켜야 한다. 시스템은 정상 작동하는지 확인하기 위해 주기적으로 테스트해야 하며, 그러한 테스트는 만족스러운 작업을 확인하기 위해 유지된 기록과 함께 기록 정비 시스템의 일부여야 한다.

8.74 사관은 화물 취급 장치가 포함된 밀폐구역 내에 설치된 고정식 소화 장치에 친숙한가?

기관실에 가스 연료를 공급하는 것을 포함하여, cargo compressor 또는 펌프가 위치한 밀폐구역 그리고 모든 선박의 화물구역 내의 Cargo motor room은 화재안전장치코드에 적합한 고정식 소화장치가 설치되어야 하고 가스화재의 소화용으로 요구되는 농도 또는 분무율이 고려되어야 한다. (IGC 11.5.1)

Cargo Hoses

8.75 선박이 본선 화물호스를 사용하고 있다면 상태는 양호하며, 매년 설계압력으로 압력테스트를 하고, 모든 호스의 점검 및 정비 기록이 유지되고 있는가?

호스는 햇빛과 날씨로부터 보호되어야 하며 사용 중일 때를 제외하고 덮개를 덮어야 한다. 플랜지는 각 단부에 장착하고 호스는 질소로 내부를 충전해야 한다. 호스에는 육안 손상, 마모, 크림핑 또는 찌그러진 부분이 없어야 하며 플랜지 씰링 표면에는 손상이 없어야 한다.

새로 제조되는 모든 화물호스는 사용하기 전에 최대 사용압력의 1.5배 이상의 압력으로 주위 온도에서 수압시험을 하여야 한다. 호스에는 시험일, 최대 사용압력 및 주위온도 이외의 온도에서 사용하는 경우에는 그 최고 및 최저 사용온도를 스텐실 또는 기타의 방법으로 표시하여야 한다. 최대 사용압력은 1MPa gauge압 이상이어야 한다. (IGC 5.11.7.3)

현재 화물에 사용하여도 호스가 안전하다는 것을 보장하기 위해 테스트 자료와 호환성 자료를 포함하여 호스 증서 원본이 선상에 있어야 한다.

극저온 호스는 액체 질소를 시험 매체로 포함할 수 있는 해안 통제 조건에서만 안전하게 시험할 수 있다.

참고 : LNG 운반선의 화물 호스는 매번 사용하기 전에 반드시 압력 테스트를 거쳐야 한다. 각 호스는 시험 날짜를 표시해야 하며 식별을 위해 개별적으로 번호를 매겨야 한다. 정기적으로 호스를 사용하여 이송을 수행하는 용기의 경우 이송 호스의 무결성을 보장하기 위해 문서화된 절차를 시행해야 한다.

Cargo Lifting Equipment

8.76 모든 크레인과 기타 리프팅 장비는 적절히 표기되고, 주기적으로 점검되고, 테스트되었으며 선원은 정비 요건을 인지하고 있는가?

화물 리프팅 장비는 매 5년마다 하중시험을 실시해야 하고 적격한 자에 의해 매년 철저한 검사를 해야 한다. 그 밖에 리프팅 장비는 선급에서 대개 필수적으로 규제하지 않지만 유사한 관리 체계로 테스트 및 검사를 해야 한다. 이러한 테스트는 최소 안전 하중 1톤이 요구된다.

Chain regsiter는 요구되지는 않지만 'OCIMF Publication Recommendations for the Tagging/Labeling, Testing and Maintenance, Documentation /Certification for Ships' Lifting Equipment에 따른 검사, 시험 및 보수를 보조할 문서를 유지하여야 한다.

단일 호스 크레인이 있는 선박의 경우 유압 호스에 고장이 발생하였다면 결함 호스를 예비 호스로 교체할 수 있어야 한다. 화물 호스 크레인이 모든 면에서 동일한 호스 2개가 있다면 이들 동일한 호스의 50%만 예비용으로 가지고 있으면 된다.

크레인 slew bearing 마모에 대한 모니터링은 크랭크 축/크랭크 축 베어링 제조사의 권고 사항에 따라 수행해야 한다. 일반적으로 권장되는 방법은 두 가지가 있다.

- 그리스 샘플링 - 그리스에서 발견되는 금속 성분을 측정하여 마모의 징후 측정 한다.
- 흔들림 테스트 - 이 테스트는 내측 및 외측 베어링 레이스 사이의 유격을 측정하여 마모가 발생하는 것을 확인한다.

Ship to Ship Transfer Operations

선박에 펜더, 호스 등 정기적인 선박 간 이송 작업을 위한 전문 장비가 장착된 경우, 그 사실을 추가 Comment에 기록해야 한다. 선박이 정기적으로 선박 간 화물 이송하는데 이용되지 않는다면, 질문 8.77-8.81는 반드시 'NA'로 답해야 한다.

8.77 선박간 이송 작업을 위한 절차가 제공되었는가?

절차는 OCIMF/ICS STS Transfer Guide (Liquefied Gases)의 권고사항을 준수한다.

8.78 사관과 부원은 선박 간 이송 작업(STS) 동안의 요건 및 위험성에 친숙한가?

STS 작업을 하는 150 GT 이상의 유조선은 STS 작업 이행 방법을 서술한 계획서(STS 작업 계획서)를 선내에 보관해야하고, 주관청의 승인을 받아야 한다. STS 작업 계획서는 선박의 공용어로 작성되어야 한다. (MARPOL Annex I Reg 41.1)

- 참고 : FPSO로부터 리프팅 작업 시 또는 FSO로부터 벙커작업 시 STS 작업 계획서가 요구되지 않는다. (MARPOL Annex I, Reg 40 상세 참조) 작업 계획서는 다음 정보에 포함된 내용을 고려하여 개발되어야 한다; IMO's "Manual on Oil Pollution, Section 1, Prevention ICS/OCIMF/SIGTTO/CDI "Ship to Ship Transfer Guide, for Petroleum, Chemicals and Liquefied Gases" First Edition 2013.

위험성 평가는 STS 이송 장소의 적합성을 고려할 때 수행되어야 한다. STS 작업에 대한 추가적인 위험성 평가도 이루어져야 한다. (STS Guide 1.4)

모든 이송 작업은 관계 선박 선장 중 한 사람, STS 감독, POAC 중 1명의 조정 및 자문 통제하에 시행되어야 한다. 연장 작업 중 피로를 방지하기 위해 업무는 다른 적격한 인원에게 공식적으로 인계되어야 한다. (STS Guide 1.5.1).

선박이 영구 펜더 및 호스가 있는 경우 제조사의 지침에 따라 이러한 기기의 상태가 감시되고 평가되는 절차가 수립되어 있어야 한다.

8.79 POAC에 필요한 자격 및 경험이 있으며, 사관은 이러한 요건을 인지하고 있는가?

MARPOL Annex I 화물과 관련된 이송의 경우 POAC는 최소한 다음과 같은 자격 또는 경험 수준을 가져야 한다.

- STCW와 같은 국제 자격 기준에 부합한 적절한 관리 수준의 갑판 자격증/증명(reference 9)과 STS 작업에 종사하는 선박에 적합하고 최신화된 위험화물 자격
- 선박조종 과정 참석
- 동종선 및 상황에 계류/이안 작업을 시행한 경험
- 유조선 선적/하역작업 경험
- 이송 지역 및 주변에 대한 철저한 지식
- 비상 계획시 장비 및 자원에 대한 친숙화를 포함한 오염 정화 기술에 대한 지식
- STS 작업 계획서 지식(appendix A1.5 참조) 및 관계된 합동 작업 계획서(section 5.2 참조)

MARPOL Annex I 화물 이외의 화물과 관련된 이송 작업의 경우 STS 감독은 이송되는 화물의 형태와 관련하여 위에서 설명한 유사한 자격 및 경험 수준을 갖추는 것을 권고한다. (STS Guide 1.7)

선박이 영구 펜더 및 호스가 있는 경우, 제조사의 지침에 따라 이러한 기기의 상태가 감시되고 평가되는 절차가 수립되어 있어야 한다.

8.80 사관은 선박 간 이송 checklist의 요건을 인지하고 있으며, 이러한 STS 작업기록이 유지되고 있는가?

checklist는 이송 시점뿐만 아니라 작업이 계획 중일때도 이용되어야 한다. 점검 절차를 준수하면 작업의 가장 중요한 측면을 포함할 수 있으며, 점검 목록은 다음과 같다.

1) 준비물 정보

2) 작업 시작 전

3) 계류 및 진입 전

4) 화물 이송 전, 그리고

5) 이안 전(STS Guide 3.4 and Appendix E)

참고 : STS 기록은 다음을 포함하지만 이에 국한되지 않는다

1) 최신 ICS/OCIMF/SIGTTO/CDI 가이드라인 개정판 2013에 따른 STS checklist

2) 서비스 제공업체가 제공한 JPO (Joint Plan of operations)

3) 서비스 제공업체가 제출한 위험성 평가

4) 참여 선박의 상세 계류 계획

5) 펜더 및 호스 증서 사본

6) 해안당국에 통지

7) 특정 STS 작업과 관련된 훈련 세부사항

8) 선장의 선원 경험 사후 피드백/평가 기록

선박이 지난 12개월 내 STS 작업을 했다면 준수여부를 확인하기 위해 기록을 부분적으로 확인해야 한다.

8.81 선박간 이송이 검사 중 진행되었다면 그것은 OCIMF/ICS STS 이송 지침의 권고에 따라 수행되었는가?

연결을 위해 호스 스트링을 제공할 때 두 선박 사이의 증가하는 아크 발생 가능성을 제거하기 위해 다음 중 하나의 설비를 사용해야 한다.

- 선박의 Manifold 또는 각 호스 스트링과 스트링의 모든 호스에 전기적으로 연속된 단일 절연 플랜지
- 각 호스 스트링에 설치된 단일 길이의 전기 전기적 불연속 호스
- 정전기 축적을 방지하고 전기 전도를 본질적 안전 수준으로 제한하기 위해 특별히 제작된 호스

절연 플랜지가 사용되는 경우 스파크를 일으킬 수 있기 때문에 절연 플랜지 외부의 전도성 호스 외부가 절연 플래지가 장착된 선박과 접촉하지 않아야 한다. 예를 들어 비절연 호스 안장을 사용하는 등이 있다. (STS Guide 3.10.4)

선측의 fairlead를 통해 지나가는 합성계류삭은 선박의 움직임으로 인해 정기적 하중에 의한 마찰이 발생할 수 있어 적절한 보호덮개로 라인을 보호해야 한다. 덮개의 손상 가능성을 최소화하기 위해 덮개에 윤활유를 바르고, 필요 시 라인이 끊어진 경우 추가적인 라인을 바로 사용할 수 있어야 한다. (STS Guide 6.6.2)

Additional Comments :

만약 검사관이 이 장의 특정 질문의 답변에 대하여 이 장에서 다루어지는 주제와 연관되는 추가 Comment가 있다면 검사관은 이 부분에 그러한 추가 Comment를 기록한다.

CHAPTER 9 Mooring

참고 : OCIMF 출판물인 'Effective Mooring(효과적인 계류)', 'Mooring Equipment Guidelines, Anchoring Systems and Procedures(계류 장비 지침, 정박 시스템 및 절차)' 그리고 계류 장비와 작업에 관한 모든 정보를 제공한다.

사고의 공통적 원인은 올바른 계류에 대한 부적절한 이해, 쓰지 않는 계류삭, 계류삭의 부족 및/혹은 Tail 폐기 기준 불안정한 계류 장치, 품질이 나쁜 계류삭, 장비의 정비 불량, 현지 항구 상태에 대한 불충분한 지식, 기상, 조류 및 통항혼잡에 대한 부주의에 의한 것이다.

계류 장비 지침은 제4판(MEG4)에 대해 충분히 검토되고 갱신되었다. 본 지침서의 신판은 계류삭 및 Tail의 구매, 상태 모니터링, 폐기, 계류 장비의 문서화에 대한 지침 강화, 계류 설계의 인적 요인에 관한 새로운 장, 부두 설계와 부속품에 관한 새로운 장, 선박 해안 인터페이스에 관한 새로운 장 그리고 대안 기술에 관한 장 등을 포함하고 있다. MEG4는 항로 및 유조선 업계가 사용하는 언어를 명료하고 정렬할 수 있는 새로운 통일된 용어를 소개한다.

이 장의 질문에 대한 이 지침은 MEG4에 기초한다.

Mooring equipment documentation and management

9.1 모든 계류삭에 대한 증서를 보유하고 있는가?

계류삭, 연결 샤클 및 합성 Tail에 대한 증서는 각 구성 요소가 설치된 위치를 명확하게 보여줄 수 있도록 파일에 보관해야 한다. Mooring Effective Guidelines Edition 4 지침에 따라 계류삭 및 Tail 증서는 MEG4의 부록 B에 제공된 계류삭 및 Tail의 구매 및 점검 지침을 준수해야 한다. (MEG4)

9.2 선박은 계류시스템 관리계획서(MSMP)를 보유하고 있는가?

선박에 계류시스템 관리 계획서가 제공되어야 한다. (MEG 1.9)

MSMP의 목적은 모든 평가된 위험이 계류 시스템의 설계 및 운영을 통해 효과적으로 관리되기 위함이다. 그 목적은 계류 작업 중 선박/터미널 직원에 대한 위해, 또는 상호 선박/터미널/시설에 손실을 주지 않고, 해당 계류 시스템이 적용 규정, 코드 및 권장된 업무 방식을 충족하는지 확인하기 위함이다.

MSMP에는 선박 또는 사용자 고유의 항목에 대한 세부 사항(예, 사용자의 SMS 일부) 및 해당 선박의 운항기간 동안 계류시스템 관리 계획서 등록부에 보관되어야 하는 항목에 대한 지침이 포함되어 있다.

모든 신조선은 제안된 MSMP 구성의 모든 항목을 달성할 수 있는 반면, 현존선은 특히 최초 설계 정보에 접근하는데 제한이 있을 수 있다. 현존선은 필수 정보를 대조하거나 운항 형태를 가능한 한 이러한 기본적인 안전 계류 원칙에 일치시키는데 필요한 노력을 하도록 권고한다.

계류시스템 관리 계획서는 다음으로 구성된다.

- Part A - 일반 선박 상세
- Part B - 계류장비 설계 개념
- Part C - 계류장비의 상세 목록
- Part D - 검사, 정비 및 폐기 계획
- Part E - 위험 및 변화 관리, 안전 또는 인적 요소
- Part F - 기록 및 문서
- Part G - 계류시스템 관리 계획서 등록부(MSMPR)

MSMPR은 계류장비의 상태에 대한 검토 또는 모니터 권한이 있는 선박의 직원 및 다른 사람이 사용할 수 있는 것을 권고한다. 모든 이해당사자는 계류시스템 관리 계획서 등록부(MSMPR)가 적절하게 작성되었는지 확인하기 위해 협력해야 할 책임이 있다. 선박 운항사와 조선소는 계류 설계(MEG 1.9.2)를 통해 운영 및 정비 중 위험을 줄이는 협력을 해야 한다.

9.3 선박은 라인 관리 계획서를 보유하고 있는가?

선박에서 사용자는 라인 정비, 검사, 폐기 및 끝단 교환 방침을 위한 프로그램을 개발하는 것을 권고한다. 이는 계류삭의 불필요한 오염을 줄이고 사용 기간 동안 안전 범위 내에서 라인이 사용되는 것을 확인해야 한다. 계류삭의 각 형태는 서로 다른 정비 및 점검 절차를 필요로 하지만 안전 폐기 기준을 결정하는 절차는 비슷하고 제조사 지침 및 사용 경험을 기반이 되어야 한다.

검사 및 폐기 지침은 ISO 4309 크레인-와이어 로프-관리 및 정비, 검사 및 폐기 및 CI 201 섬유 로프 검사 및 폐기 기준과 같은 업계 표준에 의해 이루어지지만 추가적으로 제품의 특정 검사 지침은 제조사에서 제공되어야 한다.

정비, 검사 및 폐기 프로그램은 계류삭의 상세 및 선정 과정의 일부로 개발되어야하며 선박의 라인 관리 계획서(LMP)에 문서화되어야 한다. (MEG 5.4)

선박의 사용자는 선박 라인 관리 계획서(LMP)의 개발 및 이행에 책임이 있다. 선박 라인 관리 계획서(LMP)에는 계류삭 수명 주기의 운영 단계에서 계류삭 정비, 검사 및 폐기에 대한 선박의 사용자 요구 사항이 포함된다.

라인 관리 계획서(LMP)는 독립적 도구일 수도 있고, 기존 안전 또는 정비 시스템(PMS)에 통합될 수도 있다. 종이 또는 전자 사본, 또는 두 가지 모두로 사용될 수 있다. 형식이 무엇이든지 LMP는 최신화 할 수 있어야 한다. 내/외부 준수 검증, 선박 인원 교육 및 제조사와의 소통을 위해 접근 가능해야 한다. LMP 정보는 모든 사용자가 쉽게 접근할 수 있는 위치에 저장되어야 한다.(예 : 육해상에서 접근할 수 있거나 하나의 위치에서 작성될 수 있어야 하는 컴퓨터 시스템). 시스템 사용자가 하나의 실질적 위치 또는 가상 위치에서 LMP 정보에 접근할 수 있도록 쉬어야 한다.

표 5.2 (MEG4)는 정비, 검사 및 폐기를 위해 LMP에 포함될 수 있는 정보 유형의 개요와 계류삭의 안전한 사용 및 정비에 적용되는 일반 고려사항의 예를 제공한다. 운항사는 상기 표를 LMP 개발의 시작점으로 사용할 수 있지만 이 목록은 포괄적인 것으로 간주되지 않는다. (MEG 5.4.2)

참고 : 검사관은 라인 관리 계획서가 제조사의 권고 사항을 고려하고 선박의 계류삭이 운항사의 폐기 및 끝단 교환 방침에 따라 관리되고 있는지 확인한다.

9.4 계류삭 검사, 폐기, 마모 관리에 대한 운항사의 방침이 계류삭 관리 계획서 내 명시된 것과 같이 이행되었는가?

사용자가 계류삭 정비, 검사 및 폐기 프로그램을 개발하는 것을 권고한다. 계류삭의 불필요한 오염을 줄이고 사용기간 동안 안전 범위 내에서 라인이 사용되는 것을 확인해야 한다. (MEG 5.4)

검사의 빈도는 운항사의 전체 계획 정비 정책에 따라 LMP에서 명확하게 정의되어야 한다. 검사 빈도는 계류 빈도, 적하 상태의 경중 및 계류삭 구성의 일관성과 같은 여러 요소를 기반으로 해야 한다. 사용자는 검사 절차를 수립 할 때 제조사와 협력하여 적절한 주기가 운항 주기에 적합하게 선택되도록 해야 한다. (MEG 5.4.3)

모든 형태의 계류삭은 일반적 라인 배열 및 배치 프로세스로 인한 국부 피로 및 손상을 경험한다. 마모 구역 관리 기술에는 정비 계획의 효과적인 문서가 포함된다. 운영 요건을 충족시키기 위해 필요한 최소 길이 결정; 연결점을 이동하는 것을 돕기 위한 다른 윈치 또는 장소에서 회전 또는 끝단 라인에 대한 접근 및 주기로 구성한 정비 계획; 손상된 라인 부분에 대한 자세한 검사 및 파단 테스트를 위해 제조사 또는 검사실로 보내어 향후 정비 결정에 지침을 줄 수 있는 관련 강도 손실 및 손상의 심각성에 대한 피드백을 제공한다. (MEG 5.4.4)

참고 : 검사관은 사용자의 폐기 및 끝단 교환 방침과 일치하게 선박의 계류삭이 관리되고 있는지 확인해야 한다. 선박의 기록 상, 계류삭 관리가 라인 관리 계획에 기재된 계획 및/또는 방침에 따르지 않으면 지적사항으로 기록한다.

9.5 모든 계류삭과 계류 Tail이 구비된 경우 업계 지침에 충족하는가?

설치된 계류삭은 선박 설계 MBL의 100-105%의 라인 설계 파단력(LDBF)을 가져야 한다. (MEG 5.2.1)

보통의 재료는 폴리에스테르, 폴리에스테르/폴리올레핀 복합 및 폴리아미드가 있다. 피로 수명과 강도를 증대시키기 위해 Tail이 주(Main) 라인과 같이 동일한 회전 속성을 가지도록 권고한다. 인조합성 Tail은 선박 설계 MBL보다 25-30% 높은 TDBF를 가져야 한다. (MEG 4.5.8)

Tail rope는 충분한 시스템 준수 제공을 위해 필요한 길이일 수 있지만 일반적으로 11 m에서 22 m 사이이다. 사용 중인 Tail의 길이, 구조 및 재료는 계류 분석 결과에 명시되어 있고,

계류 배치표에 의해 요구되어야 한다. 계류삭과 Tail은 매 사용 전 그리고 라인 관리 계획서의 요구 사항에 따라 검사되어야 한다.

Jacketed rope 구조 인한 추가 위험은 Tails에도 적용되며, 사용자는 이것을 라인 관리 계획서에서 적절히 다루어져야 한다.

운항사는 Tail이 선박 Design MBL의 75%에 도달한 시점 또는 이전에 폐기하는 것을 목표로 해야 한다. Tail은 계류삭 관리 지침에 기록된 폐기 방침 및 계류삭에 적용되는 사용주기 관리 및 결정을 위한 동일한 절차를 준수해야 한다. (MEG 5.8.8)

9.6 선수 Stopper가 하나 또는 그 이상 설치된 경우, 안전 작업 하중(SWL)을 증명하는 증서가 제공되었는가?

선박은 SWL, 항복 강도 및 안전 요소의 상세에 대한 승인기준을 엄격히 준수하여 구성되었는지를 확인하기 위하여 선수 체인 Stopper의 제조사 형식 승인증서의 사본을 가지고 있어야 한다.

또한 선박은 엔지니어링 분석 또는 계산에 의하여 입증된 선수 체인 Stopper의 foundation과 구성된 선박의 Supporting structure의 강도를 증명하는 증서를 보유해야 한다.

선수 체인 stoppers와 관련된 foundation과 supporting structure는 적어도 5년에 1회의 정기 검사를 받아야 하고 양호한 상태로 유지해야 한다. 선수 체인 stoppers는 SWL이 적절한 일련번호와 함께 영구 표시되어야 하며, 이는 증서에서 쉽게 상호 참고 할 수 있어야 한다. (MEG 4.3.1)

9.7 윈치 Brake 검사에 대한 방침이 수립되어 있으며, 테스트 결과는 기록되고 있는가?

주 Brake는 계류삭의 최소 파단력의 60%로 설정되어 있어야 한다. Brakes는 사용 중 성능이 저하될 수 있으므로 계류삭의 최소 파단 하중의 80%를 견디도록 설계되었지만 60%까지 조절할 수 있어야 한다. (MEG 6.3.4)

Brake type과 관계없이, 안전한 계류를 보장하기 위해 주기적인 점검은 필수이다. (MEG 6.4.6)

Brake 테스트의 주요 목적은 Brake가 설계된 계류삭의 MBL보다 작은 하중에서 풀리는지 확인하기 것이다. 신조선에는 일반적으로 단순한 형태의 Brake Test Kit를 제공한다. 각 윈치 제조사는 자체 테스트 장비와 절차가 있으며 운항사는 준수해야 한다. (MEG 6.4.6)

각 윈치는 개별적으로 점검되어야 하고 ISGOTT의 권고에 따라 선박 인도 전 그리고 그 이후 매년 테스트를 시행해야 한다. 또한 개별 윈치는 Winch brake와 관련된 개조나 수리가 완료된 후 또는 Brake가 풀리거나 오작동의 증거가 있다면 테스트해야 한다. Brake는 계류삭 MBL의 60%에 해당하는 하중에서 Render 테스트되어야 한다. (MEG 6.4.6.1)

각 선박에 적절한 위치에 보관된 완전한 테스트 장비 1세트의 설치가 권고된다. 대안으로 선주가 윈치의 각 형태 및 크기에 대해 1 또는 2세트의 테스트 장비를 조달하고 수리 설비에 선적이 용이한 위치에서 보관할 수 있다. (MEG 6.4.6.3)

이상적으로 Brake는 매우 작은 범위 내에서 유지되고 Render 하며, 일단 풀리면 로프에 걸리는 장력이 충분히 안전한 수준의 하중으로 감소되어야 한다. 널리 사용되는 Screw가 있는 Band brake는 이러한 요구 사항을 충족시키는데 만족스럽지 않으며 작동에 특별한 주의가 요구된다. (MEG 6.2.5)

이를 달성하기 위해 핸드 휠 또는 레버에 필요한 설계 holding capacity과 Torgue를 표시하기 위해 윈치 drum에 사양이 제공되어야 한다. (MEG 6.3.6)

Mooring procedures

9.8 계류 상태는 만족스럽게 잘 배치되어 있으며 관리되고 있는가?

일반적으로 모든 Line이 동일한 크기와 유형(재료)의 계류삭을 사용해야 한다. 계류삭은 같이 사용 중에 있는 모든 라인이 선박과 육상의 Bollard 사이의 길이가 거의 같도록 배치해야 한다. (MEG 1.6.2)

참고 : 부두에 운영 중인 계류 배치 및 그 효과는 검토되어야 한다. Breast line은 대부분 종방향, Back Spring은 횡방향이다. Headline과 Sternline은 일반적으로 예상하는 것 보다 계류 강도에 훨씬 덜 기여한다.

계류 작업은 잠재적으로 위험한 작업이므로 관련된 모든 관계자는 특히, 'Snap-back(스냅백)'의 위험에 대해 인지하고 있어야 한다.

갑판에 스냅 백 위험 구역을 영구적으로 표시하는 것은 권장되지 않는다. 스냅 백 위험이 증가된 구역이 있지만 인원의 안전을 보장하는데 필요한 모든 스냅 백 위험 구역을 정확하게 계산할 수는 없다. 스냅 백 위험 구역을 표시하면 표시된 위험 구역 밖에 있는 인원에 대해 잘못된 인식을 갖게 된다.

대신, 계류 갑판의 전체 구역과 스냅 백로 인한 위험이 높은 구역을 고려해야하고, 이 위험이 높은 구역에 진입 시 작업자가 이를 인식하도록 권고해야 한다. 예를 들어 계류 갑판에 로프, 바리케이드 및 표지판을 사용하여 이 구역에 진입하는 작업자가 위험을 인지하도록 해야 한다. (MEG 5.2.5.2)

9.9 계류삭이 Bitt에 고박되어 있고, 올바르게 감겨져 있는가?

Bitt상에 로프를 감는 권고 방법은 8자로 돌리기 전에 Leading post에 2바퀴를 먼저 감는다. 그 이유는 2개의 포스트가 동시에 당겨지는 경향을 줄이기 위함이다. (MEG 7.3.2)

참고 : 계류삭은 Winch warping drum에 고박하면 안 된다.

9.10 모든 동력 계류삭이 정확하게 drum에 감겨져 있고, Brake에 고정되어 있으며, 윈치에 기어가 분리되었는가?

Band brake는 한 방향으로만 작동하게 설계되어 있기 때문에 라인은 반드시 항상 drum상에 바르게 감겨져 있어야 한다. 각 배열은 각각의 경우에 대하여 라인이 바르게 감겨 있는지 평가되어야 한다. 라인상에 장력은 밴드의 끝단부가 고정 끝단부 방향으로 힘이 가해지는 방향이어야 한다. 그 때문에 밴드의 두 부분이 둘 다 가까워지도록 힘이 가해진다. (MEG 6.3.4.2)

mooring winch 밴드 브레이크가 채워진 상태에서 기어를 고정시키면 안 된다. 브레이크 render 시 유압 또는 전기 드라이브가 심각한 손상을 입을 수 있다. 계류 drum은 계류삭이 장력을 받고 밴드 브레이크를 완전히 채워질 때마다 윈치 드라이브에서 항상 분리되어 있어야 한다.

9.11 Spilt Drum 윈치에 모든 계류삭들은 drum의 각 장력방향의 하나 이상의 층으로 고박되어 있는가?

정격 Holding Capacity는 drum의 장력 부분에 라인의 1층이 감겨져 있을 때 이루어진다. 최소 감김 수에 대한 지침은 계류삭 제조사로부터 확인되어야 하고 라인 관리 계획서에 문서화 되어야 한다. 지침을 이용할 수 없으면 최소 8 회전을 사용해야 한다.

추가 layer 작업은 Brake holding capacity를 감소시킨다. (MEG 6.3.4.1&6.4.5)

9.12 Mooring Tail에 wire 또는 HMSF라인이 설치되어 있다면 적절한 연결 고리가 있고 올바르게 설치되어 있는가?

Tail을 적절한 샤클을 사용하여 wire에 연결하여야 한다. 연결 샤클의 WLL은 연결된 mooring line의 강도보다 크거나 같아야 한다. 연결 링크의 상태가 양호해야 하며, 샤클, 라인 및 Tail 제조사의 지침에 따라 설치되어야 한다. Tail의 eye는 적절한 덮개로 보호되어야 한다. 제조사가 적절하다고 권장하는 경우 Cow hitch를 사용하여 인조합성 Tail에 High Modulus(높음 계수) 라인에 부착할 수 있다. Hitch는 샤클 또는 다른 hardware를 사용하지 않고 라인을 연결하는 적절한 방법을 제공한다. (MEG 5.8.4)

참고 : Tonsberg는 straight pin이 있으며 그것은 Tail에 연결해야 한다. Mandal은 곡선 롤러가 있으며 Wire를 연결해야 한다. Boss link는 어느 방향으로든 연결할 수 있다. 모든 경우에 제조사 지침에 따라 연결 링크를 장치하는 것이 중요하다.

Joining 샤클에는 여러 제조사가 있으며 현재 SWL과 최소 항복강도(Minimum yield strength) 또는 UTS(Ultimate Tensile Strength) / 판단 값 사이의 안전 계수에 대한 표준 값은 없다. 그러나 대부분의 제조사는 안전 계수가 3인 연결 장치, 즉 3 x SWL 인 파단 하중을 제공한다. 이것은 라인에 사용되는 것보다 더 큰 안전 계수이다. Joining 샤클의 SWL은 계류 시스템의 라인의 WLL과 항상 같거나 커야하므로 SWL이 연결된 라인의 작업 하중 범위 내에서 절대 초과되지 않아야 한다. wire 및 합성 라인에 대한 WLL 값은 약간 다르지만 (각 선박 설계 MBL의 각각 55%와 50%) 샤클 제조사 또는 선박 운항사가 샤클의 SWL을 WLL에 일치시키려는 것은 아니다. 안전 계수에 대한 표준 값이 없으면 최소 안전 계수 3이 권장된다. 장치 고장 연결의 위험을 최소화하기 위해 전체 계류 시스템 설계와 관련 하여 편차를 고려해야 한다. (MEG 5.8.4.1)

9.13 걸려 넘어지는 위험을 최소화하기 위해 모든 계류삭이 깔끔하게 정돈되어 있으며, 계류 작업 구역이 정리되고 장애물이 없는가?

Mooring equipment

9.14 계류 Foundation을 포함한 윈치 상태가 양호한가?

9.15 Brake linings, Durm 및 Pin 상태가 양호한 상태인가?

참고 : Cheek plate의 찌그러짐과 뒤틀림 상태를 확인하고 Hinge pin과 고정장치 그리고 라이닝 아래의 브레이크 drum 상태도 확인해야 한다.

brake lining 심하게 마모된 경우, 브레이크 조절 나사가 이동 한계(Limit)에 도달하여 더 이상 조이지 못할 수 있다.

9.16 가스 위험 구역 안에 있는 Mooring winch가 전기로 작동된다면, 모터가 Ex'd' 등급이며, 절연테스트를 실시하고 그 결과가 기록되어 있는가?

참고 : 전기 Mooring winch가 가스 위험구역 내에 위치한 경우 모터 제조사의 Plate 또는 문서에 의해 모터가 가스 위험 구역에서 사용하도록 등급이 부여되어 있다는 증거가 있어야 한다. Ex 'd' 등급은 장비가 외부 대기에서 점화하지 않고 내부 폭발을 견딜 수 있음을 의미한다. Ex 'd' 향상된 안전 등급이다. Junction Box로 들어가는 전선의 Gland를 점검해야 한다. 모터의 접지상태에서 절연 상태 점검에 대한 기록이 있어야 한다. 저항은 1메가옴 이상이어야 한다. 절연 저항이 떨어지면 성능 저하가 나타난다.

9.17 계류삭, 합성 Tail 및 연결 장치가 양호한가?

모든 splice 또는 수리는 제조사의 지침에 따라 엄격히 수행하고 적격한 사람에 의해 수행되어야 한다. 각 라인 또는 Tail에 대한 검사 및 수리 기록을 유지해야 한다. 계류 wire의 Eye는 특별한 주의를 기울어야 한다.

임의의 Strand에 3개 이상의 끊어진 wire가 있거나 또는 직경의 10배의 길이 안에 인접한 가닥 5개가 손상되었다면, 손상된 부분은 제거하고 wire를 다시 연결해야 한다.

Strand와 Wire를 효과적으로 관통하는 방부제를 사용하여 그것들의 윤활작업은 일상적인 정비가 되어야 한다. 윤활유를 사용하는 경우 친환경 윤활유의 사용이 권고된다.

9.18 Pedestal fairleads, roller fairlead 및 다른 Roller가 기름칠이 잘 되어 있고, 회전이 자유롭고 Bitt와 Chock가 파인 자국이 없는가?

참고 : 섬유 계류 라인을 사용하는 경우 접촉하는 Chock 및 fitting은 마모 또는 절단으로 인한 손상을 방지해야 한다. 모든 회전 Chock 및 Pedestal는 자유롭게 회전하고 정기적으로 정비 되어야 한다.

9.19 계류장비는 SWL이 마킹되어 있는가?

각 fitting은 SWL이 비드 용접으로 명확하게 표시되어야 하며, 다른 적용 표준에 필요한 표시가 있어야 한다. SWL은 톤('t')으로 표시하여야 하고 fitting이 작동 중에 가려지지 않는 곳에 위치해야 한다.

각 fitting의 SWL은 선박 설계 MBL과 같거나 커야 한다. (MEG 1.4.2)

참고 : 계류 장비가 'Kn'으로 표기 되어 있는 선박도 일부 있으며 이 또한 허용된다.

Anchoring equipment

9.20 windlass, 앵커, Locking bar 및 케이블의 상태가 양호하며 효과적으로 작동되고 있는가?

참고 : Locking bar의 상태는 선박이 묘박 중 브레이크가 케이블의 전체 하중을 받지 않도록 방지하기 위하여 체인을 잠금으로써 올바르게 작동하는지 확인해야 한다.

9.21 접안 중인 경우를 제외하고, locking bar가 위치에 있을 때, 입항 중 앵커는 즉시 사용이 가능한가?

계류 접안 동안 사용 중이지 않은 앵커는 Brake와 Locking bar를 사용하여 적절히 고박해야 하지만 즉시 사용 할 수 있어야 한다. 그러나 특별히 터미널에서 요구한다면 응답은 'NA'로 하여야 한다. (ISGOTT 23.4.2.5)

9.22 Bitter end 고박 장치는 장애물이 없으며, Chain locker 외부에 있는가?

9.23 Chain Locker 문은 확실히 고정되어 있는가?

9.24 선원은 앵커 windlass 및 시스템의 설계 한계를 인지하고 있는가?

선원은 모든 제조사 장비 및 작동 매뉴얼을 숙지하고 장착된 windlass의 설계/작동 제한 사항을 이해해야 한다. 고려해야 할 제한 요소는 조류, 바람, 수심 및 체인과 앵커의 길이 및 무게가 포함될 수 있다.

선원은 OCIMF 간행물의 묘박 시스템 및 절차, 특히 3.8.1.1 치명적인 고장에 대비한 보호 부분의 권장 사항을 따라 안내되어져야 한다.

Single Point Moorings

9.25 Single point mooring 및 연관 장비는 OCIMF 권고사항에 의해 설치되었는가?

SPM 작업이 가능한 2009년 이전에 인도된 현존선에는 76 mm chafe chain을 사용할 수 있도록 설계된 선수 체인 stopper를 장치하여야 한다.

150,000 이상 tdw:	stopper 1개	200톤 SWL
150,000 ~ 350,000 tdw:	stopper 2개	200톤 SWL
350,000 이상 tdw:	stopeer 2개	250톤 SWL

SPM 작업이 가능한 2009년 이후에 인도된 신조선은 아래의 표에 따라 76 mm chafe chain을 사용하도록 설계된 선수 체인 stopper를 장착하여야 한다. 2009년 이전에 건조된 선박의 소유자는 신조선 권고사항에 따라 선수 체인 stopper의 설치가 고려가 권고된다.

100,000 이상 tdw:	stopper 1개	200톤 SWL
100,000 ~ 175,000 tdw:	stopper 1개	250톤 SWL
175,000 이상 tdw:	stopeer 2개	350톤 SWL

선박의 크기에 관계없이 선수 fairlead에서 2.7~3.7미터 사이에 위치해야 하며, 선수 fairlead, stopper, pedestal fairlead와 winch drum 혹은 winch의 warping drum과 관련하여 Stopper의 올바른 정렬을 고려해야 한다.

선수 fairlead는 최소 600 X 450 mm의 크기로 중심선에 위치하여야 한다. 만약 두 개의 fairlead가 권장되는 경우 각 중심 간의 간격은 2미터여야 하며, 3미터를 넘지 않아야 한다. (MEG 4.3)

9.26 만약 선박이 Single point mooring을 위한 계류장비가 설치되어 있다면 계류 장비 지침서(MEG)를 포함한 적용 가능한 권고사항을 만족하는가?

F(P)SO 및 SPM Buoy 터미널을 기항할 가능성이 있는 기존의 유조선은 픽업 라인을 회수하는데 사용되는 윈치 보관 drum을 Pedestal roller의 사용 없이 선수 fairlead 및 선수 체인 stopper가 직선형 리드에 위치시켜야 한다. 직선 리드에서 유조선 선수 계류 장비의 이러한 상대적 위치 지정은 모범 사례이며, 픽업 라인을 처리하기 위한 가장 안전하고 효율적인 배치로 간주된다. 픽업 라인 eye, 연결 샤클, 장방형 플레이트 및 다수의 체인 링크를 허용하기 위해 선수 체인 Stopper와 윈치 drum 사이에 최소 3.0 m의 거리가 있어야 한다.

그러나 기존의 모든 계류 배치 설계가 윈치 적재 drum에 직접적인 직선 리드를 허용하지는 않는다는 점을 인식하고, Pedestal roller의 수와 위치를 결정할 때 스냅 백(Snap back) 부상 위험으로부터 작업자의 안전 및 보호를 고려해야 한다.

그러나 각 선수 체인 stopper마다 하나의 Pedestral roller만 사용해야하며 어떠한 경우에도 2개를 초과하지 않아야 한다. 픽업 라인 lead의 방향 변경 각은 최소화 되어야 한다. 90도를 초과하는 모든 변경의 합과 같이 방향 변경 각도가 큰 경우 유조선은 일부 터미널에서 거부될 수 있다.

사용되는 경우 Pedestal roller가 윈치 보관 drum과 선수 체인 stopper의 중심에 올바르게 정렬되어 있어야 한다. 이는 픽업 라인이 적재 drum에 고르게 적재되는 동안 선수 fairlead의 중심에서 선수 체인 stopper의 중심으로 직접 리드가 가능하다. 픽업 라인 eye, 연결 샤클, 장방형 플레이트 및 다수의 체인 링크를 사용하기 위해 선수 체인 stopper와 가장 가까운 pedestal roller 사이에 최소한 3 미터의 거리가 있어야 한다.

이동 중에 라인이 자유롭게 움직일 수 있으면 그러한 구조물에 걸릴 확률을 낮추기 위해 픽업 라인 또는 체인의 경로 근처에 장애물이나 fitting(예 : Securing dog가 있는 Hatch)이 없어야 한다.

모든 기존 유조선에서 픽업 라인을 적재하는 데 사용되는 윈치 적재 drum은 최소 15 톤을 들어 올릴 수 있어야하고 80 mm 직경 라인의 150 m를 수용 할 수 있는 충분한 크기여야 한다. 픽업 라인을 다루기 위해 윈치 워핑 drum을 사용하는 것은 안전하지 않은 것으로 간주되므로 피해야 한다. 원격으로 작동되는 윈치 적재 drum은 윈치 작업자에게 추가적인 스냅 백 부상 보호를 할 수 있다. (MEG 4.3.4)

9.27 유압으로 작동되는 선수 stopper가 장착되어 있다면, 우발적 풀림을 방지하기 위한 보호수단이 제공되었는가?

Emergency towing arrangements

9.28 비상 예인 장치가 쉽게 이용할 수 있도록 선박의 양 끝에 배치되어 있는가?

비상 예인장치에 대한 요구사항은 20,000 tdw 이상의 석유, 화학 및 가스선에 적용된다. 2002년 07월 01일 이전에 건조된 탱커선은 다음 사항을 만족해야 한다.

- 비상 예인장치의 설계와 구성은 기구가 개발한 지침을 바탕으로 주관청의 의해 승인되어야 한다. (IMO Res. MSC.35(63))
- 선미 비상예인장치는 사전에 방비를 갖추고 15분 이내에 1명이 항내의 통제된 상황에서 배치할 수 있어야 한다.
- 선미 예인 pennant용 pick-up 장치는 전원 상실 시 1명이 적어도 수동 작동할 수 있도록 실세뇌어야 하며, 비상 예인 중 발생할 수 있는 불리한 환경적 잠재요인을 고려해야 한다. Pick-up gear는 날씨 및 기타 불리한 조건으로부터 보호되어야 한다.
- 선수 예인장치는 1시간 이내에 항내에서 배치할 수 있어야 한다. (체인이 선수에 보관된 경우면 제한된 시간 이내에 가져오지는 못한다.)
- 선미 예인장치의 요구사항을 준수하는 선수 예인장치가 허용 될 수 있다.
- 어둡고 시정이 좋지 않은 상태에서 설비의 안전과 효과적인 사용을 위해 모든 비상예인장치는 명확히 표시되어야 한다.
- 모든 비상예인 구성품들은 주기적으로 선원에 의해 검사되고 양호한 상태로 관리되어야 한다. (IMO Res. MSC.35(63))

2002년 7월 1일 이후 건조된 유조선은 다음 사항을 만족해야 한다.

- 선상의 주 전원이 상실된 상태에서도 선박을 예인하고 예선에 쉽게 연결할 수 있도록 장치는 항상 빠르게 준비되어야 한다. 비상예인장치는 적어도 하나는 빠른 배치를 위해 미리 준비되어야 한다.
- 양쪽 끝의 비상예인장치는 선박의 크기 그리고 재화중량톤수 그리고 악천후 시 예상되는 힘을 고려하여 적절한 강도를 가져야 한다. (SOLAS II-1/3-4.1.2)

시스템이 배치될 때 인접한 공간의 수밀이 유지되어야 한다. 주 비상예인장치는 선수 또는 선미에 장치되어야 한다.

9.29 비상예인절차를 보유하고 있는가?

선박에는 선박에 적합한 비상예인 절차가 제공되어야 한다. 그런 절차서는 선상 비상 상황에서 사용하기 위해 선상에서 이용할 수 있는 기존 장치의 배치 및 장비를 근거 하여야 한다.

절차는 다음을 포함해야 한다.

- 가능한 비상 예인장치를 보여주는 선수와 선미 갑판의 도면
- 비상 예인 시 사용할 수 있는 선상 장비의 재고
- 통신 수단과 방법
- 비상예인 작업의 준비 및 수행을 용이하게 하기 위한 견본 절차(SOLAS II-1/3-4.2.2-3)

참고 : 선박은 선박의 특성에 맞는 비상예인책자(ETB)가 3부 있어야 한다. 비상예인책자는 선교, 선수, 사무실 또는 화물 제어실에 있어야 한다. 비상예인책자에는 절차서, 도표 등 MSC.1/Circ 1255에 명시된 내용을 포함하여야 한다.

시스템이 배치될 때 인접한 공간의 수밀이 유지되어야 한다. 주 비상예인장치는 선수 또는 선미에 장치되어야 한다.

Additional Comments :

만약 검사관이 이 장의 특정 질문의 답변에 대하여 이 장에서 다루어지는 주제와 연관되는 추가 Comment가 있다면 검사관은 이 부분에 그러한 추가 Comment를 기록한다.

CHAPTER 10 Engine and Steering Compartments

Policies, Procedures and Documentation

10.1 기관사관은 회사 SMS에 따라 당직표준지침과 기기장비의 안전한 작동을 위한 절차를 알고 있으며 이러한 사항들이 지침에 명확하게 정의되어 있는가?

참고 : 기관 절차에는 적어도 다음의 사항이 포함되어야 한다.

- 기관실 조직 및 운영
- 해당 시 무인당직체제(UMS) 운영
- 장비 결함 보고
- 기관실 비상상황 준비 및 조치법
- 모든 중요 기관실 장비가 사용 가능하고, 완전히 작동하는지 여부 확인
- 계획 정비
- 예비품 관리

10.2 기관 구역이 무인당직으로 승인되었다면 평소 운용상태 하에서 정기적인 경보 없이 안전하게 무인당직 모드로 운용되고 있는가?

선박 운항상의 이유(조선, 해적 구역 통과 등)로 기관실을 부득이 유인체제로 유지하는 경우, 이를 수행하기에 선원이 부족하거나 또는 장비의 결함이 없는 경우를 제외하고는 지적사항으로 기록해서는 안 된다. 그러나 UMS 표기가 된 선박에서 유인운용을 할 경우 명백한 이유가 없다면 검사관은 유인운용의 기간 및 이유에 대해 밝혀야 하고, 이를 위해서 관련 기록사항, 회사절차 및 Standing order는 지적사항을 완전히 설명하기 위해 평가되어야 한다.

만약 기관 구역이 무인당직으로 승인되었다면 승무정원증서상 승선하는 기관사의 수를 줄일 수 있다. Manning Level을 확인하고 만약 유인체제로 운용된다면 승무정원을 줄일 수 없다.

기관구역이 무인운용으로 승인되어 있지만 UMS 설비의 비신뢰성으로 유인체제를 유지한다면 지적사항으로 기록하고 그 이유를 설명해야 한다.

10.3 기관사관들이 기관장의 Standing Order 및 지침들을 이해 및 인지하고 있고, Standing Order는 게시되어 있으며 모든 기관사관들이 서명 하였는가?

Standing Order와 Night Order Book은 전 사관들에게 그들의 책임사항에 대하여 지시되었다는 것을 명백히 하기 위해 확인되어야 한다. Standing Order는 기관장의 요구사항뿐만 아니라 특정 운용자의 요구사항, 선박의 특성, 항로 및 승선 중인 기관사관의 경험들을 포함하여 기관장에 의해 작성되어야 한다. 기관장이 선박에 승선하였을 때 Standing Order를 최신화 및 서명하고, 각 기관사들에 의해서도 서명되어야 한다.

Night Order는 기관실 유인당직 기간 중 Standing Order에 추가 사항이 필요하다면 작성되어야 한다. 무인화 당직기간 동안의 Night Order 작성은 일반적으로 요구되지 않는다.

10.4 기관사관들은 UMS 모드 운용 중 기관구역진입 시 요구사항들, 특히 Deadman Alarm의 설치 위치와 사용에 대해 친숙한가?

선교에 보고 없이 저녁 무인당직 순찰을 위해 진입하는 것과 같이 무인 운용중인 기관구역에는 혼자 진입하는 것을 방지하기 위한 절차가 마련되어야 하고, 기본적으로 진입한 동안에는 정해진 간격에 따라 연락을 유지하는 것이 필수이다.

무인운용 중 부원들이 혼자 기관실에 머물러서는 안 된다. 기관사관 혼자서 당직을 유지하는 선박에서 만약 Deadman Alarm System이 설치되어 있지 않다면 선교 또는 화물제어실과 규칙적이고 자주 연락을 유지할 수 있도록 세부적인 절차가 마련되어 있어야 한다.

무인 운용중인 기관구역의 안전한 진입과 만약 설치되어 있다면 순찰 중 Deadman Alarm의 사용을 위한 요구사항들은 일반적으로 사용하는 기관구역의 입구에 명확하게 게시되어 있어야 한다.

Deadman Alarm은 기관구역에서 주관청이 요구하는 시간 내 Reset되지 않는다면 선교 또는 사관 거주구역에 자동적으로 경보되어야 하며, 이 시간은 30분을 초과해서는 안 된다. (IMO International Codes on Alarms and Indicators, 1995. 7.1.1)

기관구역에서의 수동으로 조작하는 것 외에도 주기적으로 기관구역을 무인으로 운용하는 선박에서는 기관구역 또는 ECR의 경보가 지정 시간 내 당직사관에 의해 잡히지 않고 지속 울린다면 기관사관의 호출경보가 작동되어야 하고, 이는 선박의 크기에 따라 기간이 상이하지만 5분을 초과해서는 안 된다. (Resolution A.1021(26) 8.3)

무인체제를 주기적으로 운용하는 선박의 기관사관 호출경보는 선박의 크기에 따라 지정된 제한시간 이내에 기관구역 또는 ECR의 경보가 인지되지 않으면 작동되어야 하고, 이는 선박의 크기에 따라 상이할 수는 있으나 최대 5분을 초과해서는 안 된다. 단, 2010년 1월 18일 이전에 건조된 선박의 경우에는 5분을 초과하여 설정될 수도 있다. (A.686(17) section 7.2)

10.5 기관 사관들은 기관일지에 요구되는 기입 내용을 알고 있으며, 명확하고 포괄적이며 적절하게 기록하고 있는가?

선박의 안전관리시스템에서는 기관일지에 기입이 요구되는 사항이 명시되어야 하고, 다음 사항들이 포함되어야 한다.

- UMS 운용 선박인 경우, UMS 운용 시간 및 유인운용 상태
- 연료유 수급 및 선박 내 중요 이송
- 연료유 및 윤활유 잔량
- 연료유 전환 / ECA 진입
- 운전중인 기기의 파라미터(RPM, 부하, 온도 및 압력)
- 일일 기관장 서명

기관일지 기입에 오류가 있으면 한 줄로 긋고 날짜 및 서명 후 새로 기입되어야 하고, 기록들을 무작위로 선정하여 유지보수 기간 내 운전시간, 발전기들의 병렬시간과 식별된 경보 및 차단 여부 등을 확인하여야 한다.

10.6 기관부 선원들은 필수 비상설비에 대해 명확하게 설명할 수 있고, 안전한 조작을 위해 현장에 지침이 명확하게 게시되어 있는가?

서면 절차에는 관련된 조작들의 식별이 용이하도록 선박 특성에 따라 구체적이여야 하고 기관실내에서 쉽게 이용할 수 있어야 한다. 절차에는 작동 방법이 포함된 다음의 안내서가 있어야 한다.

- 비상 전원에서 주 전원으로 전력 복구
- 모든 보조기기들에 전력 공급을 위한 주 발전기용의 공기압축기 충전 (연료와 윤활유펌프 및 보일러 공급)
- 모든 보조기기 재가동
- 주기관 및 보일러 재가동

기동절차 내에서 지침들을 보충 설명하기 위해 사진을 사용하는 것은 시스템을 설명하는데 있어 매우 효과적인 방법이다.

10.7 운항자는 제조사의 권고된 주기에 따라 연료유, 윤활유 및 유압유 테스트 프로그램을 활용하고 있으며, 분석 결과에 따라 취해야 할 조치에 대한 절차가 있는가?

오일 분석은 제조사의 권고에 따라 시행되어야 하지만, 오일 상태의 경향을 파악할 수 있도록 규칙적으로 시행되어야 한다.

경향은 윤활유의 상태가 안전한 균형에 머무르고 있는지 아니면 부적합 한계 쪽으로 나아가고 있는지를 나타낸다. 부적합 한계에 도달하기 전에 주로 시정조치를 위해 권고사항이 제공된다.

윤활유 분석 결과에 대한 권고사항은 준수하여야 하며, 이를 준수한 증거가 있어야 한다. 취해진 후속조치에 관계없이 "치명적"(적색 상태) 상태에 대해서는 지적사항으로 기록되고, 이 경우 검사관은 당시의 전반적인 상태를 제공하기 위하여 취해진 후속조치(있는 경우)도 포함하여 기록하여야 한다.

참고 : 테스트 프로그램에 해당되는 유종과 테스트 주기를 기록해야 한다.(예: 연료유, 주기관 윤활유, 유압유, 열유 등) 또한 최신 윤활유 샘플 분석결과에 결함이 없는지 확인하고, 만약 있다면 기록해야 한다.

10.8 유류 수급에 동원되는 선원은 안전한 이송 요구사항들을 숙지하고 있으며, 세부적인 연료유 이송 지침이 있는가?

연료유 수급에 참여하는 선원들은 다른 작업을 해서는 안되며 Topping Off 하는 동안에는 지정된 작업장소에 있어야 한다. (ISGOTT 25.1)

회사는 절차에 다음의 사항들을 고려하여야 한다.

- 연료 선적을 위한 충분한 공간이 있는지 확인
- 모든 tank의 최대 적재량 설정
- 연료 수급 밸브의 설정 조정
- 수급 시작, 적재 및 Topping Off 시 Loading Rate 결정
- 이중저 tank에 수급할 때 특별 유의사항
- 연료유 tank의 환기구 배치
- 내부 tank의 Overflow Arrangement
- 게이징 시스템의 작동과 정확성 검증
- Overfill 경보 장치의 설정
- 연료유 수급 착수 시기를 정하기 위한 터미널과의 통신
- 수급 전 연료유 공급 업체와 통신, 준수해야 하는 수급절차 수립 및 기록사항, 특히 선박과 바지선 사이 안전한 접근 수단이 필요한 경우 품질과 양에 대한 점검을 수행할 수 있는 방법의 결정
- 황화수소(H_2S)를 포함하거나 포함할 수 있는 유류의 취급 관리 방법
- 탄화수소 또는 H_2S 가스 점검 절차
- 수급 중인 연료유의 온도 결정법
- 비상 정지를 포함한 수급시 통신 절차
- 안전하게 수급하기 위해 요구되는 인원
- 합의된 절차 이행의 확인 및 벙커링 운용 감시

- 수급 중 적재 tank의 변경
- 방제장비 배치 및 소재장비 활용

수급 절차가 시작되면 체크리스트를 활용하여 이행하여야 한다. (ISGOTT 25.2)

연료유 수급 tank는 벙커링 전, 중간 및 후에도 모니터링 되어야 하고, H2S가 감지되면 연료유 tank를 주기적으로 점검하여야 한다.

화물 작업에 종사하는 인원을 위한 휴대용 H2S 가스 모니터링 장비의 사용은 적극 권장된다. (ISGOTT 2.3.6.4)

10.9 기관 사관들은 ECA 내에서 운항하는 선박에 대한 요구사항을 알고 있으며, 보일러, 주기관 및 보조기관의 저유황연료의 사용에 관한 명확한 절차가 있는가?

저유황 연료유의 사용을 위해 특별히 설계되거나 개조되지 않은 보일러는 안전상 위험을 수반한다. 따라서 검사관은 반드시 보일러가 저유황 연료유를 안전하게 연소시킬 수 있도록 인증을 받았는지 또는 항내에서 보일러의 운전이 필요하지 않을 때 연료유 가열을 위한 대체 수단이 제공되어 있는지 확인하여야 한다. OCIMF/INTERTANKO 정보지 “Recommendations on the Hazard Assessment of Fuel Changeover Processes”에서 추가 가이드를 제공하고 있다. 선박이 ECA 지역에서 저유황 연료유로 안전하게 운항할 수 있는지를 확인하기 위하여 선급 및/또는 제조사의 서류에 따라 발행된 적합증서 형식의 증거가 제시되어야 한다.

10.10 기관 사관들은 저질유에서 저유황 연료유로 치환하는데 필요한 요구사항과 주의사항을 알고 있으며 이러한 사항들이 게시되어 있는가?

참고 : 지침에는 주 보일러와 보조기기의 연료유를 저질유에서 저유황유로 또는 반대의 경우로 치환하는 경우 연료의 공급이 방해되지 않도록 이행하여야 할 단계가 설정된 치환 프로세스의 모든 측면이 반영되어야 한다.

위험성 확인(HAZID) 평가가 수행되어야 한다. HAZID에는 해상용 저질 연료유에서 증류연료로 또는 그 반대로 치환하는 절차와 자동화 시간과 같은 세부 사항도 포함해야 한다.

탱커선 소유자는 저유황 해상용 증류 연료유의 치환과 장기 사용에 대한 평가의 일부로 다음의 사항을 고려해야 한다.

- 연료유 저장과 취급
- 보일러 및 연소 제어
- 주 기관 및 보조기관

절차에는 다음의 사항들을 포함해야 한다.

- 저유황 해상용 증류 연료유로의 적시 치환을 보장하기 위해 연료유 치환 시작 시점에 대한 지침. 여기에는 항상 안전항해가 고려되어야 하며, 세부 사항은 선박의 항해계획서에 포함되어야 한다.
- 연료유 Heater의 관리 주의사항, 연료유 배관 Heating Line의 관리, 연료유 tank의 오염 가능성 및 연료유 호환성 점검과 연료유 치환 과정에서의 밸브 작동 순서
- 연료유 치환 운용의 과정에서 발생할 수 있는 문제들에 대한 조언과 가이드. 특히, 필터와 같은 기관실 준비는 절차에서 다루어져야 한다.

(연료유 치환 절차의 위험성 평가에 관한 OCIMF 권고 사항)

10.11 선박에 선급 승인된 배기가스 정화시스템이 설치되어 있는 경우 사관은 시스템 및 안전 요구 사항을 잘 알고 있으며 이것이 문서화되어 있는가?

유해 화학물질은 여러 배기가스 처리시스템(EGTS)에서 사용되고 있으며, 선박의 선원을 보호하기 위하여 적절히 통제되어야 한다. 또한 선택적 환원 촉매 시스템(SCR, Selective Catalytic Reduction Systems)에서 HSO4와 같은 더 유해한 화학물질과 혼합물질이 생성될 가능성이 있으므로, 적절한 표지판 및 개인보호장구(PPE)뿐만 아니라 명확한 절차와 선원 교육이 요구된다.

선원 교육에는 EGTS의 일반적인 운전, 소모성 화학물질의 수급, 센서의 검교정과 정기적 유지보수 사항, 시스템 장애 또는 정상작동에서 편차가 발생하였을 경우 준수되어야 할 절차를 포함하여야 한다.

IMO에서는 EGCS와 관련된 잠재적 안전 위해 요인으로 다음의 사항들을 식별하였다.

- 배기 가스의 근접과 취급
- 갯수 또는 검교정 가스의 가압용기 사용 및 보관
- 영구적인 접근 플랫폼의 위치 및 샘플링 위치
- 부식성 물질의 취급과 관련된 위험

선원은 유해 반응물 또는 사용된 화학물질(또는 과정의 결과로 생성되는 화학물질)을 취급하기 위해 적절히 훈련되어야 하고, 가능한 의료 응급조치도 취할 수 있도록 훈련되어야 한다. 요구되는 개인보호장비(PPE)는 취급하는 유해 화학물질의 안전 데이터 시트(SDS)에 명시되어 있다. EGCS와 관련된 건강, 안전 및 환경의 위험성 평가는 위험을 식별하고 비용, 책임 또는 손실과 관련된 불확실성을 줄이기 위해 수행되어야 한다.

(황산화물 배기가스 정화시스템 구현을 위한 OCIMG 가이드)

Planned Maintenance

10.12 사관은 계획 정비 시스템에 친숙하며, 시스템은 이행되고 최신화 되었는가?

비록 특정 컴퓨터 또는 문서에 기반한 계획 정비 시스템(PMS)을 제공하라는 특정 요구사항은 없지만 회사는 선박이 관련 규정의 조항들과 ISM 코드 Section 10.1에 규정되고 회사에 의해 확립된 추가 요구 사항들에 따라 유지관리 되도록 절차를 수립해야 한다.

검사관은 PMS가 ISM 코드, 운영자의 절차 및 TMSA Element 4의 Best Practices에 따라 효과적이고 정확하며, 최신화되어 관리되고 있는지 확인해야 한다. 또한, 책임 사관은 시스템에 친숙하여야 한다.

계획정비 프로그램에는 다음의 사항들이 포함되어야 한다.

- 운전시간 또는 일정기간, 또는 상태 모니터링이 대체로 사용된다면 이에 따라 이행되는지에 관한 유지보수계획의 세부사항
- 요구되는 정비 사항에 대한 장비 제조사의 지침서 또는 경험을 참조한 세부사항
- 시행된 정비 및 수리에 대한 이력
- 예비품 목록
- 제안된 주요 수리 또는 분해정비의 완료 계획, 예비품 보유 또는 구매진행 확인

검사관은 선박에서 운용되고 있는 Class Machinery Survey 표기와 이와 연관된 계획정비 시스템을 고려하여야 한다.

계획정비는 서로 다른 다양한 선급검사제도에 맞추어 운영될 수 있으며, 이것들 모두가 선급의 승인이 요구되는 것은 아니다. 이 제도는 다음과 같다.

- Machinery Renewal or Engine Survey(ES). PMS의 선급 승인은 요구되지 않는다.
- Planned Maintenance Scheme(PMS). "Certificate of Approval for Planned Maintenance Scheme"가 요구된다.
- Continuous Survey Machinery(CSM). 기관의 지속검사 승인; PMS 승인 여부에 따라 결정된다.
- Approved Machinery Planned Maintenance Scheme(MPMS). 선급 검사관의 참여 없이 기관장이 조사한 기기의 특정 항목에 대해서는 선급의 승인이 요구된다.
- Non - Approved Machinery Planned Maintenance Scheme. 선급 승인 불요. 가능하다면 선급 검사관이 검사를 시행하고, 선급 참관이 불가능하다면 기관장이 검사를 시행한 후 선급에 의해 인정받아야 한다.
- Planned Maintenance System (Condition Monitoring) PMS(CM). PMS 또는 PMS(CM)의 "alternative" 검사 시스템에서는 선박에 적절한 Class 표기가 부가 된다. 하지만 두 경우 모두다 PMS의 선급 승인 증서는 발행되지 않는다.

PMS Notation이 선급 증서에 표기되어 있다면 선박에는 최신화된 PMS와 지정된 PMS 버전에 대한 승인 증서가 선박에 있어야 한다.

10.13 선박에서 규정되어 있고 유용한 Critical Equipment의 특정 목록이 있으며, PMS상에 강조되어있는가? 선박에서 지정된 중요 예비품을 사용할 수 있는 수단이 마련되어 있는가?

회사는 선박의 중요 예비품의 최소 수준을 제조사 권장 사항, 선급 요구 사항 및 기기의 중복 요소가 고려된 위험성 평가를 기반으로 설정해야 하고, 이 수준을 모니터링 할 수 있는 효과적인 수단이 제공되어 있어야 한다.

Safety Management

10.14 Engineer's Call Alarm이 장착되어 있고 상태는 양호하며, 주기적인 테스트를 시행한 후 그 결과를 기록하고 있는가?

검사관은 이 주요경보장치의 테스트를 고려해야 한다. 접안 중 허용된다면 선교, 당직 기관사의 방 및 공공장소에 경보가 울릴 수 있도록 테스트를 해야 한다. 만약 경보가 울린 후 정해진 시간 이내에 응답하지 않는다면 Back-up Alarm 시스템이 작동되어야 한다.

10.15 기관실의 모든 구역이 잘 조명되어 있고, 비상탈출로가 명확하게 표시되고, 방해물이 없으며 선원들은 탈출로에 익숙한가?

4.1.5 경사 사다리 및 계단

2016년 1월 1일 또는 그 이후 건조된 선박의 경우, 4.1.1항에 따라 설치된 모든 경사 사다리/계단 및 기관구역 내 비상탈출로의 일부를 이루거나 또는 접근을 제공하지만 보호되지 않은 개방형 발판 계단은 모두 Steel로 제작되어야 한다. 이러한 사다리/계단 하부에는 계단 밑에서 전해지는 열과 화염으로부터 탈출하는 사람을 보호하기 위해 Steel Shield도 설치되어 있어야 한다.

4.1.6 기관구역 내 주요 작업장으로부터 탈출

2016년 1월 1일 또는 그 이후 건조된 선박의 경우 기관구역 내 주요 작업장에서 탈출할 수 있는 2가지 수단이 갖추어져야 한다. 이 탈출로 중 적어도 하나는 기관구역 외부의 안전한 장소와 연결되어 있는 연속된 Fire Shelter를 제공해야 한다. (SOLAS Regulation II-2 / 13.4)

10.16 기관 사관은 비상장비에 대한 테스트 요구사항들을 숙지하고 있으며 테스트 절차에 친숙한가?

비상장비에는 만약 설치되어 있다면 비상소화펌프, 주 소화 및 폼 펌프, 비상공기압축기, 비상발전기, 비상발전기 배전반, 비상조타기, 비상정지, 기관사 경보장치와 빌지 배출장치들을 포함한다.

비상발전기의 테스트는 부하상태에서 시행되어야 하지만 선박의 정전을 필요로 하는 것은 아니다. 또한 SIRE 검사 동안에 이 테스트를 실시하지는 않지만 검사관은 회사가 이 테스트를 위한 요구사항을 가지고 있는지 그리고 최소 1년에 한번 테스트를 실시하였는지 기록을 확인해야 한다.

비상공기 압축기가 장착되어 있다면 디젤 발전기의 시동 압력으로 주기적으로 테스트되어야 하고, 비상용 Air Reservoir는 요구되는 압력을 지속 유지하고 있어야 한다.

APS(Alternative Propulsion System)가 장착되어 있는 경우 선급 및 PMS 요구 사항에 따라 주기적으로 테스트가 시행되어야 하고, 기관 사관은 시스템 작동에 익숙해야 하며 명확한 지침이 게시되어 있어야 한다.

10.17 기관사관은 기관 구역 내 액체 연료 계통에 설치된 Remote Closing 밸브의 작동을 알고 있고, 이 장치는 정기적으로 테스트되고 있으며 양호한 상태인가?

이중저 상부에 설치된 500리터 이상의 용량을 가진 저장탱크, Settling 또는 Daily Service Tank로부터 연결된 연료유관이 손상될 경우나 또는 tank가 위치한 장소에서 화재가 발생한 경우 외부의 안전한 장소에서 tank를 바로 폐쇄할 수 있는 밸브나 콕이 설치되어 있어야 한다. (SOLAS II-2.4.2.2.3.4)

밸브의 폐쇄 방법은 선박의 일반 또는 비상 발전기의 전원이 상실되었을 때에도 작동될 수 있어야 하고, 공압이나 유압의 저장된 힘을 사용하거나 기관 구역 외부에 위치하고 차단밸브에 리치 로드를 장착한 밸브 휠을 사용할 수 있다.

어느 경우든지 폐쇄를 위한 원격 수단은 원격 위치에서 주기적으로 테스트하고 올바르게 작동하는지 입증하는 것이 중요하다. 유압 Hand Pump를 사용하여 작동되는 동력 작동 밸브의 경우 시스템에 의해 작동되는 모든 밸브가 완전히 닫힐 수 있도록 충분한 유압유를 사용할 수 있어야 한다. 각 폐쇄장치의 위치와 식별은 명확하게 표시되어 있어야 하고, 테스트 사실을 입증하기 위해 기록들을 점검하고 이러한 장치들을 완전히 이해하고 있는지 기관 사관에게 질문해야 한다. 또한 검사관은 허용되는 범위 내에서 비상 발전기의 Quick Closing 밸브를 테스트해야 한다.

Fire Fighting Equipment

10.18 사관은 거주구역 및 기관실 환기 팬의 비상 정지 스위치의 위치를 알고 있고, 그것들이 작동되는 공간이 명확하게 표시되어 있으며, 정기적인 테스트 및 유지 관리의 증거가 있는가?

10.19 디젤 엔진의 연료 공급파이프는 적절하게 싸여져 있거나 보호되어 있고, 배기관과 고온의 표면은 분무로부터 보호되고 있으며 주변에는 연료유 또는 윤활유의 누설은 없는가?

고압 연료 pump와 연료 분사기 사이의 외부 고압 연료 injector는 고압라인의 손상 시 누설하는 연료를 가둘 수 있는 피복파이프 시스템으로 보호되어야 한다. 피복파이프는 고압 연료유관을 내장하고 있으며 외부파이프와 일체형으로 구성되어 있어야 하고, 누설하는 연료유를 회수할 수 있는 장치와 연료유라인의 누설 시 경보를 발하는 장치가 설치되어 있어야 한다. (SOLAS II-2/4.2.2.5.2)

연료 계통의 손상으로 인한 누설로 악영향이 예상되는 220° C 이상의 온도를 가지는 표면은 철저하게 절연되어야 한다. (SOLAS II-2/4.2.2.6.1) pump, 필터 또는 히터로부터 가압상태에서 누출된 기름이 뜨거운 표면에 접촉하지 않도록 주의하여야 한다. (SOLAS II-2/4.2.2.6.2)

단열피복재와 절연재는 양호한 상태이어야 하며, 기름이 없어야 한다. 만약 기름 누설이나 기름이 깊이 패인 단열피복재가 있다면 지적사항으로 기록해야 한다.

10.20 청정기실과 연료유 및 윤활유를 취급하는 장소는 환기되고 깨끗한 상태인가?

10.21 선박이 선급의 UMS 표기를 갖고 있다면 주기관 베어링 온도 감시 장치 또는 크랭크 케이스의 오일 미스트 탐지기의 상태는 양호한가?

2,250 KW 이상 또는 지름 300 mm 이상의 실린더를 가지는 내연기관에는 Crankcase Oil Mist Detector 또는 엔진 베어링 온도 모니터링 장치 또는 이에 상응하는 장치가 설치되어야 한다. (SOLAS II-1/47.2)

Detector Alarm 테스트는 제조사의 지침에 따라 전자적으로 또는 커버를 제거하고 센서의 경로를 차단함으로써 시행할 수 있어야 한다.

만약 선박이 선급의 UMS 표기를 갖고 있지 않고, Crankcase Oil Mist Detector 또는 주기관 베어링 모니터링 장치를 가지고 있지 않다면 질문에 대한 대답은 'N/A'이여야 한다. 하지만 선박이 Crankcase Oil Mist Detector 또는 주기관 베어링 모니터링 장치를 가지고 있다면 UMS 운용 선박과 동일하게 답해야 한다.

10.22 유압용 펌프 집합체가 주기관 구역 내 설치되어 있다면 오일 미스트 탐지기가 설치되어 있는가?

유압 Pack에 의해 구동되는 딥웰 펌프가 설치된 선박이라면, 유압 이송관은 압력이 매우 높다. 만약 유압용 펌프 집합체가 기관 구역 내 설치되어 있다면 오일 미스트 탐지기가 설치되는 것이 바람직하다. 그러나 펌프 집합체가 주기관 구역에서 완전이 격리되어 설치되어 있다면 'N/A'에 해당된다.

여기서 완전한 격리란 유압 증기/미스트가 인접 또는 위험한 공간과 점화원에 쉽게 닿지 않도록 구분되어 있어야 한다. 따라서,

- Wire 배열이나 Kick-pipe 또는 기타 격벽이 관통되는 모든 공간은 내화성 Putty 또는 유사한 재료로 절연되어야 한다.
- 문/Hatch/Wire 설치가 수밀일 필요는 없다.

10.23 주 배전반, 교류발전기 및 다른 전기장비가 물 분무로부터 만족스럽게 보호되고 있는가?

소화주관, 소화전 및 해수 공급 라인 등의 물 분무로 인한 배전반 및 기타 전기 장비에 대한 위험이 평가되어야 한다.

습기에 노출되는 전기 장비는 침투 보호 "IP" 등급(예를 들어 IP65)으로 구성된다. ECR 내부 시스템은 이러한 위험으로부터 통상 보호되어 있으므로 높은 등급의 침투 보호가 필요하지는 않지만 에어컨의 냉각수 파이프 또는 Flange 누설의 영향과 분산방지 테이프의 적용과 같은 경감 수단들이 고려되어야 한다.

만약 주 배전반이 ECR 또는 다른 보호된 구역에 위치해 있지 않다면 물 분무로부터 보호하기 위해 취해진 조치에 대하여 Comment로 기록되어야 한다.

10.24 중전압 즉, 220 V 이상의 배전반 전면과 후면에 발판 절연재가 제공되었고 상태는 양호한가?

필요하다면 배전반의 전후에 비전도성 매트나 Grating이 제공되어야 한다. (SOLAS II-1/45. 2)

특정 배전반 전압에 적합한 비전도성 매트나 Grating과 같은 비전도 발판 커버는 배전반 전면과 후면에 인명의 보호를 위해서 설치되어야 하며, 작동 공간에 적합하도록 전체 길이보다 길고 충분한 넓이로 제공되어야 한다. (USCG 46 CFR 111.30-11)

USCG 요구사항은 250 V를 초과하는 배전반에 적용되며, 절연성 복합 재료로 제작된 데크는 추가적인 절연을 필요로 하지 않는다. 절연 매트는 배전반 전면과 후면에만 요구되고, 기관구역 도처에 배치된 개별 기기의 Starter Box는 배전반으로 간주되지 않으므로 그것들의 전면 또는 후면에는 절연매트를 필요로 하지 않는다.

절연 매트는 최소 1000 V(시스템에 따라 다름)는 충족되어야 한다. 유럽 표준 IEC : 61111 : 2009 또는 동급 제품

10.25 유류 tank의 Gauge Glass 폐쇄장치는 Fall-safe Type의 자폐장치이며, 이것이 고정되어 있지 않는가?

10.26 이중저 tank의 자폐 측심장치의 상태는 양호하며 닫혀져 있는가?

10.27 모든 운전되고 있는 기기에는 효과적인 안전 보호장치와 적합한 안구 보호 장비가 제공되고 있는가?

올바른 안전 보호장치는 필요로 하는 기기에 확실하게 고정되어 있어야 하며, 작동을 하기 전에 안전한지 확인되어야 한다. 이러한 보호장치는 장비가 작동하지 않을 때에만 제거되어야 한다. (COSWP 18.22.8)

보호 또는 안전 장치가 없거나, 잘못 조성되었거나, 결함이 있거나 또는 어떤 식으로든 이상이 있는 경우에는 기계를 사용하지 않아야 하며, 결함이 발견되면 수리 될 때까지 기계를 전원에서 차단해야 한다. (COSWP 18.23.2)

10.28 리프팅 장치와 Loose Gear들은 주기적으로 점검하고 테스트한 기록을 유지하고 있는가?

리프팅 장치에는 크레인, 휴대용 또는 Beam에 설치된 체인블럭, Pad Eye, Lifting Beam 등이 포함된다.

Loose Gear에는 하중을 걸어 고정하거나 들어올리기 위한 부분으로 사용되는 Chain block, Strop, Sling 및 Shackle, Hook, Connection Link, Turnbuckle, Blinder, Sheave Block 및 Swivel이 포함된다.

10.29 기관 구역 및 타기 구역이 깨끗하고 누설이 없으며 전반적인 정리정돈 및 정비체계는 양호한가?

참고 : 빌지, Workshops, Compressor Room, Chemical 창고, 예비품 창고, 전기사 창고/작업장, IG Room 및 보일러실에는 기름 누설, 쓰레기나 퇴적물 등이 없는지 확인되어야 하고, 특정 구역에 대한 안전 경고 및 표지는 적합하게 게시되어 있어야 한다.

10.30 빌지 고수위 경보 시스템을 주기적으로 점검하고 기록들을 유지하고 있는가?

참고 : 검사관은 이런 주요한 경보들이 기관 사관들의 입회하에 테스트가 시행되도록 요청하는 것을 고려해야 한다. 대부분의 빌지 경보 작동에는 시간 지연이 있음을 주지해야 한다.

10.31 해수 펌프, Sea Chest 및 관련 파이프들은 양호한 상태이고, 특히 선외 밸브의 심한 부식이나 임시 수리된 부분은 없는가?

Sea Chest, Sea Water Line, Storm Valve 및 선체 관통부의 상태를 주의 깊게 점검하여 그것들의 상태가 양호한지 확인해야 한다.

Straub Coupling은 최초 설계 시스템의 일부로 장착된 경우를 제외하고는 영구 수리로 허용되지 않는다. Straub Coupling이 설치되어 있다면 설치 위치를 확인하여 최초 계획/설계를 충족하고 올바른 유형의 커플링인지 확인해야 한다.

심하게 발청되었거나 변형된 것은 지적사항으로 기록되어야 한다.

Machinery status

10.32 해당되는 경우 다음 장비들의 상태는 양호하고 잘 유지 관리되고 있는 것으로 보이는가?

주기관	
보조기관 및 축과 비상 발전기를 포함한 발전기	▣ 참고 : 최근 발전기의 단독 운전한 사실이 기관일지에 기록되어 있는지 확인한다. Reverse Power Relay와 같은 보호장치와 자동 전환 장치가 양호한지와 기관사관들이 발전기 교대 절차에 익숙한지 확인한다.
폐열 보일러를 포함한 모든 보일러	▣ 참고 : 자동 보일러가 장착되어 있다면 자동 모드로 운전되고 있는지 확인한다. 보일러 제어에서 Override나 By-pass 되는 부분이 있어서는 안 된다.
주 및 비상용 공기압축기	
청정기 및 연료 취급 장비	
Fan, Scrubber, Analyser 및 밸브들을 포함한 불활성 가스 장치	▣ 참고: 트립 테스트를 수행하였는지 기록을 확인한다.
오수 처리 장치	
빌지 펌핑 장치 및 유수 분리기	
스팀, 연료유, 윤활유, 해수, 오수, 드레인 및 에어 파이프 등	
냉장고 및 에어컨 기기	
유압 펌프 집합체	
환기 팬 및 드렁커	
선미관 Sealing 장치	
기타 기기, Stand-by 기기 포함	

버너, 튜브, 흡기, 배기 manifold 및 Spark Arrestor (설치되어 있다면)	연돌 화재와 불꽃에 대한 주의사항으로서 버너, 튜브, 흡기, 배기 manifold와 Spark Arrestor는 양호한 작동 상태로 유지되어야 한다. (ISGOTT 4.2.4.1) 보일러튜브는 출항 후 그리고 입항 전 Soot Blow를 시행하여야 하고, 항구에 있을 때에는 시행하지 않는다. (ISGOTT 4.2.4.2) 참고 : 회사의 정책에는 연돌로부터 불꽃 배출을 피하기 위한 정비 및 소제 절차가 규정되어 있어야 한다. 이러한 사항들이 시행되고 있는지 확인하기 위해 로그북 기록 내용을 확인한다.

10.33 기관 사관들은 비상 상황시 선교로부터 Engine Control을 전환하는 절차에 친숙한가?

참고 : 절차는 Control 전환 방법을 쉽게 적용할 수 있어야 한다. 비상 제어는 엔진 측에서 엔진을 직접 조정하거나 만약 CPP 선박에서는 프로펠러 Pitch를 조정할 수 있는 현장에서 이루어진다. 모든 경우에도 비상 제어에 관한 지침은 게시되어 있어야 하고, 현장에는 통신 설비가 갖추어져 있어야 한다. 만약 선박에 CPP가 장착되었다면, 기관사들은 CPP 고장 모드에 대해 잘 알고 있어야 하고, 고장 모드를 나타내는 표시가 현장에 있도록 권고된다.

10.34 사관은 비상 발전기의 모든 기동 절차를 숙지하고 있으며 이러한 절차는 명확하고 게시되어 있는가?

자동기동방식의 비상발전기에는 주관청이 승인한 최소한 3회 연속기동이 가능한 용량의 에너지원을 가진 기동장치를 갖추어야 하며, 수동 기동법이 효과적인 것인지 입증되지 않는다면 30분 이내에 추가로 3회 기동을 위한 제2의 에너지원이 비치되어야 한다. (SOLAS II-1/44.2)

참고 : 이러한 지침서는 자격을 갖춘 기관 사관을 위한 것이 아니라 비상 상황 시 발전기를 작동하고자 하는 다른 모든 사람들을 위한 것이고, 비상 배전반 전원 공급이 자동 시스템이 아닌 경우에는 전원을 공급하는 방법도 지침에 포함되어 있어야 한다.

만약 발전기의 기동 에너지원이 단일 기동 모터에 의존한다면 예비 기동 모터가 있어야 한다. 검사 중 안전하다고 판단된다면 비상 발전기의 테스트를 시행할 것이 권장된다.

10.35 비상 발전기의 예비 연료 tank에 충분한 연료가 있는가?

발전기는 최대 부하상태에서 최소 18시간 이상 운전될 수 있어야 한다.

참고 : 연료를 가득 채우라는 것은 아니지만 이 요건을 충족할 수 있는 충분한 연료가 최소량으로 설정되어져 있어야 한다. 필요한 경우 비상 발전기의 연료 tank는 영하의 온도에서도 사용할 수 있는 연료유를 사용해야 한다.

이중저 상부에 설치된 저장, Settling, 또는 Daily Service tank로부터 기름이 흘러 나오도록 설치된 모든 기름연료파이프들에 대하여는 만약 손상된다면 이들 tank가 설치되어 있는 장소에서의 화재 발생을 고려하여 외부의 안전한 장소에서 폐쇄할 수 있는 콕 또는 밸브가 tank에 직접 설치되어야 한다. (SOLAS 74 II-2/15.2.5)

비상발전기 연료tank 밸브의 원격조작은 기관구역 내에 있는 다른 tank들의 밸브의 원격조작을 위한 장소와 별도의 장소에 설치되어야 한다. (SOLAS 2004 II-2/4.2.2.3.4)

10.36 비상발전기가 장착되어 있지 않다면 기관실 비상 베터리의 상태는 양호하고 완전히 충전되어 있는가?

비상 베터리는 최대 18시간 동안 설계된 전력 부하를 공급해야 한다.

이 규정에 따라 설치된 축전지는 비상 배전반과 동일한 공간에 설치되지 않아야 하고, 지시계는 주 배전반 또는 ECR 내 적절한 장소에 설치하여 제3.2항 또는 제4항에서 언급한 전력의 emergency source 또는 transitional source를 구성하는 배터리의 방전 상태를 나타내어야 한다. (SOLAS II-I Reg 43.5.3)

10.37 연결박스와 케이블 배열을 포함한 모든 전기장비들의 상태는 양호한가?

10.38 배전반에 심각한 접지 결함은 없는가?

모범 사례는 가능한 무한대에 가깝지만 절연감시장치(IMD)상 5메가옴 이상이어야 한다. 이것은 440 V시스템은 의무이며, 220 V 시스템에서 병렬된 회로가 많기 때문에 2메가옴까지 허용된다.

Steering Compartment

10.39 사관은 출항 전 및 비상조타 훈련 시 조타 장치에 대한 테스트 요건을 알고 있으며 명확하게 게시된 작동 지침에 따라 만족스럽게 이러한 테스트를 실시하고 있는가?

출항 12시간 전에 선박의 조타장치는 선박 승무원에 의해 점검되고 테스트되어야 한다. 테스트 절차에는 적용 가능한 경우 다음 사항들이 포함 되어야 한다.

- 주 조타 장치
- 보조 조타장치
- 원격 조타제어 시스템
- 선교에 위치한 조타 위치
- 비상 전원 공급 장치
- 방향타의 실제 각도와 지시 각도
- 원격 조타 제어 시스템 전원 상실 경보
- 자동 차단 장치 및 기타 자동 설비(SOLAS V Reg 26.1)

점검과 테스트에는 다음 사항이 포함되어야 한다.

- 조타 장치의 요구되는 능력에 따른 타의 완전한 움직임
- 조타 장치와 연결 장치의 육안 검사
- 선교와 조타기실 사이의 통신 수단 점검(SOLAS V Reg 26.2)

주관청은 단기간 항해에 정기적으로 종사하는 선박에 대하여 제1항 및 제2항에 규정된 점검 및 테스트 수행을 위한 요건을 면제할 수 있으나 적어도 매주 1회 이상은 시행되어야 한다.(SOLAS V Reg 26.5)

원격 조타제어 계통 및 조타장치의 동력장치에 대한 절환 순서를 표시하는 블록선도가 포함된 간단한 작동 지침을 선교 및 조타기실에 영구적으로 게시하여 두어야 한다. (SOLAS V/26.3.1)

비상조타 절차의 예행을 위하여 매 3개월에 1회 이상 비상조타훈련을 실시하여야 한다. 이 훈련에는 타기실내의 직접제어, 선교와 조타실과의 연락 절차 및 가능한 경우에는 대체 전력 공급 운용이 포함되어야 한다. (SOLAS V/26.4) 훈련에는 비상조타를 만족스럽게 운영하는데 필요한 인원의 수준이 고려되어야 하고, 가능한 사관들은 비상조타를 직접 시연할 수 있도록 해야 한다.

10.40 조타기의 비상 예비 작동유 tank는 충분히 채워져 있는가?

작동유 저장 tank를 포함하여 적어도 하나의 동력 작동 시스템을 완전히 보충할 수 있는 충분한 용량의 고정식 저장 tank를 갖추어야 한다. (SOLAS II-1/29.12.3)

이것이 저장 tank에 작동유를 가득 충전하는 것을 요구하는 것은 아니지만 요건 준수를 위한 최소 레벨이 설정되어야 한다.

10.41 선교와 통신, 선수방위 및 타각 정보의 제공을 위한 설비들의 상태는 양호한가?

비상조타실이 있는 선박은 적어도 그 장소에 전화나 선수 방위를 전달 할 수 있는 다른 수단이 있어야 한다. (SOLAS 1974 V/12(f) 및 SOLAS 2004 V/19.2.1.9)

1992년 2월 1일 이후에 건조된 총톤수 500톤 이상의 선박은 비상조타실에서 육안으로 나침반 값을 볼 수 있는 장치가 있어야 한다. (SOLAS 74 V/12(f) and SOLAS 2004 V/19.2.5.2)

10.42 조타 장치로의 접근을 방해하는 것은 없는가?

10.43 타기실 구역에는 적절한 핸드레일, 그레이팅 또는 기타 미끄럼 방지 표면 처리가 되어 있는가?

타기실 구역에는 조타장치 및 제어장치에 작업상 접근이 보장되도록 적절한 설비가 갖추어져야 한다. 이 설비에는 작동유가 누설된 경우에도 적당한 작업조건을 확보하기 위한 손잡이, 그레이팅, 기타 표면이 미끄러지지 않도록 조치된 것이어야 한다. (본 규정은 1986년 7월 1일 이전에 건조된 총톤수 10,000톤 이하의 선박을 제외한 모든 선박(Petroleum, Chemical 및 Gas Tanker)에 적용된다.) (SOLAS II-1/29.13.2)

10.44 사관과 부원은 설치된 수밀문의 안전한 작동 요건을 알고 있는가?

수밀문, 현창, 밸브 및 스커퍼, Ash-chute 및 Rubbish-chute의 폐쇄 장치의 작동을 위한 훈련은 매주 실시되어야 한다. 항해가 1주일 이상 지속되는 선박에서는 출항 전 전체 훈련을 실시하고, 그 후 항해하는 동안 매주 실시한다. (SOLAS V Reg 21.1)

이 규정에서 요구하는 모든 훈련 및 점검 기록은 식별 가능한 결함의 명확한 기록과 함께 로그북에 기록되어야 한다. (SOLAS V Reg 21.4)

유압 배관 및 전기 케이블을 포함한 수밀문 제어장치는 선박이 입을 수 있는 모든 손상 가능성을 최소화하기 위해 문이 설치된 격벽에 가능한 가깝게 설치되어야 한다. 수밀문 및 그 제어 장치의 위치는 만약 선박이 선폭의 1/5 이내의 손상을 입은 경우 규정 제2항에서 정의하는 바에 따라 가장 깊은 구획 수준에서 중심선에 직각으로 측정되는 거리에서 작동되어야 한다. 선박의 손상이 수밀문 동작에 영향을 미쳐서는 안 된다. (SOLAS II-I Reg 13.5.3)

모든 동력식 슬라이딩 수밀문에는 문의 개폐여부를 알 수 있도록 모든 원격조작 위치에 표시 장치가 설치되어야 하고, 원격조작 위치는 선교에만 있어야 한다. (SOLAS II-I Reg 13.6)

LNG Bunkering Operations.

선박의 연료로 가스(LNG)를 사용하기 위해 개조되거나 또는 건조되는 선박이 증가되고 있다. 선박 연료유로 가스를 사용하는 선박에 대해 검사를 실시하는 경우 10.45~10.54의 질문에 답해야 한다.

참고 : IGC Code의 통제하에 있는 cargo tank에서 나오는 가스로부터 보일러 가스나 강제 가스를 연료유로 사용하는 LNG 선박은 LNG 벙커링 작업을 수행하는 선박에 해당되지 않는다.

10.45 상세한 LNG 벙커링 및 연료 취급 지침/매뉴얼을 비치되어 있는가?

선박의 SMS에는 벙커링 전, 중, 후의 전 단계를 다루고 있는 점검표와 적절한 연료유 상세 취급 매뉴얼이 있는 상세한 가이드라인과 지침이 포함되어 있어야 한다. (IGF 18.2.3)

참고 : 가이드라인/지침에는 가스 주입, 냉각, 부하, 증기 관리, tank 관리, 가스 배출 및 퍼징 작업이 포함되어야 한다. 또한 가이드라인/지침에는 가스 위험 구역과 적절한 위험성 평가도 포함되어야 한다.

그리고 다음 문제도 다루고 있어야 한다.

- 벙커링 장비 - 호스와 같은 벙커 시스템의 연결/분리 중에 야기되는 위험들도 내포하고 있는 비상 해제 커플링
- 통신 방법
- 계류 평가 및 비상 출항 절차 - 신속 이탈 설비의 활용
- 라인 냉각에 관한 합의
- 라인 배출 방법 및 N2 퍼지 시퀀스/설비
- tank 압력의 조절과 가스 Return에 대해 합의된 방법. 공급과 수급하는 선박 상호간 tank 유형에 대한 정보 교환 - 압력 제어 방법의 지시
- 발생 가능한 누출에 대한 선박측 보호설비
- 연료유 수급 전 점검표에 포함되지 않은 LNG 이송을 위한 STS 체크리스트/ISGOT SSSCL의 관련 요소

- 수량(최대 tank 수급 한도), 수급량 및 Toping Off 시 수급량에 대한 합의
- 갑판 및 제어실의 적절한 운영
- 벙커링 구역에의 적절한 조명

10.46 LNG 벙커링에 대한 위험성 평가가 작성되고 유용한가?

위험성 평가는 선박 탑승자, 환경, 구조 강도 또는 선박의 보전에 영향을 미치는 저인화점 연료의 사용으로 인해 발생될 수 있는 위험이 통제될 수 있도록 수행되어야 하며, 물리적 배치, 운용과 보수, 합리적으로 예측 가능한 고장에 기인하는 위험 요소들에 대해서도 고려되어야 한다.

위험들은 허용되고 인정된 위험 분석 기법을 사용하여 분석되어야 하며, 기능 상실, 구성품 손상, 화재, 폭발 및 감전 등의 위험이 최소한 고려되어야 한다.

분석에는 가능한 한 위험이 제거될 수 있도록 보장되어야 하며, 제거될 수 없는 위험은 필요에 따라 완화되어야 한다. 위험들의 상세와 완화 수단들은 관할 당국에 충족될 수 있도록 문서화 되어야 한다. (IGF 4.2)

10.47 벙커링 전 점검표 및 검증이 적절하게 완료되었고 시행되었는가?

전자 또는 하드 카피 양식의 LNG 벙커링에 대한 기록과 문서가 검토를 위해 제공되어야 한다.

벙커링 전에는 최소한 다음 사항들을 포함하는 벙커링 전 검증을 수행하고 벙커링 안전 점검표에 기록해야 한다.

1) Ship Shore Link(SSL)를 포함한 모든 통신 방법(장착된 경우)
2) 고정 가스 및 화재 감지 장비의 작동
3) 휴대용 가스 탐지 장비의 작동
4) 원격 제어 밸브의 작동
5) 호스 및 커플링의 검사
6) 이송할 LNG와 이송할 tank의 온도, 부피 및 증기 압력의 계산

공급측과 수급측의 상호 합의와 검증에 따라 벙커링 안전 점검이 적합하게 이루어졌는지는 점검표 상 양측 PIC의 서명으로 확인되어 진다. (IGF 18.4.3)

10.48 선박은 LNG 벙커링 운영과 관련된 적절한 비상 대응 계획과 PPE를 갖추고 있는가?

선박에는 적절한 비상 절차가 제공되어야 한다. (IGF 18.2.4)

당직자나 작업 주변에서 근무하는 모든 선원은 적절한 개인 보호 장비(PPE)를 착용해야 한다. (IGF 18.4.6.2)

10.49 선박은 운용 전 점검되고 공급 시설의 직원과 합의된 비상 벙커링 정지 절차를 가지고 있는가?

비상 정지 또는 비상 이탈 시스템이 장착된 경우에는 연료유 취급 설명서에 이에 대한 설명을 포함하여야 한다. (IGF 18.4.2.1.9)

벙커링 제어 장소에는 벙커링 라인/벤트 주위의 덕트에서 가스가 탐지될 경우 청각 및 시각적 경보와 비상 정지 장치가 설치되어 있어야 한다. (IGF 15.5.3)

모든 연결된 벙커링 라인에는 수동으로 작동되는 정지 밸브와 원격으로 작동되는 정지 밸브를 연속하거나 또는 수동과 원격 작동이 결합된 밸브가 설치되어야 하고, 이것은 제어 장소나 또는 다른 안전한 장소에서 원격으로 조작될 수 있어야 한다. (IGF 8.5.3)

10.50 LNG 연료 tank의 적재 제한에 대한 정보를 이용할 수 있는가?

기준 온도 하에서 98% 이상의 액체를 연료 저장 tank에 채워서는 안 된다는 것을 고려하여 실제 연료 적재 온도에 대한 적재 한계 곡선이 활용되어야 한다. (IGF 6.8.1)

기준 온도를 사용하여 계산된 것보다 높은 적재 한계를 허용하기 위해 특별히 고려될 수는 있지만 절대 95% 이상 되어서는 안된다. (IGF 6.8.2)

참고 : Loading Limit (LL) ≠ Filling Limit (FL) (IGF 2.2.27 & IGF 2.2.16)

10.51 LNG를 해상 연료로 사용하는 선박의 선원들은 벙커링 작업에 대해 교육을 받고 인증을 받았는가?

기체 또는 기타 저인화점 연료를 사용하는 선박의 선원들은 개정된 STCW 협약 및 법규에 명시된 규정을 고려하여 직무 및 책임에 적합한 능력을 갖추기 위한 교육을 이수해야 한다. (IGF 19.2)

선박 지침에는 운영을 총괄하는 전담 책임자(PIC)를 명시해야 한다. PIC는 안전한 벙커링 작업을 보장하기 위해 적절한 교육, 훈련 및 인증을 받아야 한다. (IGF 18.4.1.1)

10.52 운영 중 벙커 manifold 구역으로의 접근을 제한하기 위한 가시적인 수단이 제공되고 있는가?

연료유이송 작업 중 화재 안전 주의사항을 열거한 경고 표지를 벙커링 구역의 접근 지점에 게시해야 한다. (IGF 18.4.6.1).

이송 작업 중 벙커링 manifold구역의 인력 배치는 필수 선원으로만 제한되어야 한다. (IGF 18.4.6.2)

10.53 영구적으로 고정된 가스 감지 및 경보 장치가 LNG 벙커링 manifold, vent 구역 및 기타 설치가 요구되는 구역에 적절하게 설치되어 있는가?

노천갑판에 위치하지 않는 벙커링 스테이션은 벙커링 운용 중에 방출되는 증기가 외부로 제거되도록 적절히 환기되어야 한다. (IGF 13.7)

영구적으로 설치된 가스 감지기는 다음 위치에 장착되어야 한다.

1) tank 연결 공간
2) 연료 파이프 주위의 모든 덕트
3) 가스 파이프, 가스 장비 또는 가스 소비 장치를 포함하는 기관 구역
4) compressor room 및 연료 처리실
5) 덕트없이 연료 파이프 또는 기타 연료 장비를 포함하고 있는 기타 밀폐 구역

6) 연료 증기가 축적될 수 있는 기타 밀폐 구역 또는 반 밀폐 구역, Type C 외 독립 tank 의 연료 저장 구역과 IBS(Interbarrier Space) 포함

7) airlock

8) gas heating circuit expansion tanks

9) 연료 시스템과 관련된 모터실

10) IGF 4.2에서 요구되는 위험성 평가에 근거하여 거주구역 및 기관 구역에 대한 환기흡입구에 필요한 경우

가스 감지 설비의 청각 및 시각적 경보는 항해 선교 또는 지속 유인으로 운영되는 중앙 제어실에 위치해야 한다. (IGF 15.8)

10.54 적절한 극저온 누출 방지 수단을 테스트하고 활용하고 있는가?

극저온 물질이 누출되거나 차가운 벙커 호스/파이프와 탄소강 구조물 사이의 접촉이 발생할 수 있는 곳은 모두 보호되어야 한다. 이러한 시스템은 워터 커튼같이 능동적이거나 드립 트레이 또는 절연 담요와 같이 수동적일 수 있다.

워터 커튼과 절연 담요와 같은 극저온 보호 시스템은 PMS의 일부로 점검 및 유지관리 되어야 한다. (SGMF 안전 지침)

선박의 LNG 벙커링 스테이션/manifold는 누출로부터 적절히 보호되어야 한다.

- 누출이 선박 구조물에 손상을 줄 수 있거나 누출로 영향을 받는 구역의 제한이 필요한 경우 드립 트레이를 장착해야 한다.
- 드립 트레이는 적절한 재료로 제작되어야 한다. 드립 트레이는 액체 연료가 누출되는 경우 선체 주변 또는 갑판 구조가 허용될 수 없는 냉각에 노출되지 않도록 선박 구조와 열절연이 되어야 한다.
- 각 트레이에는 배수 밸브를 장착하여 빗물이 현측으로 배수될 수 있도록 해야 한다.
- 각 트레이에는 위험성 평가에 따른 최대 누출량이 처리될 수 있도록 충분한 용량이 있어야 한다(IGF 5.10).

10.55 지정되지 않은 질문?

Additional Comments :

만약 검사관이 이 장의 특정 질문의 답변에 대하여 이 장에서 다루어지는 주제와 연관되는 추가 Comment가 있다면 검사관은 이 부분에 그러한 추가 Comment를 기록한다.

CHAPTER 11 General Appearance and Condition

Remarks에는 선체, 노출 갑판, 상부구조물의 도장 및 외관의 표면 상태 그리고 거주구역의 청결과 위생시설의 상태와 관련된 추가적인 Comments를 기록하여야 한다.

참고 : 구조물, 파이프, 부속품, ladder, catwalks, rails 등을 포함한 각 구역의 상태가 양호하고, 청결하며 적절한 도장이 유지되고 있는지 확인한다.

Hull, superstructure and external weather decks

11.1 선체의 전반적인 상태, 시각적 외형 및 청결상태는 만족스러운가?

사고나 다른 예외적인 상황으로 기름이 배출된 경우 배출 상황 및 이유를 기름기록부 Part II에 기재하여야 한다. (Oil Record Books Introduction Parts I and II)

참고 : 선체에는 기름 자국, 넓은 범위의 도장 손상 또는 과도한 해양생물이 부착되어 있지 않아야 한다. Comment에 대략적인 코팅의 손상 비율 또는 해양생물의 부착 범위를 기록해야 한다. 해상에 미상의 원인으로 기름이 떠 있는 구역을 통과하여 선체에 기름이 묻을 수 있으나 이는 Oil Record Book에 기록하지 않는다. 만약 주간에 이러한 구역을 통과하여 선체에 기름이 묻었다면 이러한 사실을 갑판 로그북에 기록해야 한다.

평가의 통일성을 위해 도장 상태의 평가는 RESOLUTION MSC.261 (84)에 따라 동일한 지침에 근거해야 한다.

코팅 조건은 다음과 같이 정의된다.

- GOOD: 경미한 부분 부식만 있는 상태
- FAIR: 검토 대상 영역의 20% 이상의 면적에서 가벼운 부식은 있지만 POOR 상태에 대해 정의된 것보다 적은 상태
- POOR: 검토 대상 영역의 20% 이상의 면적에서 도장이 손상되었거나 10% 이상의 면적에 심한 스케일이 형성된 상태

11.2 선체 마킹들이 올바른 위치에 명확히 표기되어 있는가?

선박 식별번호는 다음과 같이 영구적으로 표기되어야 한다.

- 선박의 선미 또는 선박 중앙의 좌우현 만재흘수선 최상단 상부 또는 상부구조물 좌우현 또는 상부 구조물 전면의 눈에 보이는 장소
- 기관 구역 횡격벽 양쪽 끝 또는 화물창 한쪽 또는 탱커의 경우 pump room 내 접근이 용이한 장소(SOLAS XI - 1/3.4)

영구적인 마킹은 선체 다른 표시에 대비하여 명확하고 쉽게 육안으로 식별 가능해야 하며, 주변색과 대조적인 색으로 도장해야 한다. (SOLAS XI - 1/3.5.1)

Paragraph 1에 언급된 영구적인 마킹은 높이 200 mm 이상이어야 하고, Paragraph 2에 언급된 영구적인 마킹은 높이 100 mm 이상이여야 하며, 마킹의 넓이는 높이에 비례하여야 한다. (SOLAS XI - 1/3.5.2)

선박 식별 번호에 대한 요건은 2004년 7월 1일 이전에 건조된 선박의 경우 기준일 이후 첫 번째 계획된 입거 시 충족되어야 한다. (SOLAS XI-1/3)

참고 : 해당되는 경우, 다음 사항도 명확하게 표시되어야 한다.

- 선명
- 만재흘수선
- 흘수표
- Thruster warning
- Tug push point

11.3 노출 갑판의 일반적인 상태, 육안상 외형 및 청결 상태는 양호하고 갑판 작업 구역은 명확히 식별되어 있으며 미끄럼 방지 표면처리가 되어 있는가?

11.4 서비스 파이프의 일반적인 상태는 만족스럽고, 심한 부식과 Pitting 및 소프트 패치 또는 다른 임시적인 수리는 없는가?

다음의 갑판 배관은 반드시 점검되어야 한다. 특히 배관 하부의 마모와 패칭 또는 로프의 마찰에 의한 가속된 마모를 점검하여야 한다.

- 유압 및 공압 파이프
- 주 소화 및 부속물
- 갑판상 스팀 라인
- 압축공기 라인
- Tank 세정 라인
- 전기선 배관, 청수 배관 등

파이프 고박 장치들은 손상되지 않고 필요에 따라 파이프의 자유로운 이동을 할 수 있어야 한다.

갑판상 화물라인이 단열 처리되어 있는 경우 단열재의 물리적 상태도 평가되어야 하고, 슬라이딩 피트가 설치되어있는 경우 목적에 맞게 위치해 있는지 검사해야 한다.

11.5 Pipe Stands, Clamps, Supports 및 Expansion 장치는 양호한가?

단열재로 영구적으로 보호되는 파이프들은 특히 주의를 기울여 관리하여야 하며, 파이프 상태를 확인하기 위한 유지관리 계획이 있어야 한다.

11.6 수밀문, 선교 유리창 및 원형창(스커틀)를 포함한 모든 갑판 개구부의 상태는 양호하며 성능은 유지되고 있는가?

11.7 연료유, 발라스트 및 다른 공간의 환기구와 공기 파이프의 상태는 양호하고, 정기적으로 점검되고 있음이 육안으로 식별되는가?

Vent Head는 정기적으로 분해하여 Flame Screen이 깨끗하고, 수분 유입을 방지하기 위한 폐쇄 장지의 상태가 양호하며 정확하게 작동하는지 점검하여야 한다. 각 Vent와 Air Pipe의 구역은 명확하게 표시되어 있어야 한다.

참고 : ballast tank의 Vent Head에는 Flame Screen을 설치할 필요는 없다.

11.8 외관상 선루 갑판의 일반적 상태 및 청결상태는 만족스러운가?

Monkey Island(탑 브릿지)에는 마스트가 적절히 고정되어 있는지, 자기 나침반 함, 안테나 및 지지 브래킷 등이 양호한 상태로 유지되고 있는지 점검해야 한다.

Electrical Equipment

11.9 어둠 속에서도 안전하게 작업 할 수 있도록 갑판을 밝히는 데크 라이트가 모두 작동 가능하며 숫자와 빛이 닿는 범위가 충분한가?

갑판 조명의 밝기는 아래 사항이 가능하도록 충분하여야 한다.

- 갑판의 모든 구역에 안전하게 접근할 수 있는 충분한 시야
- 계류 설비의 안전한 사용
- 갑판 지역의 누출 및 유출에 대한 감시
- 모든 갑판 구역 및 관계자 외의 접근을 예방 할 수 있는 주변 인접 구역의 감시

시스템이 작동하고 배전반에 Earth가 발생하지 않는지 확인하기 위해 대낮에도 갑판 조명을 테스트해야 한다.

11.10 전선배관 및 배선을 포함한 전기 설비의 상태는 양호한가?

11.11 가스 위험구역 내 조명장치는 방폭형이어야 하며, 상태는 양호한가?

참고 : 조명은 방폭형 또는 가압식이어야 한다. 방폭등의 Flame Path에는 페인트칠이 되어서는 안 된다. 형광등의 부속품에는 일반적으로 양쪽 끝에 Flame Path가 있다.

만약 커버를 고정하기 위한 올바른 볼트 또는 정확한 크기의 전등을 사용하지 않는다면 가스 위험구역에서 사용되는 장치들을 승인한 제조사나 주관청의 증서는 더 이상 유효하지 않게 된다.

다음의 사항들에 특히 주의가 요구된다.

- 금속 또는 유리의 균열이나 파손, 내화 또는 방폭의 밀폐유리 주변에 발라진 시멘트의 파손
- 내화 밀폐형 커버가 단단히 조여져 있는지, 볼트가 빠지지 않았는지 그리고 접합 금속표면 사이에 가스킷이 없는지 확인
- 각 연결 부위의 완전한 연결
- 전선배관 배열과 부속품의 연결부분 이완

환기 팬, cargo pump, 화물 윈치 모터 및 조명 시설은 가스 위험구역 내에 있을 수 있다. Ex'd' 등급은 외부 대기에 발화하지 않고 내부 폭발을 견딜 수 있음을 의미한다. 'e'는 강화된 안전등급이다.

Internal Spaces

11.12 선수 창고에 수분이 없고, 내부 구역과 창고는 쓰레기 없이 깨끗하며 정리정돈이 잘 되어 있는가?

Accommodation Areas

11.13 거주구역, 공공장소, 위생구역, 식품취급구역, 냉장구역, 주방 및 식료품 저장실은 위생적인 상태이고 장애물이 없이 깨끗하고 밝고 잘 정리되어 있는가?

주방 레인지 내부, 연관 파이프 내부 및 주방 환기구의 필터에 남은 타지 않은 연료 또는 지방 축적물들은 화재를 발생시킬 수 있으므로 청결한 상태를 유지하여야 한다.

2002년 7월 1일 이후 건조된 선박에서 밀폐된 장소 또는 개방 갑판에 설치되는 Deep-fat Cooking 설비를 갖추기 위해서는 다음의 요건을 충족해야 한다.

1) 기구가 허용하는 국제 표준에 따라 테스트된 자동 또는 수동식 소화 장치
2) 온도 조절 장치가 고장 났을 때 작동자에게 경보를 울리는 1차 및 백업 온도 조절 장치
3) 소화 장치의 작동 시 자동 전원 차단 장치
4) 조리실에 설치된 장비의 소화 장치 작동을 나타내는 경보 장치
5) 선원이 즉시 사용할 수 있도록 준비된 소화시스템의 수동조작장치 (SOLAS II-2 Reg 10 6.4)

11.14 세탁장에 화재의 위험이 있이 될 수 있는 축적된 옷들이 있는가?

11.15 선내 병원이 있다면 깨끗하고 정리정돈이 잘 되었으며 사용을 위한 준비가 되었는가?

참고 : 선박의 병원은 즉시 사용할 준비가 되어야 한다. 선박의 병원은 추가 선실이나 창고로 사용되지 않아야 한다. 만약 병원이 없다면 질문에 대한 대답은 'NA'이다.

11.16 거주구역 전기 설비의 상태는 만족스러운가?

11.17 냉장구역의 경보장치의 상태는 양호하고 잘 작동하는가?

경보는 주기적으로 테스트하고 기록 관리해야 한다.

Additional Comments :

만약 검사관이 이 장의 특정 질문의 답변에 대하여 이 장에서 다루어지는 주제와 연관되는 추가 Comment가 있다면 검사관은 이 부분에 그러한 추가 Comment를 기록한다.

Remarks에는 선체, 노출 갑판, 상부 구조물의 코팅 및 외관의 표면 상태 그리고 거주구역의 청결과 위생시설의 상태와 관련된 추가적인 Comments를 기록하여야 한다.

CHAPTER 12 Ice Operations

선박에 선급 대빙, 유효한 동계화 증명서 또는 극지방 선박 증명서가 있는 경우 이 조항를 완료해야 한다. OCIMF 간행물 '계절 1년 빙하 및 심각한 영하의 조건에서 대형 탱커의 사용'은 계절 1년 빙하의 영향을 받는 지역에서 탱커의 안전한 작동에 대한 지침을 제공한다. 극지에서 운항하는 선박에 대한 IMO 국제규격은 SOLAS 장 XIV에 제정된 바와 같이 적용된다. 이 장은 북극해에서 국제항해를 하는 SOLAS 선박에 적용된다. 2017년 1월 1일 극지 운항 선박 안전 기준(Poral Code) 발효 전에 건조된 선박은 2018년 1월 1일 이후 최초로 발생한 중간 또는 갱신 조사로 극지 운항 선박 안전 기준(Poral Code) 요건을 충족해야 한다.

이 장의 목적상 '심각한 0 미만' 조건은 -15℃ 이하의 일평균 주변 온도로 정의된다. (계절 1년 빙하 및 심각한 영하의 조건에서 대형 탱커 사용 - 2010)

12.1 빙하 또는 극지 수역에서의 작업에 대한 절차가 있는가?

극지 운항 선박 안전 기준(Poral Code)을 준수해야 하는 선박의 경우 선급이 승인한 극지 운용 매뉴얼(PWOM)이 필요하다.
일반적으로 다음 정보를 포함하는 빙하 또는 극지 수역에서의 작업 절차를 사용할 수 있는지 확인해야 한다.

- 빙하에서의 운용
- 저온 공기 온도에서의 작동
- 고위도에서의 통신 및 항법 기능
- 항해 기간
- 운용을 위한 전략적 계획
- 환경 조건의 예측을 수신하기 위한 준비
- 수력, 기상 및 항법 정보의 검증
- 특수 장비의 작동
- 장비 및 시스템 기능 유지 관리 절차

- 환경 조건 제한 시 위험 경감
- 비상 대응
- 비상 대응 서비스와의 조정
- 빙하에 의해 장기간 갇힐 시 생명유지 및 선박 건전성 유지 절차
- 에스코트 작업
- 호송 작업

12.2 빙하을 탐지할 수 있는 수단이 있는가?

이러한 수단에는 서치라이트, 열 이미지 처리법, 빙하 레이더 또는 전방 견시가 포함될 수 있다. 서치라이트는 좁은 빔 유형이어야 하며 각 브릿지 윙 또는 앞쪽에 장착되어야 한다. 선교 윙에 장착된 서치라이트는 폭설 시 교란을 줄이기 위해 원추형이고 위치는 눈 높이 이하로 하는 것이 좋다. (최소 2 kW 할로겐 또는 1 kW 제논) 서치라이트는 적절한 방향 이동을 보장하기 위해 적절한 탈빙 수단을 장착해야 한다. 빙하 레이더는 일반적으로 12비트 프로세서와 전용 디스플레이로 구성된다. 12비트 프로세서는 빙하에서는 얼음에서 향상된 감지 및 분해능을 제공한다.

comment로 기록될 빙하 탐지 수단.

12.3 빙하 데이터, 빙하 도표 및 위성 이미지를 포함한 항법, 기상 및 환경 데이터의 일상적인 수신을 위한 시스템이 마련되어 있는가?

최신 빙하 정보를 정기적으로 수신하기 위한 시스템이 있는지 확인한다.

12.4 STCW 섹션 A-V/4에 따라 선원에게 빙하 또는 극지 수역에서의 항해를 다루는 교육을 구체적으로 제공하였는가?

교육에는 정식 과정, 사내 또는 선내 교육, 비디오의 규제된 사용 및 컴퓨터 기반 교육(CBT)이 포함된다.

Comment에 교육 세부 정보(예: 코스 이름, 전달 방법, 제공자, 교육자 및 교육 날짜, STCW 준수 여부)를 기록야 한다.

12.5 동결 또는 막힘을 방지하기 위한 적어도 하나의 주기 엔진 Sea chest에 있는가?

동결이나 막힘을 방지하기 위해 사용되는 방법으로는 난방, 온수 또는 증기의 사용 및 빙하 막힘을 불어내도록 설계된 시스템이 있다.

12.6 영하의 온도에서 작동하기 위한 절차를 이용할 수 있는가?

일반적으로 다음 정보를 포함하는 영하 온도에서의 작동 절차를 확인한다.

- 영하 기온의 영향으로부터 선원을 보호하는 방법(예: 추운 날씨 복장, 당직 관리 및 근무 기간)
- 거주구dur 난방 준비
- 선박 주위의 안전한 접근과 이동을 유지하기 위한 조치
- 조타실 장비 및 시스템의 작동가능성을 보장하고 효과적인 견시 유지를 위한 준비
- 소화 시스템 및 구명설비를 포함한 중요 장비 및 시스템의 작동가능성을 보장하기 위한 절차
- 화물 및 ballast 시스템의 관리
- 해치 및 문 주위의 얼음과 눈이 쌓이는 것을 제거하거나 예방할 수 있는 수단 제공

12.7 승조원을 영하의 온도에 노출되지 않도록 보호하기 위한 수단 및 절차가 마련되어 있는가?

절차에는 예상한 추운 날씨에 적합한 보호복의 제공이 포함되어야 한다. 특히 추운 날씨 PPE(안전보호장구)의 제공과 작업 일정 관리를 통해 노출된 장소에서 직무를 수행하는 인력이 적절히 보호될 수 있도록 하는데 주의를 기울여야 한다. 그러한 책무의 예로는 선수 견시, 현문 당직, 윙 브릿지 견시가 있다. PPE 및 노출된 위치에서의 작업에 대한 지침은 OGP 보고서 398을 참조한다.

참조 : 극지 서비스 온도(극지선박 증서 2.3.1 및 극지 코드 Part 1A 1.2.11)

윙브리지 개폐여부를 comment로 기록한다.

12.8 거주하기에 적합한 온도로 거주구역을 유지하기 위한 수단이 제공되고 있는가?

거주구역 난방 시스템은 적절한 이중화를 가져야 한다. 거주구역 내의 외부 격벽은 영하의 온도에서 응결이 형성되지 않도록 단열되어야 한다.

다음은 MLC 지침 B3.1.3 난방에서 인용한 것이다.

1) 선원이 거주하고 있거나 선상에서 작업하고 있을 때 선원 거주구역를 난방하는 시스템은 항상 작동되어야 한다.
2) 난방 장치가 필요한 모든 선박에서 난방은 온수, 따뜻한 공기, 전기, 증기 또는 이와 동등한 것에 의한 것이어야 한다. 단, 거주구역 내에서는 증기를 열전달 매개로 사용해서는 안 된다. 난방 시스템은 선박 항해 구역 내에서 충족될 가능성이 높은 날씨와 기후의 정상 조건에서 선원 거주구역의 온도를 만족스러운 수준으로 유지할 수 있어야 한다. 주관청은 제공할 기준을 규정해야 한다.
3) 라디에이터 및 기타 난방기기를 배치하고, 화재, 위험 또는 탑승자의 불편함을 방지하기 위해 필요 시 차폐되어야 한다.

12.9 영하의 조건에서 선박에 대한 안전한 접근과 이동을 보장하기 위한 수단과 절차가 마련되어 있는가?

절차는 보행로와 접근 사다리가 안전한 상태로 유지되는지 확인해야 하는 필요성을 다루어야 한다. 선박에는 나무망치, 열선내장 계단 및 핸드레일과 같은 중요한 구역에서 눈과 빙하을 제거할 수 있도록 재료 및/또는 장비를 구비해야 한다.

12.10 조타실 창문의 결빙을 방지하기 위한 수단이 마련되어 있는가?

조타실 창문이 결빙되지 않도록 난방되어야 한다. 열은 송풍기 또는 유리 내부의 난방 요소에 의해 제공될 수 있다. 열을 가하고 열선내장 창문과 함께 사용하지 않는 한, 윈도우 와이퍼는 영하의 온도에서는 효과적이지 않다. 와이퍼가 얼거나 얼음으로 흐려질 수 있기 때문이다. 스크린에 열이 가해질 경우 유리 디스크를 고속으로 회전시키는 '클리어 뷰 스크린'이 효과적일 수 있다.

12.11 영하의 온도에서 작동하기에 적합한 레이더가 장착되어 있는가?

레이더 안테나 작동 온도 범위는 일반적으로 레이더 제조업체 매뉴얼의 사양 섹션을 참조하여 얻을 수 있다. 때때로 규격은 실제 온도 값보다는 표준을 인용한다. IEC 60945에 대한 참조는 작업 온도 한계 -25℃ ~ +55℃에 대한 적합성을 포함한다. 스캐너와 스캐너 모터의 작동 온도 범위가 영하 온도에서 사용하기에 적합한지 확인해야 한다. 작업 온도 범위를 기록해야 한다. 스캐너 드라이브에 사용되는 윤활유는 영하 온도에 적합해야 한다.

12.12 영하 온도에서 기적과 무중 호각이 작동 가능한지 확인하기 위한 수단 및 절차가 마련되어 있는가?

참고 : 히터 등의 사용 수단 기록

12.13 영하 공기 온도에서 중요한 장비와 시스템의 작동 가능성을 보장하기 위한 수단 및 절차가 마련되어 있는가?

절차는 한랭 지역에 진입하기 전에 중요한 장비를 준비해야 하는 필요성을 다루어야 한다. 비상 발전기 및 구명정 엔진과 같은 시스템에 사용되는 연료의 적합성을 보장하고 배터리 또는 기타 저장된 에너지 장치의 성능 상실을 방지하는데 특히 주의를 기울여야 한다.

12.14 수단 및 절차가 생명구조 기기의 사용가능성을 보장하는 것을 목표로 하고 있는가?

절차에는 다음을 포함하는 구명장비의 사용 가능 여부를 보장하는 조치가 포함되어야 한다.

- 탈출 경로가 접근 가능하고 안전하게 유지되도록 보장해야 한다.
- 선박이 차가운 구역에 진입하기 전에 방온복 및 방수복의 필요성이 제기되어야 하며 예상 온도에 적합한 장비가 제공되어야 한다.
- 구명정 및 구조정에 사용되는 연료 및 엔진 오일이 영하의 온도에서 작동하기에 적합한 유형이어야 함을 보장한다. 장착된 경우 난방 시스템이 작동하는지 점검해야 한다.

- 구명보트 물 컨테이너를 인접한 가열된 공간으로 이동시킬 필요성을 다루어야 한다.
- 구명정과 진수 장치에 얼음이 쌓이지 않기 위한 요건. 구명정과 구명 뗏목 또는 도어 씰과 같은 중요한 품목을 보호하기 위해 제공되는 전기 트레이스 난방 근처에는 얼음 제거 망치가 있어야 한다.

12.15 소화시스템의 운전가능성을 보장하기 위한 수단 및 절차가 마련되어 있는가?

비상 소화 펌프를 포함한 소화 펌프는 가열된 공간에 있거나 결빙되지 않도록 보호되어야 한다. 비상 소화 펌프 설비는 얼음으로 인해 바닷물이 막히는 것을 방지하는 것을 고려해야 한다. 절차에는 시스템의 가용성을 보장하기 위한 조치가 포함되어야 한다.

영하 온도에서는 시스템을 작동할 수 있도록 소화 주관의 가장 낮은 지점에서 배수하고 배수 밸브를 닫아야 한다. 이 절차는 드레인 밸브를 작동하여 라인의 배수 상태를 정기적으로 점검해야 하는 필요성을 다루어야 한다. 이 절차에서는 소화전과 모니터의 결빙을 방지하기 위해 영하 온도에서 소화 주관을 다시 가압하는 방법도 고려해야 한다.

소화 시스템은 얼음이나 눈이 쌓이거나 영하 온도에서 지속적인 작동 가능성을 보장하도록 설계 또는 배치되어야 한다.

물 또는 폼 소화기는 결빙 온도에 노출된 위치에 배치해서는 안 된다.

소화 주 isolating 밸브는 접근할 수 있도록 배치해야 한다. 노출된 위치에 있는 isolating 밸브는 동결 스프레이에 노출되지 않도록 보호해야 한다. 소화전은 얼음 축적을 고려하여 모든 예상 조건에서 작동 가능한 상태로 유지되도록 배치되거나 설계되어야 한다. 소화전 밸브는 무거운 장갑을 착용한 사람이 쉽게 작동할 수 있도록 설계되어야 한다.

참고 : 갑판 소화 주관의 배수 지점 위치를 기록해야 한다.

12.16 공기 흡입구 및 fire flap의 적절한 기능을 보장하기 위한 수단 및 절차가 마련되어 있는가?

참고 : 정기 점검, 보호 위치, trace heating 등 사용되는 수단 기록

12.17 갑판의 배관 시스템을 동결 위험으로부터 보호하기 위한 수단 및 절차가 마련되어 있는가?

절차는 사용 전에 갑판 라인의 온전함을 점검해야 한다. 갑판의 모든 화물, ballast, tank 세정 및 COW 라인은 압력 테스트 또는 사용 후 철저히 배수되어야 한다. 라인은 시스템의 가장 낮은 지점에서 배수해야 한다. tank gauge/dipping 지점 및 압력 gauge에 있는 밸브와 같은 밸브가 동결되지 않기 위한 수단을 사용할 수 있어야 하며, 이는 적절한 그리스 및 캔버스 커버를 사용하여 이루어질 수 있다.

화물 manifold 드립 트레이는 모든 잔수가 배출되어야 한다. 갑판 공기 라인을 분리하여 배출해야 한다. 갑판에 공기가 필요할 경우 에어 드라이어를 통해 공기를 공급해야 한다.

갑판 상 계류용과 다른 장비의 유압 시스템 기름의 온열을 유지하기 위해 순환시켜야 한다. 이는 mooring 윈치를 기어에서 꺼내 천천히 회전시키거나 오일을 따뜻하게 유지하도록 설계된 히팅 바이패스 시스템을 사용 할 수 있다.

12.18 -2℃의 해수온도와 영하의 대기온도에서 ballast 시스템 및 dreching 시스템의 작동가능성을 보장하기 위한 수단 및/또는 절차가 마련되어 있는가?

참고 : 난방 설비, air bubbling 및 ballast water exchange와 같은 수단과 절차를 포함한다. 이 절차에는 영하 온도에서 화물을 적재할 때 ballast 취급에 대한 지침이 포함되어야 한다. 사용 수단을 기록한다.

12.19 cargo tank의 1차 및 2차 환기 장치의 결빙을 방지하기 위한 수단 또는 절차가 마련되어 있는가?

P/V 밸브에 난방 시스템이 제공되지 않는 경우 절차를 통해 화물 작업 중 수동 개방을 하여 밸브를 정기적으로 점검해야 한다. 수동 개방 빈도를 설정하여 밸브의 지속적인 작동을 보장하고 얼음 형성을 통한 움직임 제한을 방지해야 한다.

IG데크 워터 씰에는 작동 가능한 난방 시스템이 제공되어야 한다. 절차에서는 작동 중에 정기적으로 점검하여 물 흐름을 보장하고 입구 및 출구 라인이 깨끗한지 확인해야 한다.

P/V차단기는 추운 지역으로 진입 전 제조사의 지침에 따라 부동액(메탄올 기반과는 반대로 글라이콜 기반)으로 채워야 한다. 에틸렌 글리콜과 물의 정확한 농도를 사용하는 것이 중요하다. 과도한 농도는 효과를 감소시킬 수 있다.

IG및 환기 시스템의 필수 밸브는 적절한 그리스(Grease)와 캔버스 커버로 보호해야 한다.

화염 방지기는 화물 작업을 시작하기 전에 눈이나 얼음이 없는지 확인해야 한다.

12.20 주 추진 장치 및 필수 보조 장치의 작동에 필요한 settling 및 service tank에 에어 파이프가 결빙되지 않도록 수단 및/또는 절차가 마련되어 있는가?

난방 장치가 제공되지 않은 경우 에어 파이프가 청결한 상태를 유지하기 위한 절차가 마련되어 있는지 확인한다.

참고 : 사용된 수단은 코멘트로 기록되어야 한다.

12.21 영하 온도 및/또는 극지 수역 및 PWOM에서의 작업을 다루는 훈련이 선박의 보완물로 제공되었는가?

교육에는 정식 과정, 사내 또는 선내 교육, 비디오의 규제된 사용 및 컴퓨터 기반 교육(CBT)이 포함된다.

참고 : 코멘트에 교육 세부사항(코스 이름, 전달 방법, 제공자, 교육 날짜, STCW 준수 등)을 기록한다.

STCW V/4는 2018년 1월 1일부터 유효하다.

Additional Comments :

만약 검사관이 이 장의 특정 질문의 답변에 대하여 이 장에서 다루어지는 주제와 연관되는 추가 Comment가 있다면 검사관은 이 부분에 그러한 추가 Comment를 기록한다.

탱커검사의 이해와 실무

2021년 2월 5일 초판 인쇄

2021년 2월 10일 인쇄 발행

저 자 이창현, 정창현, 윤익현, 박일초, 이성수, 이준걸

발 행 인 송기수

발 행 처 도서출판 GS인터비전

편 집 처 도서출판 GS인터비전

편 집 인 공예서

표지디자인 디자인붐

인 쇄 처 대명프린팅

등록번호 제 25100-2016-000050호

I S B N 979-11-5576-348-3 (93530)

주 소 서울 은평구 증산로 15길 69, 2층

전 화 02-976-7898, 02-3272-7898

팩 스 02-6468-7898

홈페이지 gsintervision.co.kr

E-Mail gsinter7@gmail.com

정 가 30,000원